应用型本科系列教材

计算机应用技术项目教程

主　编　时　巍　董　毅
副主编　董燕妮　刘晓峰　李　莹
主　审　陈良生

北　京
冶金工业出版社
2016

内 容 简 介

本书介绍了计算机的基本知识及常用办公软件的使用，全书按 6 个项目教学方式编写。主要内容包括：计算机的认知，Windows 7 系统安装与设置，Word 2010 文档制作与处理，Excel 2010 电子表格应用，PowerPoint 2010 演示文稿制作以及畅游 Internet 与病毒防护。

本书为高等院校公共基础课计算机应用技术的教材，可供高等院校非计算机专业使用，也可供自学计算机应用技术者参考。

图书在版编目（CIP）数据

计算机应用技术项目教程／时巍，董毅主编 . —北京：
冶金工业出版社，2016.2
应用型本科系列教材
ISBN 978-7-5024-7179-8

Ⅰ.①计… Ⅱ.①时… ②董… Ⅲ.①电子计算机—
高等学校—教材 Ⅳ.①TP3

中国版本图书馆 CIP 数据核字（2016）第 020721 号

出 版 人 谭学余
地　　址 北京市东城区嵩祝院北巷 39 号 邮编 100009 电话 (010)64027926
网　　址 www. cnmip. com. cn 电子信箱 yjcbs@ cnmip. com. cn
责任编辑 俞跃春 贾怡雯 美术编辑 吕欣童 版式设计 孙跃红
责任校对 禹 蕊 责任印制 李玉山
ISBN 978-7-5024-7179-8
冶金工业出版社出版发行；各地新华书店经销；固安华明印业有限公司印刷
2016 年 2 月第 1 版，2016 年 2 月第 1 次印刷
787mm×1092mm　1/16；18.25 印张；441 千字；285 页
43. 00 元
冶金工业出版社 投稿电话 (010)64027932 投稿信箱 tougao@cnmip. com. cn
冶金工业出版社营销中心 电话 (010)64044283 传真 (010)64027893
冶金书店 地址 北京市东四西大街 46 号(100010) 电话 (010)65289081(兼传真)
冶金工业出版社天猫旗舰店 yjgycbs. tmall. com
（本书如有印装质量问题，本社营销中心负责退换）

前　言

教育部、发展改革委、财政部联合下发的《关于引导部分地方普通本科高校向应用型转变的指导意见》指出，地方高校应"确立应用型的类型定位"并以"培养应用型技术技能型人才"为职责使命。这标志着我国高等教育"重技、重能"时代即将来临。计算机应用技能的培养是技能型人才培养的重要方面，计算机应用技术课程是面向非计算机专业应用型本科教育的一门计算机基础课程，是培养学生计算机应用能力的重要课程，一般在一年级开设，涉及的学生面较广，影响的范围比较大。可以说，计算机基础应用技能的掌握会给学生后续的学习、就业、工作、生活带来益处和方便。本书是为该课程编写的一本应用性较强的实用教程。

本书由多年从事大学计算机应用基础类课程一线教学、具有丰富教学经验和实践经验的教师编写。在编写过程中，教师们结合不同专业学生的特点将长期积累的教学经验和体会融入到知识系统的各个部分。本书以"项目引导，任务驱动"的形式进行编写，每个任务按照"任务目标"、"任务描述"、"知识链接"、"任务实施"和"举一反三"等环节展开，适合在教学中开展项目教学方法，特别是"举一反三"环节，适合将课堂交给学生进行"翻转课堂"。本书的每一部分都与学生从入学到就业的计算机应用需要相结合。书后提供的大量习题与操作练习可以满足学生的学习成果检验及计算机相关的社会考试复习需要。

本书由沈阳大学的时巍、董毅担任主编，沈阳大学的董燕妮、辽宁广播电视大学的刘晓峰、沈阳工学院的李莹担任副主编，沈阳大学陈良生教授主审。项目1由刘晓峰编写，项目2和项目3由时巍编写，项目4由董燕妮编写，项目5和项目6由董毅编写，习题和附录部分由李莹整理完成。

本书配套的电子教案、实例素材、举一反三素材及参考案例，读者可从冶金工业出版社官网（http://www.cnmip.com.cn）教学服务栏目中下载。

由于编者水平有限，书中不妥之处，敬请广大读者批评指正。

编　者

2015 年 12 月

目　录

项目1 计算机的认知

计算机的产生和发展是 20 世纪科学技术最伟大的成就之一。自世界上第一台电子计算机 ENIAC（electronic numerical integrator and calculator）于 1946 年问世以来，伴随着计算机网络技术的飞速发展和微型计算机的普及，计算机及其应用已经迅速地融入到社会的各个领域。从 20 世纪 90 年代起，随着 Internet 的出现，人类开始进入信息化时代。在这样的信息化时代中，计算机应用技术的掌握已经成为人才素质和知识结构中不可或缺的组成部分。

本项目包含计算机的认知、计算机硬件的选购和计算机软件和语言的发展三个任务，从计算机的产生、发展、分类、应用和多媒体技术等相关知识入手，详细地介绍了计算机的基本工作原理、计算机系统的组成以及决定计算机性能的指标，介绍了计算机软件和计算机语言的分类、发展。通过这三个任务，学生可快速掌握计算机应用的相关基础知识。

 教学目标

- 了解计算机的产生与发展。
- 掌握计算机的分类及其应用领域。
- 了解多媒体的相关概念。
- 掌握计算机系统的组成。
- 了解计算机的基本工作原理。
- 了解微型计算机的硬件配置。

 项目实施

任务 1.1　走进计算机的世界

任务目标

- 了解计算机的产生与发展。
- 了解计算机的特点。

- 掌握计算机的分类及其应用领域。
- 掌握计算机的信息存储与表示。
- 掌握常用媒体文件的格式特点。

任务描述

目前，计算机的应用已经深入到了我们的学习、工作和生活。大一新生小赵同学的父母为了方便他在校的学习，帮他购置了一台笔记本电脑。欣喜之余，在使用电脑的过程中也遇到了各种各样自己无法解决的问题。小赵同学对计算机的应用并不十分了解，计算机是谁、什么时候、怎么发明的？现在的计算机都有哪些应用领域？未来的计算机什么样？计算机中的信息是如何存放的呢？为了更好地学习计算机的使用，就让我们和小赵同学一起走进计算机的世界吧。

知识链接

（1）计算机的发展。包括第一台计算机的产生过程、理论基础、计算机的发展过程和计算机的发展趋势。

（2）计算机的特点。计算机具有运行速度快、计算精度高、存储容量大、判断能力强、工作自动化等特点。

（3）计算机的分类。可以从计算机所处理信息的表示方式、计算机的用途、计算机的运算速度和应用环境等方面划分。

（4）计算机的应用。虽然计算机的产生之初是用来进行科学计算的，但目前计算机的应用领域十分广泛，包括数据处理、实时控制、计算机辅助系统、网络通信、人工智能、电子商务、文化教育、休闲娱乐等生产、生活的各个方面。

（5）信息的存储。计算机是如何存储和记录数据的，计算机采用二进制的缘由，二进制和十进制的换算关系。

（6）多媒体技术。多媒体和多媒体技术的相关概念，多媒体的特点，不同媒体如图形图像、音频、视频等常见的文件格式及应用。

任务实施

1.1.1　计算机的发展

1.1.1.1　第一台计算机的诞生与发展

在计算机出现之前，主要通过算盘、计算尺、手摇或电动的机械计算器、微分仪等计算工具人工处理数值问题。在第二次世界大战中，美国作为同盟国，参加了战争。美国陆军要求宾夕法尼亚大学莫尔学院电工系和阿伯丁弹道研究实验室，每天共同提供 6 张火力表。每张表都要计算出几百条弹道，这项工作既繁重又紧迫。用台式计算器计算一道飞行时间为 60s 的弹道，最快也得 20h，若用大型微积分分析仪进行计算，也需要 15min。阿伯丁实验室当时聘用了 200 多名计算能手，即使这样，一张火力表往往也要计算两三个月，根本无法满足作战实际要求。

为了摆脱这种局面，迅速研究出一种能够提高计算速度的工具是当务之急。当时主持这项研制工作的总工程师是年仅 23 岁的埃克特，他与多位科学家合作，尤其是得益于当时任弹道研究所顾问，正在参加美国第一颗原子弹研制工作的数学家冯·诺依曼（见图 1-1），根据他提出的存储程序原理，对他们原有的设计进行了原理及结构上的再次更新，经过两年多的努力，终于在 1946 年初，成功的制造出了第一台电子计算机，并命名为"电子数字积分计算机"，简称 ENIAC。如图 1-2 所示，这台神奇的电子计算机犹如一个庞然大物，里面装有 18000 个电子管，占地面积 170m²，重 30t。每秒钟可做 5000 次加法或 400 次乘法运算，它比过去用台式计算器计算弹道要快 2000 多倍。当 ENIAC 公开展出时，一条炮弹的轨道用 20s 就能算出来，比炮弹本身的飞行速度还快。虽然它是按照十进制，而不是按照二进制来操作的，但人类在计算领域从此进入了一个完全崭新的时代。

图 1-1 冯·诺依曼　　　　　　　　图 1-2 世界第一台计算机 ENIAC

1.1.1.2 冯·诺依曼原理

20 世纪 30 年代中期，美籍匈牙利数学家冯·诺依曼大胆提出，抛弃十进制，采用二进制作为数字计算机的数制基础。同时，他还说预先编制计算程序，然后由计算机来按照人们事前制定的计算顺序来执行数值计算工作。冯·诺依曼和同事们设计出了一个完整的现代计算机雏形，并确定了存储程序计算机的五大组成部分（输入设备、输出设备、运算器、控制器和存储器）和基本工作方法，如图 1-3 所示。冯·诺依曼的这一设计思想被称作存储程序控制原理，是计算机发展史上的里程碑，标志着计算机时代的真正开始。由于对现代计算机技术的突出贡献，冯·诺依曼因此又被称为"计算机之父"，存储程序控制原理又称冯·诺依曼原理。

图1-3　计算机工作原理

小赵同学的笔记——计算机的发明

➤ 第一台计算机：1946年计算机诞生，命名为ENIAC。

➤ 存储程序控制原理

　■ 计算机硬件设备由存储器、运算器、控制器、输入设备和输出设备5部分组成。

　■ 存储程序思想——把计算过程描述为由许多命令按一定顺序组成的程序，然后把程序和数据一起输入计算机，计算机对已存入的程序和数据处理后，输出结果。

　■ 数字计算机的数制采用二进制；计算机应该按照程序顺序执行。

1.1.1.3　计算机的发展过程

通常以构成计算机的电子元件来划分电子计算机的发展阶段，从第一台计算机诞生到今天，在近70年时间里计算机得到了飞速发展，而且每隔数年，在逻辑元件、软件及应用方面就会有一次重大的发展，计算机的发展至今已经历了四代，目前正在向第五代过渡。

第一代，电子管计算机（1946～1957年）。这一时期的电子计算机使用的主要元件是电子管。主存储元件为水银延迟线，数字表示为定点数据，语言与伴随软件仅为机器语言或汇编语言，速度不高，使用不便。例如：ENIAC、EDVAC等。

第二代，晶体管计算机（1958～1964年）。这一时期的电子计算机的主要元件逐步由电子管改为晶体管，使用磁芯存储器做主存储器，外设采用磁盘、磁带等辅助存储器，大大增加了存储器容量，运算速度提高到每秒几十万次。程序设计实用FORTRAN、COBOL、BASIC等高级语言。与第一代计算机相比，其体积小、耗电少、性能高，除数值计算外，还能用于数据处理、事务管理及工业控制等方面。

第三代，集成电路计算机（1965～1970年）。这一时期的电子计算机以中、小规模集成电路为主要元件，内存除了使用磁芯存储器之外，还出现了半导体存储器，这种存储器不仅性能好，而且存储容量更高。因此，计算机的体积进一步缩小，速度、容量及可靠性等主要性能指标大为改善，速度可达每秒几万次到几百万次。这个时期的计算机设计思维是标准化、模块化、系统化，使计算机的兼容性好、成本更低、应用更广。

第四代，大规模及超大规模集成电路计算机（1971年至今）。这个时期的电子计算机以大规模及超大规模集成电路（VLSI）作为计算机的主要元件，采用集成度更高的半导体芯片作存储器，运算速度可达每秒几百万次至几万亿次。计算机的操作系统也得到了不断发展和完善，数据库管理系统得到了进一步提高，软件产业高度发达，各种实用软件层出不穷，极大地方便了用户，加之微型机所具有的体积小、耗电少、稳定性好、性价比高等显著优点，使它很快渗透到社会生活的各个方面。第四代计算机开始进入了尖端科学、军事工程、空间技术、大型事务处理等领域。

小赵同学的笔记——计算机的发展

阶段	年代	主 要 元 器 件	
第一代	1946～1957 年	电子管	
第二代	1958～1964 年	晶体管	
第三代	1965～1970 年	集成电路	
第四代	1971 年至今	大规模及超大规模集成电路	

1.1.1.4 计算机的发展趋势

今后计算机的发展方向，大致有以下几种。

（1）微型化。随着微电子技术的发展，微型计算机的集成程度将会得到进一步提高，除了把运算器和控制器集成到一个芯片之外，还要逐步发展对存储器、通道处理器、高速运算部件的集成，使其成为质量可靠、性能优良、价格低廉、体积小巧的产品。目前市场上已经出现的笔记本型、掌上型等个人便携式计算机，其快捷的使用方式、低廉的价格使其受到人们的欢迎。微型计算机从实验室走进了人们的生活，成为人类社会的必需工具。

（2）巨型化。巨型化是指未来计算机相比现代计算机具有更高的速度、更大的容量、更强的计算能力，而不是指体积庞大。它主要用于发展高、精、尖的科学技术事业，如国防安全研究、航空航天飞行器的设计，地球未来的气候变化等。这是衡量一个尖端技术发展水平的一项重要技术指标。

（3）网络化。网络是计算机技术和现代通信技术相结合的产物，它把分布在不同地理位置的多个计算机连接起来并进行信息处理。如覆盖大多数国家和地区的全球网络 Internet

就是全球最大的网络。网络化一方面可以使用互通信息、实现资源共享，另一方面形成了功能更强大的分布式计算机网络。

（4）智能化。智能化是新一代计算机追求的目标，即让计算机来模仿人类的高级思维活动，像人类一样具有"阅读"、"分析"、"联想"和"实践"等能力，甚至可以具有"情感"。智能计算机突破了传统的冯·诺依曼式机器模式，智能化的人机接口使人们不必编写程序，可以直接发出指令，经过计算机加以分析和判断，并自动执行。目前计算机正朝着智能化的方向发展，并越来越广泛地应用于人们的工作、学习和生活中，这将引起社会和生活方式的巨大变化。

1.1.2　计算机的特点

（1）运行速度快。采用高速微电子器件与合理系统结构制作的计算机可以极高速地工作。不同型号档次的计算机的执行速度每秒可达几十万次至几千万次，巨型机甚至可达几亿次至几千亿次运算。

（2）计算精度高。采用二进制表示数据的计算机，易于扩充机器字长，其精度取决于机器的字长位数，字长越长，精度越高。不同型号计算机的字长为 8 位、16 位、32 位或 64 位，为了获取更高的精度，还可进行双倍字长或多倍字长的运算，甚至达到数百位二进制。

（3）存储容量大。采用半导体存储元件作主存储器的计算机，不同型号档次其主存容量可达几百 kB 至几百 MB，其辅存容量可达几百 MB 至几十 GB，而且吞吐率很高。

（4）判断能力强。计算机除具有高速度、高精度的计算能力外，还具有强大的逻辑推理和判断能力及记忆能力，人工智能机的出现将会进一步提高其推理、判断、思维、学习、记忆与积累的能力，从而可以代替人脑更多的功能。

（5）工作自动化。电子计算机最突出的特点就是可以在启动后不需要人工干预而自动、连续、高速、协调地完成各种运算和操作处理（这是由于采用了冯·诺依曼思想的"存储程序原理"而获得的），而且通用性很强，是现代化、自动化、信息化的基本技术手段。

小赵同学的笔记——计算机的特点
- ➤ 运行速度快
- ➤ 计算精度高
- ➤ 存储容量大
- ➤ 判断能力强
- ➤ 工作自动化

1.1.3　计算机的分类

计算机的分类方法有很多种，可以从计算机所处理信息的表示方式、计算机的用途、计算机的运算速度和应用环境等方面划分。

（1）按照计算机所处理的数据类型来划分。可分为数字计算机、模拟计算机以及数模混合计算机三类。

1）数字计算机：计算机所处理的信息都是以二进制数字表示的离散量，具有运算速度快、准确、存储量大等优点，适用于科学计算、信息处理、过程控制和人工智能等，具有广泛的用途。我们通常所说的计算机就是指数字计算机。

2）模拟计算机：计算机所处理的信息是连续的模拟量。模拟计算机解题速度极快，但精度不高，而且信息不易存储，它一般用来解微分方程或用于自动控制系统设计中的参数模拟。

3）数模混合计算机：数模混合计算机集数字和模拟两种计算机的优点于一身。它既能处理数字信号，又能处理模拟信号。

（2）按照计算机的功能来划分。计算机已经在各行各业中得到了广泛应用，不同行业使用计算机的目的不尽相同，但总的来说，可以分为通用计算机和专用计算机两大类。

1）通用计算机：通用计算机广泛应用于一般科学运算、学术研究、工程设计和数据处理等方面，具有功能多、配置全、用途广、通用性强等特点，市场上销售的计算机多属于通用计算机。

2）专用计算机：专用计算机是为适应某种特殊的需要而专门设计的计算机。它的硬件和软件配置依据解决特定问题的需要而设计，通常增强了某些特定的功能，而忽略了一些次要要求，所以专用计算机能高速度、高效率地解决特定问题，具有功能单一、使用面窄的特点。

（3）按照计算机的运算速度来划分。按照由 IEEE 电气和电子工程师协会提出的运算速度分类法划分，可以将计算机划分为巨型机、大型机、小型机、微型机、工作站和服务器等。

1）巨型机（Super computer）：巨型机是指运算速度超过每秒 1 亿次的高性能计算机，是目前功能最强、运算速度最快、价格最昂贵的计算机。它主要解决诸如国防安全、能源利用、天气预报等尖端科学领域中的复杂计算问题。它的研制开发水平是衡量一个国家综合实力的重要技术指标。根据"国际超级计算机 TOP500 组织"的报告，2015 年全球超级计算机排名，我国的"天河二号"获"五连冠"。如图 1-4 所示的天河二号有 312 万个核心，峰值运算速度 33.86 petaflop/s，浮点运算性能是第二名的两倍，短时间内没有其他超级计算机能挑战它。第二名是美国橡树岭国家实验室泰坦，峰值运算速度 17.59petaflop/s。

图 1-4 天河二号

2）大型机（Mainframe）：它包括我们通常所说的大、中型计算机。这种计算机也有很高的运算速度和很大的存储容量，并允许相当多的用户同时使用。当然，在量级上大型机不及巨型机，结构上也较巨型机简单些，价格也相对巨型机便宜，因此，适用范围比巨型机更普遍，是事务处理、商业处理、信息管理、大型数据库和数据通信的主要支柱。

3）小型机（Minicomputer）：小型机规模和运算速度比大型机要差，但仍能支持十几个用户同时使用，但比大型机价格低廉、操作简单、性能价格比高，适合中小企业、事业单位或某部门使用，例如高等学院校的计算机中心一般都以一台小型机作为主机，配以几十台甚至上百台终端机，以满足大量学生学习程序设计等课程的需要。当然，其运算速度和存储容量都比不上大型机。

4）工作站（Workstation）：工作站是介于微型计算机和小型计算机之间的一种计算机。工作站通常配有高性能CPU、高分辨率的大屏幕显示器和大容量的内、外存储器，具有较高的运算速度和较强的网络通信能力，有大型机或小型机的多任务和多用户功能，同时兼有微型计算机操作便利和人机界面友好的特点。

5）微型计算机（Micro Computer）：微型计算机简称微机，是当今使用最普及、产量最大的一类计算机，体积小、功耗低、成本小、灵活性强，性价比明显优于其他类型的计算机，因而得到了广泛的应用。

1.1.4　计算机的应用

随着计算机的飞速发展，计算机应用已经从科学计算、数据处理、实时控制等扩展到办公自动化、生产自动化、人工智能等领域，逐渐成为人类不可缺少的重要工具。

（1）科学计算。进行科学计算是发明计算机的初衷，世界上第一台计算机就是为进行复杂的科学计算而研制的。科学计算的特点是计算量大、运算精度高、结果可靠，可以解决繁琐且复杂，甚至人工难以完成的各种科学计算问题。虽然科学计算在计算机应用中所占的比例不断下降，但在国防安全、空间技术、气象预报、能源研究等尖端科学中仍占有重要地位。

（2）数据处理。数据处理又称信息处理，是目前计算机应用的主要领域。信息处理是指用计算机对各种形式的数据进行计算、存储、加工、分析和传输的过程。数据处理不仅拥有日常事务处理的功能，它还是现代管理的基础，支持科学管理与决策，广泛地应用于企业管理、情报检索、档案管理、办公自动化等方面。

（3）实时控制。实时控制也称过程控制，是指用计算机作为控制部件对单台设备或整个生产过程进行控制。利用计算机高速运算和超强的逻辑判断功能，及时地采集数据、分析数据、制订方案，进行自动控制。实时控制在极大地提高自动控制水平、提高产品质量的同时，既降低了生产成本，又减轻了劳动强度。因此，实时控制在军事、冶金、电力、化工以及各种自动化部门均得到了广泛的应用。

（4）计算机辅助系统。计算机辅助系统的应用可以提高产品设计、生产和测试过程的自动化水平，降低成本、缩短生产周期、改善工作环境、提高产品质量、获得更高的经济效益。

计算机辅助设计（CAD），如图1-5所示，是指设计人员利用计算机来进行产品和工程的设计，以提高设计工作的自动化程度，节省人力和物力。目前，此技术已经在机械设计、集成电路设计、土木建筑设计、服装设计等各个方面得到了广泛的应用。

计算机辅助制造（CAM），如图 1-6 所示，是指利用计算机来进行生产设备的管理与控制。如利用计算机辅助制造自动完成产品的加工、包装、检测等制造过程，极大地缩短了生产周期、降低了生产成本，从而提高产品质量，并改善工作人员的工作条件。

图 1-5　计算机辅助设计

图 1-6　计算机辅助制造

计算机辅助教学（CAI），如图 1-7 所示，是指利用计算机帮助教师讲授和帮助学生学习的自动化系统。如利用计算机辅助教学制作的多媒体课件可以使教学内容生动、形象逼真、活跃课堂气氛，达到事半功倍的效果。

计算机辅助测试（CAT），如图 1-8 所示，是指利用计算机进行繁杂而大量的产品测试工作。

图 1-7　计算机辅助教学

图 1-8　计算机辅助测试

（5）网络与通信。计算机技术与现代通信技术的结合构成了计算机网络，利用计算机网络进行通信是计算机应用最为广泛的领域之一。Internet 已经成为覆盖全球的信息基础设施，在世界的任何地方，人们都可以彼此进行通信，如收发电子邮件、QQ 聊天、拨打 IP 电话等。

（6）人工智能。人工智能（Artificial Intelligence，AI）是指利用计算机来模拟人类的大脑，使其具有识别语言、文字、图形和进行推理、学习以及适应环境的能力，以便让计算机自动获取知识、解决问题，它是应用系统方面的一门新的技术。

（7）电子商务。电子商务是指在 Internet 与传统信息技术系统相结合的背景下应运而生的一种网上相互关联的动态商务活动。通俗地讲，就是利用计算机和网络进行交易的商务活动。这种电子交易不仅方便快捷，而且现金的流通量也将随之减少，还避免了货币交易的风险和麻烦。它是近年来新兴的、发展最快的应用领域之一。

（8）休闲娱乐。随着计算机的飞速发展和应用领域的不断扩大，它对社会的影响已经有了文化层次的含义。多媒体计算机还可用于欣赏电影、观看电视、玩游戏等。

小赵同学的笔记——计算机的应用
➢ 计算机在科学计算、数据处理、实时控制、计算机辅助系统、人工智能、电子商务、文化教育与休闲娱乐方面渗透到各个领域。
➢ 常见计算机辅助系统
　计算机辅助设计（CAD）、计算机辅助制造（CAM）
　计算机辅助教学（CAI）、计算机辅助测试（CAT）

1.1.5　信息的存储和表示

1.1.5.1　信息和数据概述

（1）数据和信息。数据是一个广义的、相对模糊的概念，以文字、符号、数字、图形等表示出来就形成了数据。数据可分为两大类：数值数据和字符数据（也称非数值数据），任何形式的数据，进入计算机都必须进行二进制编码转换。很多时候信息和数据是表示同一个概念，两者的区别是：数据处理之后产生的结果为信息，信息具有针对性、时效性；信息有意义，而数据没有。

（2）信息的单位。计算机中信息的储存和传送都是用二进制数来表示的，因此信息单位也是用二进制数位的多少来表示的。

1）位（bit）。位又称 bit（比特），在计算机中位表示的是一个二进制数的一个数位，是计算机中信息存储的最小单位。一个位可以表示二进制中的"0"或"1"。比如：二进制数 110110110 的每个数符就是位，该二进制数一共有 9 个位。

2）字节（Byte）。字节是计算机中信息表示的基本存储单位，一个字节由 8 个二进位组成，也就是 8 个位，即 1Byte = 8bit，由于位太小，所以计算机中表示存储容量时都以字节为单位。kB 为称为千字节，1kB 等于 1024 字节，即 2^{10} 字节，一般的文件都是以 kB 为单位的，较大的文件以 MB 为单位，1MB 等于 1024kB，即 2^{20} 字节。硬盘空间的大小以 GB 或 TB 为单位，1GB 等于 2^{10} MB，即 2^{30} 字节；1TB 等于 2^{10} GB，即 2^{40} 字节。

1.1.5.2　计算机中数的表示

计算机在处理数值型数据时需要指定数的长度、符号及小数点的表示形式。

（1）数的长度和符号。数的长度是指用一个十进制数表示一个数值所占的实际位数。例如 372 的长度为 3。

由于数值有正负之分，因此在计算机科学中通常用数的最高位（一个数符）来表示数的正负号，一般约定是以"0"表示正数，用"1"表示负数。

（2）小数点的表示。在计算机中表示数值时，小数点的位置是隐含的，即约定小数点的位置，这样有利于节省存储空间。

1.1.5.3　计算机常用数制

数制也称计数制，是指用一组固定的符号和统一的规则来表示数值的方法。计算机中常用的数制有二进制、十进制、八进制及十六进制 4 种。

计算机内部能够直接进行处理的是二进制数，也就是说计算机内部是以"0"和"1"两位数码的二进制作为计数系统，任何信息和数据都必须以二进制的形式在机器内部存储和处理，但二进制数码太少，表示数时有时会写很长，也容易写错，且难于记忆也不便理解（人们习惯十进制数），所以为了弥补这些不足，在使用计算机时常用十进制、八进制或十六进制来表示数。

（1）二进制（B），表示二进制数的数符是 0、1，共两个数符，例如，101111B，110B 或 101111B，110B 等都是二进制数。运算规则是"逢二进一"。比如：$0+0=0$，$1+0=0+1=1$，$1+1=10$。

（2）十进制数（D），表示十进制数的数符是：0，1，2，3，4，5，6，7，8，9。共 10 个数符，运算规则是"逢十进一"。

（3）八进制数（O），表示八进制数的数符是：0，1，2，3，4，5，6，7。共八个数符，运算规则是"逢八进一"。比如：$(5+3)_8=(10)_8$，$(7+3)_8=(12)_8$。

（4）十六进制数（H），表示十进制数的数符是：0，1，2，3，4，5，6，7，8，9，A，B，C，D，E，F。共十六个数符，其中 A 表示十进制的 10，B 表示 11，以此类推，F 表示十进制的 15，运算规则是"逢十六进一"。比如 38A，6CF 等十六进制数。

1.1.5.4　进位数制的数码、基数和位权的概念

表示进位数制的数符就是数码，比如八进制的数码是 0，1，2，3，4，5，6，7。

基数（基）是指进位数制里的数码的个数，比如十进制数的数码有十个，因此十进制的基是 10，同样的道理，二进制的基是 2，八进制的基是 8。

位权，也称"权"，是以基数为底的幂。如十进制 365 中，基数为 10，"3"的位权是 10^2。

1.1.5.5　进制的转换

（1）其他数制转换成十进制数制。根据位权的概念，其他数制要转换成十进制数十分方便，方法就是"按位权展开求和"。

例如：$(1101)_2=1\times2^3+1\times2^2+0\times2^1+1\times2^0=8+4+0+1=(13)_{10}$

$(46)_8=4\times8^1+6\times8^0=32+6=(38)_{10}$

$(25A)_{16}=2\times16^2+5\times16^1+10\times16^0=2\times256+5\times16+10\times1=(602)_{10}$

（2）十进制数制转换成其他数制。

十进制整数转换为其他进制数规则：除基数取余，余数倒排。

十进制小数转换成其他进制小数规则：乘基数取整数，整数顺排。

如图 1-9 所示，将十进制的 17.125 转换为二进制，$(17)_{10}=(10001)_2$，$(0.125)_{10}=(0.001)_2$ 将整数部分和小数部分分别转换然后相加得到 $(17.125)_{10}=(10001.001)_2$。

1.1.5.6　字符的编码表示

计算机中信息都是用二进制编码表示的，用以表示字符的二进制编码称为字符编码。

图1-9　十进制转换为其他进制计算

计算机中最常用的字符编码是 ASCII，被国际标准化组织指定为国标标准。ASCII 有 7 位码和 8 位码两种版本，分别对应为标准 ASCII 码和扩展 ASCII 码。

基本 ASCII 码用 7 位二进制（或最高位为 0 的 8 位二进制）编码来表示，0～7 的编码范围为 00000000～01111111，相当于十进制数的 0～127，即 $2^7 = 128$ 个字符，ASCII 码基本字符集包括：数字 0～9，大小写英文字母，控制字符（32 个），专用字符（34 个）。

由于标准 ASCII 码字符集字符数目有限，在实际应用中往往无法满足要求。为此，国际标准化组织（ISO）又制定了将 ASCII 字符集扩充为 8 位代码的统一方法。

1.1.5.7　汉字的编码表示

为了使计算机能够处理、显示、打印、交换汉字字符，需要对汉字进行编码。汉字编码一般分为汉字输入码、汉字国标码、汉字机内码、汉字地址码、汉字字形码等。对于我们来说只要掌握汉字输入码，能够在计算机中进行汉字的输入即可。国标码、机内码、地址码是汉字在计算机内的编码形式，汉字是用 16 位二进制来编码的，因而每个汉字在计算机内占两个字节。字形码是对汉字输出形状的编码存储。

> **小赵同学的笔记——信息存储与表示**
> ➤ 信息采用二进制存放在计算机中。
> ➤ 信息存储的最小单位是二进制的位，基本单位是字节。
> ➤ 字节换算关系
>
> | 单位名称 | 表示符号 | 值 |
> |---|---|---|
> | 位（bit） | b | 0 或者 1 |
> | 字节（byte） | B | 8 位二进制位 |
> | 千字节 | kB | $2^{10}B = 1024$ 字节 |
> | 兆字节 | MB | $2^{10}kB = 2^{20}$ 字节 |
> | 吉字节 | GB | $2^{10}MB = 2^{20}kB = 2^{30}$ 字节 |
> | 特字节 | TB | $2^{10}GB = 2^{20}MB = 2^{30}kB = 2^{40}$ 字节 |
>
> ➤ 计算机中常用的数制有二进制、十进制、八进制及十六进制 4 种。
> ➤ 进制转换规则
> ■ 其他数制转换成十进制数制：按位权展开求和。
> ■ 十进制整数转换为其他进制数规则：除基数取余，余数倒排。
> ■ 十进制小数转换成其他进制小数规则：乘基数取整数，整数顺排。
> ➤ 计算机中最常用的字符编码是 ASCII，一个字符占一个字节。
> ➤ 一个汉字在计算机中用两个字节存储。

1.1.6　多媒体技术

多媒体时代的来临，为人们勾勒出一个多姿多彩的视听世界。多媒体技术的应用是 20世纪 90 年代以来计算机的又一次革命。它不是某个设备所要进行的变革，也不是某种应用所需要的特殊支持，而是在信息系统范畴内的一次革命。信息处理的思想、方法乃至观念都会由于多媒体的引入而产生极大的变化。

1.1.6.1　多媒体的基本概念

多媒体（Multimedia）是多种媒体的综合，一般包括文本，声音和图像等多种媒体形式。在计算机系统中，多媒体指组合两种或两种以上媒体的一种人机交互式信息交流和传播媒体。

多媒体技术是指通过计算机对文字、数据、图形、图像、动画、声音、视频等多种媒体信息进行综合处理和管理，使用户可以通过多种感官与计算机进行实时信息交互的技术，又称为计算机多媒体技术。

1.1.6.2　多媒体文件类别

电脑上的多媒体文件类型众多，大致分声音，图像及视频等几大类。下面对这些多媒体文件类型进行一个全面的介绍。

A　声音文件格式

（1）CD 格式。CD 格式的音质是比较高的音频格式。因此要讲音频格式，CD 自然是打头阵的先锋。在大多数播放软件的"打开文件类型"中，都可以看到 *.cda 格式，这就是 CD 音轨，因为 CD 音轨可以说是近似无损的，因此它的声音基本上是忠于原声的，因此，该格式是音响发烧友的首选。

（2）WAV 格式。WAVE（ *.wav）是微软公司开发的一种声音文件格式，被 Windows 平台及其应用程序所支持。" *.wav"格式支持多种压缩算法，支持多种音频位数、采样频率和声道，WAV 格式的声音文件质量和 CD 相差无几，也是目前个人电脑上广为流行的声音文件格式，几乎所有的音频编辑软件都可播放 WAV 格式。

（3）MP3 格式。MP3 格式诞生于 20 世纪 80 年代的德国，MP3 音频文件的压缩是一种有损压缩，并且具有较高的压缩率，相同长度的音乐文件，用 *.mp3 格式来储存，一般只有 *.wav 文件的 1/10，因而音质要次于 CD 格式或 WAV 格式的声音文件。由于其文件尺寸小，音质好为 *.mp3 格式的发展提供了良好的条件。直到现在其作为主流音频格式的地位仍难以被撼动。

（4）MIDI 格式。MIDI 格式经常被玩音乐的人使用，MIDI 文件并不是一段录制好的声音，而是记录声音的信息，然后再告诉声卡如何再现音乐的一组指令，一个 MIDI 文件每存 1min 的音乐只用大约 5~10kB。 *.mid 格式的最大用处是在电脑作曲领域。

（5）WMA 格式。WMA 格式是来自于微软，压缩率较高，音质甚至要强于 MP3 格式，WMA 格式的可保护性极强，甚至可以限定播放机器、播放时间及播放次数，具有相当的版权保护能力。就这一点来说弥补了 MP3 的缺陷。

B　图像文件格式

（1）BMP 格式。位图文件 BMP 是一种与硬件设备无关的图像文件格式，使用非常广。因为是非压缩格式，BMP 文件所占用的空间很大。该格式是 Windows 环境中交换与图有关的数据的一种标准，因此在 Windows 环境中运行的图形图像软件都支持 BMP 图像格式。

（2）GIF 格式。图形交换格式 GIF 文件的数据，是一种基于 LZW 算法的连续色调的无损压缩格式。其压缩率一般在 50% 左右，它不属于任何应用程序。GIF 最多支持 256 种色彩，而且在一个 GIF 文件中可以存多幅彩色图像，可以制造出动画效果，几乎所有相关软件都支持它。

（3）JPEG 格式。JPEG 格式是最常见的一种图像格式，其文件后缀名为".jpg"或".jpeg"，它是一种有损压缩格式，能够将图像压缩在很小的储存空间，是目前网络上最流行的图像格式，并且应用于扫描仪、数码相机等硬件设备。

（4）PNG 格式。PNG 格式是网上接受的最新图像文件格式。它提供长度比 GIF 小30% 的无损压缩图像文件。PNG 支持 alpha 通道透明度，因而可以支持透明背景的图片。

（5）PSD 格式。Photoshop 图像处理软件的专用文件格式，文件扩展名是 .psd，可以支持图层、通道、蒙板和不同色彩模式的各种图像特征，是一种非压缩的原始文件保存格式。

C　视频文件格式

（1）AVI 格式。AVI，由微软公司发表的视频格式。AVI 格式调用方便、图像质量好，压缩标准可任意选择，是应用最广泛、也是应用时间最长的格式之一。

（2）WMV 格式。一种独立于编码方式的在 Internet 上实时传播多媒体的技术标准，Microsoft 公司希望用其取代 QuickTime 之类的技术标准以及 WAV、AVI 之类的文件扩展名。WMV 的主要优点在于可扩充的媒体类型、本地或网络回放、可伸缩的媒体类型、流的优先级化、多语言支持、扩展性等。

（3）3GP 格式。3GP 是一种 3G 流媒体的视频编码格式，主要是为了配合 3G 网络的高传输速度而开发的，也是目前手机中最为常见的一种视频格式。

（4）RMVB 格式。因为其压缩比高、播放效果好已经成为目前较为常见的视频格式，一般而言一部 120min 的 DVD 体积为 4GB，而 RMVB 格式来压缩，仅 400MB 左右，而且清晰度流畅度并不比原 DVD 差太远。

（5）REAL VIDEO 格式。REAL VIDEO（RA、RAM）格式由一开始就是定位在视频流应用方面的，也可以说是视频流技术的始创者。它因为要实现不间断的视频播放，所以图像质量一般。

（6）FLV 格式。是现在非常流行的流媒体格式，由于其视频文件体积轻巧、封装播放简单等特点，使其很适合在网络上进行应用，目前主流的视频网站无一例外地使用了 FLV 格式。

1.1.6.3　多媒体技术的特点

多媒体技术借助日益普及的高速信息网，可实现计算机的全球联网和信息资源共享，因此被广泛应用在咨询服务、图书、教育、通信、军事、金融、医疗等诸多行业，并正潜移默化地改变着我们生活的面貌。多媒体技术总体来说具有以下 5 个主要特点。

（1）多样性：是指具有多种媒体表现，多种感官作用，多学科交汇，多种设备支持，多领域应用。

（2）集成性：是指多种媒体是通过一定的技术整合在一起的，而不是简单地把各媒体元素堆积在一起。

（3）交互性：是指多媒体的关键特性，在很多时候，当要判断一种媒体是否是多媒体时，首先就要判断其是否具有交互性。

（4）实时性：是指多媒体的传输、交互等要能达到同步效果。

（5）人机互补性：是指多媒体在应用的过程中和人相互配合，以便达到最佳效果。

1.1.6.4 多媒体的关键技术与发展方向

多媒体的关键技术包括压缩/解压缩技术、模拟数据数字化技术、大容量数据存储技术、数据传输技术、触摸屏技术和多媒体创作工具技术。

总的看来，多媒体技术正向两个方向发展，一是网络化，与宽带网络通信等技术相互结合，使多媒体技术进入科研设计、企业管理、办公自动化、远程教育、远程医疗、检索咨询，文化娱乐、自动监控等领域；二是多媒体终端的部件化、智能化和嵌入化，提高计算机系统本身的多媒体性能，开发智能化家电。

小赵同学的笔记——多媒体技术

➤ 多媒体构成：文字、数据、图形、图像、动画、声音、视频。
➤ 多媒体文件格式
　■ 图片（BMP、GIF、JPEG、PNG、PSD）
　■ 音频（CD、WAV、MP3、MIDI、WMA）
　■ 视频（AVI、WMV、3GP、RMVB、RA、FLV）
➤ 多媒体技术的特点：多样性、集成性、交互性、实时性、人机互补性。

---

1. 理论填空

（1）第一台计算机诞生于（　　），命名为（　　）。

（2）存储程序控制原理提出计算机硬件设备由（　　）、（　　）、（　　）、输入设备和输出设备5部分组成。

（3）常见计算机辅助系统有：（　　）、计算机辅助制造（　　）、（　　）、计算机辅助测试（　　）。

（4）一个汉字在计算机中占（　　）字节。

（5）（　　）音频格式的最大用处是在电脑作曲领域。

（6）一个（　　）格式的图片文件中可以存储多幅彩色图像。

（7）（　　）格式和（　　）格式都是流媒体的视频编码格式。

2. 进制转换练习

（1）二进制数01101010等于十进制数（　　）。

　　A. 106　　　　　　　　B. 108　　　　　　　　C. 110　　　　　　　　D. 112

（2）十进制数 100.25 等值于二进制数（　　　）。

　　A. 1001100.01　　　B. 1100100.01　　　C. 1100100.11　　　D. 1001100.11

（3）以下二进制数的值与十进制数 23.456 的值最接近的是（　　　）。

　　A. 10111.0101　　　B. 11011.1111　　　C. 11011.0111　　　D. 10111.0111

（4）与十进制数 1770.625 对应的八进制数是（　　　）。

　　A. 3352.5　　　　　B. 3350.5　　　　　C. 3352.1161　　　D. 3350.1151

（5）十六进制数 5BC 对应的八进制数是（　　　）。

　　A. 133　　　　　　　B. 134　　　　　　　C. 135　　　　　　　D. 136

（6）八进制数 352 对应的二进制数是（　　　）。

　　A. 11101110　　　　B. 11101010　　　　C. 11011100　　　　D. 11011011

3. 思考题

（1）苹果的 logo 是什么样（那一口是被谁吃的）？它的由来是什么？

（2）发挥你的想象力，未来的计算机会是什么样？

（3）结合你自己的专业，谈谈计算机的应用。

任务 1.2　选购一台计算机

任务目标

- 掌握计算机系统的组成。
- 掌握计算机硬件的构成。
- 了解主要硬件的性能特点。
- 掌握计算机的选购要点。

任务描述

　　看到小赵带来的笔记本电脑并兴致勃勃的投入到学习中，同寝室的小张也想买一台，但不知道选什么样的好，于是向小赵求助，同样来求助的还有小赵的两个老乡：视觉传达专业的小李和学前专业的小冯。小赵打算先做做功课，上网了解下主流品牌信息，再和大家一起去电脑城逛逛。

知识链接

　　（1）计算机系统的组成。计算机系统是由硬件系统和软件系统两大部组成的。硬件和软件相互依存，缺一不可。

　　（2）计算机硬件的构成。计算机的硬件主要分成主机和外设两大部分。主机包括 CPU

和内存，外设包括硬盘等辅助存储器，输入、输出设备及网络通信相关设备。

（3）硬件的技术指标，是衡量一台计算机优劣的标准。主要包括 CPU 的运算速度和字长，内存容量、硬盘容量以及其在接配外部设备方面的扩展能力。

（4）选购计算机。在确定购买计算机的用途之后，通过对自身因素，应用环境及各种机型的性能指标进行综合衡量最终确定购买机型的过程。

1.2.1　计算机系统概述

计算机是一个系统，它是由许多相互联系的部件组合成的有机整体。一般说来它包括硬件系统和软件系统两大部分，这两部分相辅相成，缺一不可。硬件是计算机工作的物质基础，软件则是施展计算机能力的灵魂。硬件和软件是一个完整的计算机系统互相依存的两大部分，它们的关系主要体现在以下几个方面。

（1）硬件和软件互相依存。硬件是软件赖以工作的物质基础，软件的正常工作是硬件发挥作用的唯一途径。计算机系统必须要配备完善的软件系统才能正常工作，且充分发挥其硬件的各种功能。

（2）硬件和软件无严格界限。随着计算机技术的发展，在许多情况下，计算机的某些功能既可以由硬件实现，也可以由软件来实现。因此，硬件与软件在一定意义上说没有绝对严格的界限。

（3）硬件和软件协同发展。计算机软件随着硬件技术的迅速发展而发展，而软件的不断发展与完善又促进硬件的更新，两者密切地交织发展，缺一不可。

计算机系统的基本组成结构如图 1-10 所示。

图 1-10　计算机系统组成

1.2.2　计算机的硬件系统

硬件是计算机系统中看得见、摸得着的物理实体。硬件系统由主机和外部设备两部分组成。如果按照硬件的功能来说，可以分为：运算器、控制器、存储器、输入设备、输出设备 5 个功能部件。

（1）运算器。运算器是计算机的核心部件，它负责对信息的加工处理。它在控制器的控制下与内存交换信息，对其进行各种算术运算和逻辑运算。运算器还具有暂存运算结果的功能，它由加法器、寄存器、累加器等逻辑电路组成。

（2）控制器。控制器是计算机的指挥中心，其主要作用是控制计算机自动地执行命令。它能够读取内存储器中的程序并进行翻译，然后根据程序的要求向相应部件发出控制信号，指挥、协调各部件的工作，同时也接受各部件指令执行情况的反馈信号。

在微型计算机中，运算器和控制器合在一起，称为微处理器，又称CPU，它是微型计算机的核心。目前流行的微处理芯片为英特尔"酷睿"系列、AMD的弈龙系列。

（3）存储器。存储器是计算机的记忆单元，它负责存储程序和数据。存储器又分为内存储器（主存储器）和外存储器（辅助存储器）两类。

1）内存储器，简称内存。它安置在计算机的主板上，直接与CPU相连，用来存放当前正在运行的程序和数据。其存取速度快，但容量较小。按存取方式内存又分为只读存储器（ROM）和随机存储器（RAM）。

只读存储器中固化了系统的BIOS程序，它是在加工生产时写入，一般情况下是只能读而不能写的，即使断电，信息也不会丢失。

随机存储器中存储的程序和数据是用户可以随时读写的，但其存储的信息会因断电而全部丢失。因此，用户在使用电脑时要养成随时存盘的习惯，以防因断电造成数据丢失。随机存储器的物理实体就是内存条，其容量大小也是关系微型计算机性能的主要因素，目前的内存大小，基本（单条内存）配置4GB，最低配置2GB，较高配置8GB。

2）外存储器，简称外存，属于外部设备，主要存放暂时不使用的程序和数据。它的特点是存储容量大，可永久保存信息且不受断电的影响，但读取速度慢，其中的数据不能直接与CPU进行传递。存放于外存的数据必须调入内存才能进行加工处理。目前常用的外存储器有：硬盘、光盘、U盘，软盘则已退出历史舞台。

（4）输入设备。输入设备是将外部信息输入到计算机内存储器的装置。常用的输入设备有键盘、鼠标、扫描仪、光笔等，其中键盘和鼠标是微机必备的输入设备。

（5）输出设备。输出设备可以将计算机运算处理的结果以用户熟悉的信息形式反馈给用户，输出形式有数字、字符、图形、视频和声音等几种类型。常用的输出设备有显示器、打印机、绘图仪等，其中显示器是微机必备的输出设备。

（6）总线结构。计算机硬件结构的最重要特点是总线（Bus）结构。它将信号线分成三大类，并归结为数据总线（Date Bus）、地址总线（Address Bus）和控制总线（Control Bus），计算机的五个功能部件通过总线完成指令所传达的任务。这样就很适合计算机部件的模块化生产，促进了微计算机的普及。

1.2.3　计算机主要硬件的性能指标和选购要点

1.2.3.1　主板

主板，又称主机板（Mainboard）或母板（Motherboard）。它安装在机箱内，是计算机最基本的也是最重要的部件之一。主板一般为矩形电路板，上面安装了组成计算机的主要电路系统，一般有BIOS芯片、I/O控制芯片、键盘和面板控制开关接口、指示灯插接件、扩充插槽、主板及插卡的直流电源供电接插件等元件，如图1-11所示。

图 1-11 主板

计算机的主板对计算机的性能来说，影响是很重大的。曾经有人将主板比喻成建筑物的地基，其质量决定了建筑物的坚固耐用程度；也有人形象地将主板比作高架桥，其好坏关系着交通的畅通力与流速。

选购主板时需注意如下几点：

（1）对 CPU 的支持：主板和 CPU 是否配套。

（2）对内存、显卡、硬盘的支持：要求兼容性和稳定性好。

（3）扩展性能与外围接口：考虑到计算机的日常使用，主板上除了有 PCI-E 插槽和 DIMM 插槽外，还有 PCI，AMR，CNR，ISA 等扩展槽。

（4）主板的用料和制作工艺：就主板电容而言，全固态电容的主板好于半固态电容的主板。

（5）品牌：最好的选择是知名品牌的主板，目前知名的品牌有华硕（ASUS）、微星（MSI）、技嘉（GIGABYTE）等。

1.2.3.2 CPU

中央处理器（CPU）由运算器和控制器组成。运算器有算术逻辑部件 ALU 和寄存器；控制器有指令寄存器、指令译码器和指令计数器 IC 等，CPU 的外观如图 1-12 所示。CPU 的性能指标直接决定了由它构成的微型计算机的系统性能指标。CPU 的性能主要由字长、主频和缓存决定。

（1）主频：也称时钟频率，以 MHz（兆赫）为单位。通常所说的某 CPU 是多少兆赫，就是指 CPU 的主频。主频的大小在很大程度上决定了计算机运算速度的快慢，主频越高，计算机的运算速度就越快。在启动计算机时，BIOS 自检程序会在屏幕上显示出 CPU 的工作频率。

（2）缓存：缓存大小也是 CPU 的重要指标之一，而且缓存的结构和大小对 CPU 速度的影响非常大，实际工作时，CPU 往往需要重复读取同样的数据块，而缓存容量的增大，可以大幅度提升 CPU 内部读取数据的命中率，而不用再到内存或者硬盘上寻找，以此提高系统性能。现在 CPU 的缓存分为一级缓存（L1）、二级缓存（L2）和三级缓存（L3）。

（3）字长：计算机技术中将 CPU 在单位时间内（同一时间）能一次处理的二进制数的位数叫做字长。能处理 8 位字长数据的 CPU 通常称为 8 位的 CPU。字长的长度是不固定的，对于不同的 CPU，字长的长度也不一样。8 位的 CPU 一次只能处理 1 个字节，而 32 位的 CPU 一次就能处理 4 个字节，同理，字长为 64 位的 CPU 一次可以处理 8 个字节。字长越长，CPU 的处理速度就越快。

选购 CPU 时应注意如下几点：

（1）确定 CPU 的品牌，可以选用 Intel 或 AMD，AMD 的性价比较高，而 Intel 的稳定性较高。

（2）CPU 要和主板配套，其前端总线频率应不大于主板的前端总线频率。

（3）查看 CPU 的参数，主要看主频、前端总线频率、缓存、工作电压等，如 Pentium D 2.8GHz/2MB/800/1.25V，Pentium D 指 Intel 奔腾 D 系列处理器，2.8GHz 指 CPU 的主频，2MB 指二级缓存的大小，800 指的是前端总线频率为 800MHz，1.25V 指的是 CPU 的工作电压，工作电压越小越好，因为工作电压越低的 CPU 产生的热量就越少。

（4）CPU 风扇转速，风扇转得越快，风力越大，降温效果越好。

1.2.3.3　内存条

内存又称主存，内存是计算机中重要的部件之一，它是与 CPU 进行沟通的桥梁。计算机所需处理的全部信息都是由内存来传递给 CPU 的，因此内存的性能对计算机的影响非常大。内存（Memory）也被称为内存储器，其作用是暂时存放 CPU 中的运算数据，以及与硬盘等外部存储器交换的数据。当计算机需要处理信息时，是把外存中的数据调入内存，内存条如图 1-13 所示。

图 1-12　CPU

图 1-13　内存条

选购内存时应注意如下几点：

（1）确定内存的品牌，最好选择名牌厂家的产品。例如金士顿（Kingston），兼容性好、稳定性高，但市场上假货较多。现代（HY）、威刚（ADATA）、宇瞻（APacer）也是不错的品牌。

（2）内存容量的大小。

（3）内存的工作频率。

（4）仔细辨别内存的真伪。

（5）内存做工的精细程度。

1.2.3.4　硬盘

硬盘是计算机中最重要的外存储器，它用来存放大量数据，由一个或者多个铝制或者玻璃制的碟片组成。这些碟片外覆盖有铁磁性材料。绝大多数硬盘都是固定硬盘，被永久性地密封固定在硬盘驱动器中，如图 1-14 所示。

选购硬盘时应注意如下几点：

（1）硬盘容量的大小。

（2）硬盘接口类型：硬盘接口的优劣直接影响着程序运行快慢和系统性能的好坏，目前流行的是 SATA 接口。

（3）硬盘数据缓存及寻道时间：对于大缓存的硬盘，在存储零碎数据时具有非常大的优势，因此当硬盘存取零碎数据时需要不断地在硬盘与内存之间交换数据，如果有较大缓存，则可以将那些零碎数据暂存在缓存中，这样一方面可以减小外系统的负荷，另一方面也提高了硬盘数据的传输速度。

（4）硬盘的品牌选择：目前市场上知名的品牌有希捷（Seagate）、三星（Samsung）、西部数据（Western Digital）、日立（Hitachi）。

1.2.3.5　显卡

显卡是主机与显示器连接的"桥梁"，是连接显示器和主板的适配卡，作用是控制显示器的显示方式，显示卡分为集成显卡和独立显卡，图 1-15 所示为独立显卡。

图 1-14　硬盘

图 1-15　显卡

选购显卡时应注意如下几点：

（1）显存容量和速度。

（2）显卡芯片：主要有 NVIDIA 和 ATI。

（3）散热性能。

（4）显存位宽：目前市场上的显存位宽有 64 位、128 位和 256 位三种，人们习惯上叫的 64 位显卡、128 位显卡和 256 位显卡就是指其相应的显存位宽。显存位宽越高，性能越好，价格也就越高。

（5）显卡的品牌选择：目前市场上知名品牌有七彩虹（Colorful）、影驰（GALAXY）、华硕（ASUS）、双敏（UNIKA）。

1.2.3.6　显示器

显示器属于计算机的 I/O 设备，即输入/输出设备。它可以分为阴极射线管显示器（CRT）、液晶显示器（LCD）、等离子体显示器（PDP）、真空荧光显示器（VFD）等多种。不同类型的显示器应配备相应的显示卡。显示器有显示程序执行过程和结果的功能。

选购显示器时应注意以下几点：

（1）液晶显示器对比度和亮度的选择。

（2）灯管的排列。

（3）液晶显示器响应时间和视频接口。

（4）液晶显示器的分辨率和可视角度。

（5）品牌：目前比较知名的显示器品牌有三星、LG、AOC、飞利浦等。

1.2.3.7　光驱

光驱，是计算机用来读、写光碟内容的设备，在安装系统软件、应用软件和数据保存时经常用到光驱。目前，光驱可分为 CD - ROM 驱动器、DVD 光驱（DVD - ROM）、康宝（COMBO）和刻录机等。

选购光驱时应注意如下几点：

（1）光驱读写速度。

（2）光驱的纠错能力。

（3）光驱的稳定性。

（4）光驱的芯片材料。

1.2.3.8　音箱

音箱指将音频信号变换为声音的一种设备。通俗地讲就是指音箱主机箱体或低音炮箱体内自带功率放大器，对音频信号进行放大处理后由音箱本身回放出声音。

1.2.3.9　机箱

机箱是计算机主机的"房子"，起到容纳和保护 CPU 等计算机内部配件的重要作用，从外观上分立式和卧式两种。机箱一般包括外壳、用于固定软硬盘驱动器的支架、面板上必要的开关、指示灯和显示数码管等。另外，配套的机箱内还有电源。

机箱性能和选购应注意以下几点：

（1）制作材料。

（2）制作工艺。

（3）使用的方便度。

（4）机箱的散热能力。

（5）机箱的品牌。

1.2.3.10　键盘和鼠标

键盘是计算机最常用的输入设备，包括数字键、字母键、功能键、控制键等。

鼠标的全称是计算机显示系统纵横坐标定位的指示器，因形似老鼠而得名"鼠标"，英文为"Mouse"。鼠标的使用是为了使计算机的操作更加简便，来代替键盘繁琐的指令。鼠标按键数分类可以分为传统双键鼠标、三键鼠标和新型的多键鼠标；按内部构造分类可分为机械式鼠标、光机式鼠标和光电式鼠标三类；按接口分类可分为 COM 鼠标、PS/2 鼠标、USB 鼠标、蓝牙鼠标等。

一般情况下，键盘和鼠标的市场价格都比较便宜，由于键盘、鼠标的使用频率较高，容易损坏，建议选择价格适中的产品。

1.2.4　购买电脑的注意事项

1.2.4.1　明确用户需求

购买电脑之前，首先要确定购买电脑的用途，需要电脑为其做哪些工作。只有明确了自己购买的用途，才能建立正确的选购方案。下面列举几种不同的计算机应用领域来介绍其各自相应的购机方案。

（1）商务办公类型。对于办公型电脑，主要用途为处理文档、收发 E-mail 以及制表等，需要的电脑应该稳定。在商务办公中，电脑能够长时间地稳定运行非常重要。建议配置一款液晶显示器，可以减小长时间使用电脑对人体的伤害。

（2）家庭上网类型。一般的家庭中，使用电脑进行上网的主要作用是浏览新闻、处理简单的文字、玩一些简单的小游戏、看看网络视频等，这样用户不必要配置高性能的电脑，选择一台中低端的配置就可以满足用户需求了。因为用户不运行较大的软件，感觉不到这样配置的电脑速度慢。

（3）图形设计类型。对于这样的用户，因为需要处理图形色彩、亮度，图像处理工作量大，所以要配置运算速度快、整体配置高的计算机，尤其在 CPU、内存、显卡上要求较高配置，同时应该配置 CRT 显示器来达到更好的显示效果。

（4）娱乐游戏类型。当前开发的游戏大都采用了三维动画效果，所以这样的用户对电脑的整体性能要求更高，尤其在内存容量、CPU 处理能力、显卡技术、显示器、声卡等方面都有一定的要求。

1.2.4.2　确定购买台式机还是笔记本

随着微型计算机技术的迅速发展，笔记本电脑的价格在不断下降，好多即将购买电脑的顾客都在考虑是购买台式机还是笔记本。对于购买台式机还是笔记本，应从以下几点考虑。

（1）应用环境。台式机移动不太方便，对于普通用户或者固定办公的用户，可以选择台式机。笔记本的优点是体积小，携带方便，对于经常出差或移动办公的用户应该选购笔记本。

（2）性能需求。对于同一档次的笔记本和台式机在性能上有一定的差距，并且笔记本的可升级性较差。对有更高性能需求的用户来说，台式机是更好的选择。

（3）价格。相同配置的笔记本比台式机的价格要高一些，在性价比上，笔记本比不上台式机。所以，对于价格因素上的选购，台式机相对较便宜。

1.2.4.3　确定购买品牌机还是组装机

目前，市场上台式机主要有两大类：一种是品牌机，另一种就是组装机（也称兼容机）。两者的对比如下：

（1）品牌机。品牌机指由具有一定规模和技术实力的计算机厂商生产，注册商标、有独立品牌的计算机。如东芝、索尼、联想、戴尔、惠普等都是目前知名的品牌。品牌机出厂前经过了严格的性能测试，其特点是性能稳定，品质有保证，易用。

（2）组装机。组装机是电脑配件销售商根据用户的消费需求与购买意图，将各种计算机配件组合在一起的计算机。组装机的特点是计算机的配置较为灵活、升级方便、性价比略高于品牌机，也可以说，在相同的性能情况下，品牌机的价格要高一些。对于选择品牌机还是组装机，主要看用户。如果用户是一个计算机初学者，对计算机知识掌握不够深，那么购买品牌机就是很好的选择。如果对计算机知识很熟悉，并且打算随时升级自己的计算机，则可以选择组装机。

1.2.4.4　了解电脑性能指标

对于一台电脑来说，其性能的好坏不是由一项指标决定的，而是由各部分总体配置决定的。衡量一电脑的性能，主要看以下几个性能指标：

（1）CPU 的运算速度。CPU 的运算速度是衡量电脑性能的一项重要指标，它通常采用主频高低来描述。现在市场上流行的双核 CPU，在主频速度提高的同时，采用多核技术，总体的主频越高，运算速度就越快。

（2）显卡类型。显卡是将 CPU 送来的影像数据处理成显示器可以接收的格式，再送到显示屏上形成画面。市场上比较流行的显卡芯片为 NVIDIA、ATI 显卡，以独立显卡容量大小作为衡量显卡性能指标的尺度。目前市场上以独显 1GB 作为主流显卡。

（3）内存储器容量。内存是 CPU 直接访问的存储器，电脑中所有需要执行的程序与需要处理的数据都要先读到内存中。内存大小反映了电脑即时存储信息的能力，随着操作系统的升级和应用软件功能的不断增多，对内存的需求容量越来越大。

小张同学的需求

➢ 小张同学是机械专业的学生，购买电脑主要在学校使用，除了基本的办公软件，还要满足其在 AutoCAD 软件制图、Pro/Engineer 及 UG 三维造型软件等专业学习方面的需要；另外学习之余，小张喜欢玩《英雄联盟》3D 竞技游戏，有什么科幻电影大片也想在电脑上看看。

➢ 小张的预算只有 4000 元，而且学校寝室的情况不方便购置台式机。

➢ 根据小张的需求，小张需要购买一台对显卡要求较高的笔记本电脑，可以考虑专业级独立显卡，对 CPU 的运算速度也有一定的要求，可以考虑 intel i5 系列。

➢ 对于笔记本的选择，品牌和口碑比较重要，经过比对，DELL 笔记本的性价比得到网友的认可度高。小张决定选择戴尔品牌。

➢ 因为要看网络上的电影，对显示屏和音效也有一定的要求。

➢ 网上报价查询。可以到中关村在线（http：//www.zol.com.cn），京东商城（http：//www.jd.com），网上三好街（http：//www.sanhaostreet.com）进行在线的查找对比，因为价格所限，"专业级"独立显卡的笔记本价格比较昂贵，退而求其次的选择"性能级"独立显卡的配置。

➢ 小张最后选定了戴尔 Inspiron 灵越 15 5000 系列，到网上三好街查看辽宁省的报价，并查询了其在沈阳的实体店地址如图 1-16 所示。

戴尔(Dell) Inspiron 灵越 15 5000（INS15MD-4528S）

| 类别：笔记本 | 品牌：戴尔 |

参考价格：¥3889　　　　　　　　　　　2015/10/30更新

商家报价：¥3700 至 ¥4020　7商家报价

上市时间：2015年01月	产品定位：家庭娱乐本
操作系统：预装Windows 8.1	CPU系列：英特尔 酷睿i5 5代
CPU型号：Intel 酷睿i5 5200U	CPU主频：2.2GHz
内存容量：4GB（4GB×1）	内存类型：DDR3L（低电压）
硬盘容量：500GB	光驱类型：无内置光驱
屏幕尺寸：15.6英寸	屏幕比例：16:9
屏幕分辨率：1366x768	背光技术：LED背光
显卡类型：性能级独立显卡	显卡芯片：AMD Radeon HD

相关标签：笔记本 戴尔 Inspiron 灵越 15 5000（INS15MD-4528S）

推荐经销商

辽宁　吉林　黑龙江

沈阳市　大连市

达通科技
¥3900　　　☎13996244457

三好街电子产品
¥3700　　　☎13332456786

沈阳坤宇众望（戴尔）
¥4020　　　☎024-23967266

一站式购物中心
¥3850　　　☎13358851901

三好街购物车
¥3750　　　☎024-83991545

★沈阳戴尔DELL正规授权东北总
¥4000　　　☎13322482656

三好街电子产品网上体验店
¥4000　　　☎024-83992557S

图 1-16　网上三好街信息

小李同学的需求

➤ 小李同学是视觉专业的走读生，购买电脑主要在家使用，经过一年的基础知识学习，对于大学二年级的小李来说，他感兴趣的方向为 3D 视频包装、影视后期制作，需要学习一些 3D max、After Effects 及 Adobe Premiere 等软件，经常做一些粒子、水流等特效的制作与渲染，家里的旧电脑除了显示器以外已经完全不能满足需要了，小李打算重新购买一台电脑，考虑到自己的设计需求和经济因素，小李觉得品牌台式机是不错的选择。

➤ 分析：因为需要做渲染，考虑到渲染速度，小李需要购买一台对 CPU 要求较高的电脑；对于 3D 设计和视频处理等方面的需要，对显卡、显存也有较高要求。另外，经常需要收集设计素材，需要硬盘空间大些。

➤ 品牌选择。对于品牌台式机的选择，品牌和口碑比较重要，经过比对，惠普、联想、戴尔的口碑不错。

➤ 网上报价查询。在中关村在线（http://www.zol.com.cn）进行的查找与对比。如图 1-17 所示，小李最后选定了惠普 Pavilion 500 系列。CPU 型号 Intel 酷睿 i7 4790；DDR3 内存 8G，7200 转硬盘 1T；性能级独立显卡：NVIDIA GeForce GTX 745，显存容量 4GB。目前沈阳惠普电脑专营店的价格是 6300 元左右。

惠普Pavilion 500-471cn详细参数

基本参数	产品类型	家用电脑	存储设备	内存容量	8GB
	操作系统	预装Windows 8		内存类型	DDR3 1600MHz
				内存插槽	2个DiMM插槽
处理器	CPU系列	英特尔 酷睿i7 4代系列		硬盘容量	1TB
	CPU型号	Intel 酷睿i7 4790		硬盘描述	7200转
	CPU频率	3.6GHz		光驱类型	DVD-SuperMulti双层刻录
	最高睿频	4000MHz			
	总线规格	DMI 5 GT/s	显卡/声卡	显卡类型	性能级独立显卡
	缓存	L3 8MB		显卡芯片	NVIDIA GeForce GTX 745
	核心架构	Haswell		显存容量	4GB
	核心/线程数	四核心/八线程		DirectX	DirectX 11
	制程工艺	22nm			

图 1-17　中关村在线产品参数列表

小冯同学的需求

➤ 小冯同学是学前专业的女生，电脑在小冯所在专业的学生中占有量较低，平时需要完成一些文字性的处理小冯都要到网吧或借别人的电脑完成，一些学习资料和实习留影、视频之类的文件，小冯都存储在U盘中，在公共环境下使用U盘容易中毒、丢失，很不方便。因而小冯想自己买个电脑在学校使用。

➤ 分析：小冯对电脑的配置要求不高。因为在学校使用最好购置笔记本，携带方便，对于女生要求轻薄一些、外观漂亮些。

➤ 品牌选择。通过对外观和性价比等因素的考虑联想笔记本口碑不错。

➤ 网上报价查询。在中关村在线（http://www.zol.com.cn）进行的查找与对比。小冯最后选定了如图1-18联想系列。轻薄设计，携带方便；Intel酷睿i3主流CPU，4GB内存，500GB硬盘，满足文件处理和存储需要；14英寸的高清显示屏，AMD Radeon R5 M230显卡，WIFI BGN无线局域网卡，内置30万像素高感光摄像头，满足日常影音娱乐需求。

图1-18　网上三好街报价

现在的你是否有购买电脑的各种问题呢，请你根据自己的经济条件、购买电脑使用环境和其他需求，参考本任务中的方法，去寻找一种满足你日常生活、学习需求的电脑配置。已经有电脑的同学写出自己目前的电脑硬件配置情况及购置时间、价格。填入表1-1中。

表1-1　电脑配置情况

电脑基本情况			
电脑类型		电脑品牌	
购置时间		价格	
具体硬件性能参数			
CPU型号及主频		内存类型及容量	
硬盘转速及容量		显卡类型	
显示器尺寸		操作系统	

任务 1.3　计算机的软件与语言发展

任务目标

- 掌握计算机软件的分类。
- 掌握计算机语言的发展分类。
- 了解系统软件的发展历程。
- 了解应用软件的发展历程。

任务描述

　　小赵从前面的学习中了解到计算机系统是由硬件系统和软件系统两大部分构成的。对于计算机的硬件系统，通过帮助同学购买电脑，查找配置信息，小赵有了更全面深刻的认识，但是对于软件方面，小赵觉得还需要从理论上充充电，以便进一步学习办公软件、常用软件和专业软件的使用。

知识链接

　　（1）软件的概念。计算机软件是指计算机系统中的程序及其文档。软件是用户与硬件之间的接口界面。用户主要是通过软件与计算机进行交流。

　　（2）软件的分类。计算机软件分为系统软件和应用软件两大类。系统软件是各类操作系统，如 Windows、UNIX 等，还包括操作系统的补丁程序及硬件驱动程序，都是系统软件类。应用软件种类很多，如工具软件、游戏软件、管理软件等。

　　（3）计算机语言。计算机语言指用于人与计算机之间通讯的语言。计算机语言是人与计算机之间传递信息的媒介。计算机系统最大特征是指令通过一种语言传达给机器。为了使计算机进行各种工作，就需要有一套用以编写计算机程序的数字、字符和语法规划，由这些字符和语法规则组成计算机各种指令（或各种语句）。这些就是计算机能接受的语言。

　　（4）计算机语言的发展。计算机语言从低级语言向高级语言发展。低级语言包括机器语言和汇编语言。

　　（5）软件的发展。计算机软件的发展受到硬件发展的推动和制约。反之，软件的发展也推动了硬件的发展。

　　（6）操作系统软件的发展。由于计算机硬件的发展，处理器的运算速度得到了大幅度的提高，处理器常常因为等待运算器准备下一个作业而空闲。操作系统作为计算机软、硬件资源管理的助手应运而生。UNIX、DOS、Windows 在不同的历史时期影响着计算机的使用者。

1.3.1　什么是计算机软件

计算机软件（Software，也称软件）是指计算机系统中的程序及其文档，程序是计算任务的处理对象和处理规则的描述；文档是为了便于了解程序所需的阐明性资料。程序必须装入机器内部才能工作，文档一般是给人看的，不一定装入机器。

计算机软件是计算机的灵魂，是计算机应用的关键。如果没有适应不同应用的计算机软件，人们就不可能将计算机广泛地应用于人类社会的生产、生活、科研、教育等几乎所有领域，计算机也只能是一具没有灵魂的躯壳。

1.3.2　计算机软件分类

1.3.2.1　系统软件

系统软件是为了计算机能正常、高效工件所配备的各种管理、监控和维护系统的程序及其有关资料。系统软件主要包括如下几个方面：

（1）操作系统软件，如 Windows 操作系统，这是软件的核心。

（2）各种语言的解释程序和编译程序（如 C 语言编译程序等）。

（3）各种服务性程序（如机器的调试、故障检查和诊断程序等）。

（4）各种数据库管理系统（SQLServer 等）。

系统软件的任务，一是更好地发挥计算机的效率，二是方便用户使用计算机。系统类软件是应用软件运行的基础，一般用来支撑应用类软件运行。

1.3.2.2　应用软件

应用软件是为解决各种实际问题而编制的计算机应用程序及其有关资料。针对计算机应用类软件在不同领域层出不穷，比如在数据处理和管理方面的软件：工资系统，人事档案系统，财务系统；在计算机辅助系统方法的软件：AutoCAD，PE 等；在文化教育与休闲娱乐方面的软件：办公软件 office，聊天软件 QQ，播放视频软件暴风影音等。总的来说，个人电脑上常用的应用软件主要分成以下几类：

（1）办公软件。文字处理软件、电子表格处理软件、演示制作软件、个人数据库、个人信息管理软件等。

（2）多媒体处理和播放软件。多媒体处理软件主要包括图形图像处理、动画制作、音频视频处理、桌面排版等。播放软件有各种图片浏览工具及音频、视频播放器。

（3）Internet 工具软件。主要有 Web 服务器软件，Web 浏览器，文件传送工具、远程访问工具、邮件软件、新闻阅读工具、信息检索、多媒体、Web 页创作工具等。

（4）系统工具软件。帮助操作系统更有效地完成系统的管理和维护。包括杀病毒软件、文件压缩、快速复制工具、磁盘维护与诊断工具、实用工具软件等。

（5）其他一些常见软件。学习软件、游戏软件、电子字典、各种小工具软件。

小赵同学的笔记——软件的分类
➢ 计算机软件分为系统软件和应用软件两大类。
➢ 系统软件：操作系统，各种高级语言的编译程序，数据库管理程序，各种服务性程序。
➢ 应用软件：办公软件、多媒体处理和播放软件、Internet 工具软件及系统工具软件等。

1.3.3 操作系统的发展历史

1.3.3.1 UNIX 操作系统

UNIX 操作系统是一个强大的多用户、多任务操作系统，支持多种处理器架构，最早由 KenThompson、Dennis Ritchie 和 Douglas McIlroy 于 1969 年在 AT&T 的贝尔实验室开发。常用于大、中、小型机和工作站。1974 年因其源码向大学开放而开始流行，目前发展出很多开源、半开源和商业的版本。图 1 – 19 所示为其中的一个版本应用于惠普服务器。

图 1 – 19　HP – UX 操作系统

1.3.3.2 DOS 操作系统（Disk Operation System）

DOS 是 1979 年由微软公司为 IBM 个人电脑开发的 MS – DOS，它是一个单用户单任务的操作系统。从 1981 年直到 1995 年的 15 年间，DOS 在 IBM PC 兼容机市场中占有举足轻重的地位。

如图 1 – 20 所示，它直接操纵管理硬盘的文件，一般都是黑底白色文字的界面，键入 DOS 命令运行，其他应用程序，都是在 DOS 界面下键入 EXE 或 BAT 文件运行。

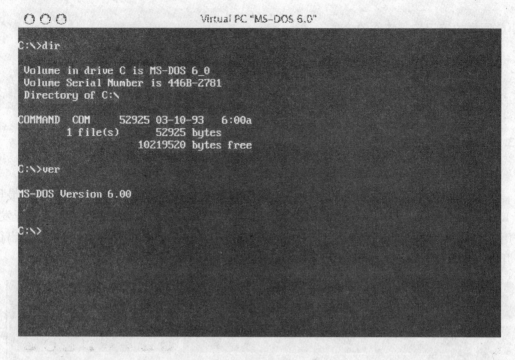

图1-20　DOS操作界面

1.3.3.3　Windows 操作系统

微软自 1985 年推出 Windows 1.0 以来，从最初运行在 DOS 下的 Windows 3.0，到现在风靡全球的 Windows XP、Windows 7、Windows 8 和最近发布的 Windows 10。Windows 成为了在个人电脑上使用最多的操作系统。图 1-21 所示为 Windows 7 界面。

图1-21　Windows 7 界面

1.3.4　计算机语言的发展

计算机语言是人与计算机进行对话的最重要的手段。目前人们对计算机发出的命令几乎都是通过计算机语言进行的。计算机的语言发展经过了低级语言到高级语言两个阶段，其中低级语言，又分为机器语言和汇编语言两个阶段。

（1）计算机语言的产生——第一代计算机机器语言。从 19 世纪起，随着机械式计算机（见图 1–22）的更新，出现了穿孔卡片，如图 1–23 所示，这种卡片可以指导计算机进行工作。但是直到 20 世纪中期现代化的电子计算机出现之后，软件才真正得以飞速发展。在世界上第一台计算机 ENIAC 上使用的也是穿孔卡片，在卡片上使用的是专家们才能理解的语言，有孔的地方代表"1"，无孔的地方代表"0"，由于它与人类语言的差别极大，所以我们称之为机器语言。也就是第一代计算机语言。

图 1–22　手摇式机械计算机

图 1–23　穿孔卡片

（2）第二代语言——汇编语言。计算机语言发展到第二代，出现了汇编语言，也称为符号语言。在汇编语言中，用助记符代替机器指令的操作码，用地址符号或标号代替指令或操作数的地址。如图 1–24 所示，比起"0、1"构成的机械语言，汇编语言大大前进了一步，尽管它还是太复杂，人们在使用时很容易出错误，但它已注定要成为机器语言向更高级语言过渡的桥梁。汇编语言要经过汇编程序翻译成机器语言才能被计算机执行。

（3）第三代语言——高级语言。当计算机语言发展到第三代时，就进入了"面向人类"的语言阶段。第三代语言也被人们称之为"高级语言"，是一种接近于人们使用习惯的程序设计语言。它允许用英文写解题的计算程序，对我们汉语来说，目前还不能用中文汉字来输入指令，这主要是因为中文的输入还没有一个非常好的手段。程序中所使用的运算符号和运算式子，都和我们日常用的数学式子差不多。图 1–25 所示为 C 语言的程序代码，即使不了解计算机硬件的运作，经过简单的学习也能够使用 C 语言编写程序。

```
ORG   0000H   ;顺序执行
MAIN:
MOV   A, #00H
MOV   P0, A
MOV   P1, A
CPL   A
MOV   P2, A
MOV   P3, A
END
```

图 1 - 24　汇编语言

```
void main( ) {
    char p[40], q[40];
    gets(p);
    gets(q);
    Mystrcat(p, q);
    puts(p);
}
```

图 1 - 25　C 语言程序代码

高级语言要经过编译程序或者解释程序翻译成计算机能理解的机器语言的目标代码才能执行，当然，这个翻译的过程也是由计算机完成的。

小赵同学的笔记——计算机语言的发展
➢　低级语言
　　■　机器语言——计算机直接识别
　　■　汇编语言——通过汇编程序汇编为机器语言
➢　高级语言——通过解释或编译程序翻译成机器语言目标代码后识别。

1.3.5　计算机应用软件

1.3.5.1　第一代软件（1946～1953 年）

第一代软件是用机器语言编写的，机器语言是内置在计算机电路中的指令，由 0 和 1 组成。在这个时代的末期出现了汇编语言编写的程序。

1.3.5.2　第二代软件（1954～1964 年）

第二代软件开始使用高级程序设计语言，因为高级语言编写的程序语句需要通过编译器翻译成等价的机器指令。软件也有了更细致的划分，编译器这样的辅助工具软件可看做系统程序，由系统程序员编写，使用这些工具编写出来的程序可以看做应用程序，编写应用程序的人称为应用程序员。随着包围硬件的软件变得越来越复杂，应用程序员离计算机硬件越来越远了。那些仅仅使用高级语言编程的人不需要懂得机器语言和汇编语言，这就降低了对应用程序员在硬件及机器指令方面的要求，使更多计算机应用领域的人员参与程序设计。

因为汇编语言和机器语言的运行效率较高，在实时控制、实时检测等领域的许多应用程序仍然使用汇编语言和机器语言来编写。

在第一代和第二代软件时期，计算机软件实际上就是规模较小的程序，程序的编写者和使用者往往是同一个人。由于程序规模小，程序编写起来比较容易，也没有什么系统化的方法，对软件的开发过程更没有进行任何管理。这种个体化的软件开发环境使得软件设计往往只是在人们头脑中隐含进行的一个模糊过程，除了程序清单之外，没有其他文档资料。

1.3.5.3　第三代软件（1965~1970 年）

在这个时期，由于计算机硬件的发展，集成电路取代了晶体管，处理器的运算速度得到了大幅度的提高，处理器在等待运算器准备下一个作业时，无所事事。因此需要编写一种程序，使所有计算机资源处于计算机的控制中，这种程序就是操作系统。另外，在这一时期结构化程序设计理念逐渐确立起来。出现了数据库技术，以及统一管理数据的软件系统——数据库管理系统 DBMS。

这一时期的软件变得越来越庞大、开发成本也越来越高、因为没有统一的规范，软件中隐含的错误很多，软件的发展跟不上硬件发展，软件危机爆发了。1968 年，北大西洋公约组织的计算机科学家在联邦德国召开国际会议，讨论软件危机问题，在这次会议上正式提出并使用了"软件工程"这个名词，用工程化的理念进行软件开发。

1.3.5.4　第四代软件（1971~1989 年）

20 世纪 70 年代出现了结构化程序设计技术，出现了一批结构化程序设计语言如：Pascal 语言，Basic 的结构化版本，1978 年功能强大的 C 语言出现。

更好用、更强大的操作系统被开发了出来。DOS 操作系统微型计算机的标准操作系统，Macintosh 机（苹果电脑）的操作系统引入了鼠标的概念和点击式的图形界面，彻底改变了人机交互的方式。

20 世纪 80 年代，随着微电子和数字化声像技术的发展，在计算机应用程序中开始使用图像、声音等多媒体信息，出现了多媒体计算机。多媒体技术的发展使计算机的应用进入了一个新阶段。

这个时期出现了多用途的应用程序，这些应用程序面向没有任何计算机经验的用户。典型的应用程序是电子制表软件、文字处理软件和数据库管理软件。

1.3.5.5　第五代软件（1990 年至今）

第五代软件中有三个著名事件：在计算机软件业具有主导地位的 Microsoft 公司的崛起、面向对象的程序设计方法的出现以及万维网（World Wide Web）的普及。

20 世纪 90 年代中期，Microsoft 公司将文字处理软件 Word、电子制表软件 Excel、数据库管理软件 Access 和其他应用程序绑定在一个程序包中，称为办公自动化软件。

面向对象的程序设计逐步代替了结构化程序设计，成为目前最流行的程序设计技术。面向对象程序设计尤其适用于规模较大、具有高度交互性、反映现实世界中动态内容的应用程序。Java、C++、C#等都是面向对象程序设计语言。

1990 年，英国研究员提姆·柏纳斯·李创建了一个全球 Internet 文档中心，并创建了一套技术规则和创建格式化文档的 HTML 语言，以及能让用户访问全世界站点上信息的浏览器，此时的浏览器还很不成熟，只能显示文本。

软件体系结构从集中式的主机模式（单机软件）转变为分布式的客户机/服务器模式（C/S）或浏览器/服务器模式（B/S），专家系统和人工智能软件从实验室走出来进入了实际应用，完善的系统软件、丰富的系统开发工具和商品化的应用程序的大量出现，以及通信技术和计算机网络的飞速发展，使得计算机进入了一个大发展的阶段。

小赵同学的笔记——计算机软件的发展

➢ 第一代软件（1946~1953年）：机器语言和汇编语言编写的程序，由计算机工作者自己编写和使用。

➢ 第二代软件（1954~1964年）：高级语言出现，软件开发者分成了系统程序员和应用程序员两种。

➢ 第三代软件（1965~1970年）：操作系统、数据库管理系统出现，结构化程序设计思想产生，软件开始在更广泛的领域应用，软件开发不规范，软件危机爆发，软件工程概念提出。

➢ 第四代软件（1971~1989年）：结构化程序设计思想成熟，操作系统进一步发展、办公软件OFFICE出现。

➢ 第五代软件（1990年至今）：面向对象的软件设计思想出现，软件体系结构从单机向客户机/服务器模式（C/S）或浏览器/服务器模式（B/S）转变。

举一反三

1. 理论填空

（1）将高级语言源程序翻译成计算机可执行代码的软件称为（　　　）。

（2）（　　　）是用二进制代码表示的，它能被计算机直接执行。

（3）计算机软件系统应包括（　　　）和（　　　）。

（4）（　　　）是计算机与用户之间的接口。

（5）DOS是（　　　）用户（　　　）任务的操作系统。

（6）某单位自行开发的工资管理系统，按软件的类别划分，它属于（　　　）；按计算机应用的类型划分，它属于（　　　）软件。

2. 理论选择

（1）计算机的软件系统通常分为（　　　）。
　　A. 操作系统　　　　　　　　　　B. 编译软件和连接软件
　　C. 各种应用软件包　　　　　　　D. 系统软件和应用软件

（2）下列软件中不属于系统软件的是（　　　）。
　　A. C语言　　　B. 诊断程序　　　C. 操作系统　　　D. 财务管理软件

（3）系统软件与应用软件的相互关系，下列说法中正确的是（　　　）。
　　A. 前者以后者为基础　　　　　　B. 后者以前者为基础
　　C. 两者互为基础　　　　　　　　D. 两者之间没有任何关系

（4）为达到一定的工作目标，预先为计算机编制的指令序列称之为（　　　）。
　　A. 软件　　　B. 文件　　　C. 程序　　　D. 语言

（5）按计算机语言的发展过程和应用级别，程序设计语言可分为（　　　）。
　　A. 简单语言、复杂语言、实用语言

B. 机器语言、汇编语言、高级语言

C. BASIC 语言、PASCAL 语言、C 语言

D. 面向机器的语言、面向过程的语言、面向对象的语言

（6）计算机能够直接执行的程序是（　　　）。

A. 应用软件　　　　B. 机器语言程序　　C. 源程序　　　　　D. 汇编语言程序

（7）机器语言程序在计算机内部是以（　　）存放的。

A. 条形码　　　　B. 拼音码　　　　　C. 汉字码　　　　　D. 二进制码

（8）要使高级语言编写的程序能被计算机运行，必须由（　　）将其处理成机器语言。

A. 系统软件和应用软件　　　　　　　B. 内部程序和外部程序

C. 解释程序或编译程序　　　　　　　D. 源程序或目的程序

3. 思考题

（1）计算机程序之母是谁？她对计算机语言和软件的发展做出了哪些贡献？

（2）小调查：在你的电脑上使用的操作系统是什么？安装了哪些应用软件？

 综合训练

如图 1-26 所示，扩展阅读"现代信息技术博物馆·计算机与互联网"部分。其网址为：http://amuseum.cdstm.cn/AMuseum/xinxiguan/swf/index.html。

图 1-26　现代信息技术博物馆——计算机与互联网页面

项目2 Windows 7系统安装与设置

操作系统是计算机应用的前提和基础。Windows 7 操作系统是目前应用最为广泛的操作系统之一，它是 Microsoft（微软公司）推出的继 Windows XP 之后的最稳定的版本。本项目通过三个任务讲解操作系统中的基本知识，Windows 7 的安装和个性化设置方法，以及 Windows 7 中关于文件、文件夹的操作技巧等内容。

- 了解操作系统的基础知识。
- 了解 Windows 7 操作系统的特色。
- 掌握 Windows 7 操作系统的安装方法。
- 知道 Windows 7 操作系统常用功能的设置方法。

任务 2.1 安装 Windows 7 操作系统

任务目标

- 掌握操作系统的定义。
- 掌握操作系统的作用。
- 掌握 Windows 7 操作系统的安装方法。

任务描述

小赵同学的笔记本购买时自带了 Windows 8.1 操作系统，在使用的过程中发现有时候运行游戏软件字体模糊，甚至出现了内存不足的情况，听说 Windows 7 的版本比较稳定，兼容性也不错，小赵想自己更换操作系统试试。

知识链接

（1）操作系统的定义。操作系统是控制和管理计算机中资源，协调计算机各部分进行工作的系统软件。

（2）操作系统的作用。操作系统主要进行 CPU、内存、外设、文件系统、用户界面等 5 大部分的管理。

（3）Windows 7 操作系统的配置要求。所需要的 CPU、内存、硬盘等硬件的最低标准和推荐标准。

（4）Windows 7 操作系统的安装。按安装类型可分为升级安装、自定义全新安装；按安装介质可分为光盘安装、硬盘安装、U 盘安装等形式；按系统来源可分为 Ghost 系统和原版系统两种。

2.1.1　操作系统的定义

操作系统（Operating System，OS）是控制和管理计算机中的硬件资源和软件资源，合理地组织计算机的工作流程，控制程序运行并为用户提供交互操作界面的程序集合。

2.1.2　操作系统的作用

正如其定义所说操作系统是用来控制管理计算机资源的，一般认为操作系统具有处理器、内存储器、设备、计算机信息和用户接口 5 大方面的管理功能。

（1）处理机管理。处理机就是 CPU，如何管理好 CPU，提高 CPU 的使用效率是操作系统的核心任务。对处理机的管理就是如何将 CPU 合理地分配给每个进程，实现并发处理和资源共享，提高 CPU 的利用率。因此有的也把处理管理称为"进程管理"。一个"执行中的程序"称为"进程"。进程既是基本的分配单元，也是基本的执行单元。

（2）存储管理。存储器管理是指对内存的管理，主要包括内存空间的分配、保护和扩充。任何程序只有事先读入（调入）到内存才能被 CPU 运行，因此内存中存在着各种各样的程序。如何为这些程序分配内存空间，如何保护这些程序的存储区地址相互间不冲突，如何保证多个程序调入运行时不会有意或无意地影响或破坏其他程序的正常运行，如何解决程序运行时物理内存空间不足等问题。这些都是存储管理所要解决的。

（3）设备管理。设备管理也称为输入/输出管理（I/O 管理），即对计算机系统的各种外部设备进行管理。其主要任务是方便用户使用各种外部设备，管理和协调外部设备的工作，提高设备与主机的并行工作能力和使用效率。操作系统中的设备管理程序实现对外部设备的分配、启动、回收和故障处理。解决快速 CPU 与慢速外设之间的矛盾，同时避免设备之间因争用 CPU 资源而产生冲突。

（4）信息管理。所有的程序或数据在计算机中都以文件的形式进行保存，所以信息管理又叫文件管理。在操作系统中，负责管理和存取文件信息的部分称为文件系统（或信息管理系统）。在文件系统的管理下，用户只需按照文件名访问文件，对文件进行读写操作，这种"按名存取"的方式是文件系统为用户提供的一个简单、统一的访问文件的方式。

（5）用户接口。操作系统的一个重要功能是为用户提供方便、友好的用户界面，使用户无须了解过多的软硬件知识就能方便灵活地使用计算机。

2.1.3　安装前的准备

在安装操作系统前，必须对 Windows 7 操作系统有一定的了解，熟悉操作系统的功能、特色、对计算机硬件配置的基本要求等，检验 Windows 7 操作系统是否符合用户的需要，以及用户的计算机是否适合安装 Windows 7 操作系统。

2.1.3.1　Windows 7 系统简介

Windows 7 是由微软公司开发的操作系统。Windows 7 可供家庭及商业工作环境、笔记本电脑、平板电脑、多媒体中心等使用。微软 2009 年 10 月 22 日于美国、2009 年 10 月 23 日于中国正式发布了 Windows 7，2011 年 2 月 22 日发布了 Windows 7SP1（Build7601. 17514. 101119 – 1850）。

2.1.3.2　Windows 7 系统配置要求

（1）最低配置，Windows 7 系统配置的最低要求见表 2 – 1。

表 2 – 1　Windows 7 系统配置的最低要求

设备名称	基 本 要 求	备　　注
CPU	1GHz 及以上	
内存	1GB 及以上	安装识别的最低内存是 512MB
硬盘	20GB 以上可用空间	
显卡	集成显卡 64MB 以上	128MB 为打开 AERO 的最低配置
其他设备	DVD R/RW 驱动器或者 U 盘等其他存储介质	安装用，如果需要用 U 盘安装，需要制作 U 盘引导
互联网连接/电话	需要联网/电话激活授权，否则只能进行为期 30 天的试用评估	

（2）推荐配置，安装 Windows 7 操作系统的推荐配置见表 2 – 2。

表 2 – 2　安装 Windows 7 操作系统的推荐配置

设备名称	基 本 要 求	备　　注
CPU	64 位双核以上等级的处理器	Windows 7 包括 32 位及 64 位两种版本，如果希望安装 64 位版本，则需要 64 位的 CPU 支持
内存	2GB DDR2 以上	3GB 更佳
硬盘	20GB 以上可用空间	软件等可能还要占用及格 GB 的空间
显卡	支持 DirectX 10/Shader Model 4.0 以上级别的独立显卡	显卡支持 DirectX 9 就可以开启 Windows Aero 特效
其他设备	DVD R/RW 驱动器或者 U 盘等其他存储介质	
互联网连接/电话	需要联网/电话激活授权，否则只能进行为期 30 天的试用评估	

2.1.4　使用光盘全新安装 Windows 7

（1）进入主板 BIOS，将光驱设为第一启动项。启动计算机，根据开机提示进入 BIOS 设置（一般按【F2】键或【DEL】键进入 BIOS）如图 2 - 1 所示。主板不同 BIOS 设置也会不同，在进行操作时一定要小心，不要误修改了 BIOS 的项目。

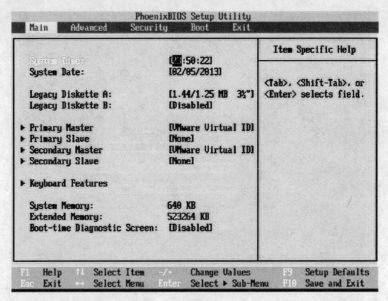

图 2 - 1　BIOS 主界面

可以看到 BIOS 界面的下方的菜单控制说明，通过键盘上的方向键选中 Boot 菜单，然后根据屏幕提示，选择 CD - ROM Driver，并将该项移动到上方，设置为第一启动项，如图 2 - 2 所示，即设为光驱启动。按【F10】键，保存退出 BIOS 设置。

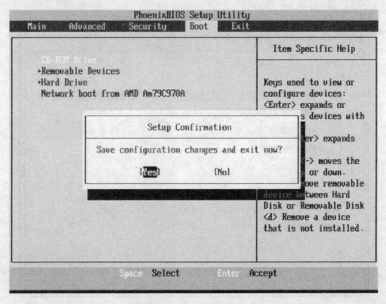

图 2 - 2　设为光驱启动

（2）开始安装 Windows 7。

1）插入安装光盘，重启计算机后，进入 Windows 7 的安装界面，选择"要安装的语言"为"中文（简体）"，"时间和货币格式"为"中文（简体，中国）"，"键盘和输入方法"为"中文（简体）—美式键盘"，如图 2 - 3 所示。单击"下一步"按钮，在出现的界面中，单击"现在安装"按钮。

图 2 - 3　Windows 7 的安装界面

2）确认接受许可条款，单击"下一步"按钮。

3）选择安装类型，因为全新安装所以选择"自定义"安装。

4）选择安装方式后，需要选择安装位置。默认将 Windows 7 安装在第一个分区（如果磁盘未进行分区，则安装前要进入"驱动器选项"，先对磁盘进行分区和格式化），单击"下一步"按钮，如图 2 -4 所示。

图 2 - 4　分区选择

5）开始安装 Windows 7，如图2-5所示。

图2-5　安装过程

6）计算机重启数次，完成所有安装操作后进入 Windows 7 的设置界面，设置用户名和计算机名称，如图2-6所示。

图2-6　用户名和计算机名设置界面

7）为 Windows 7 设置密码。

8）如图2-7所示，进行产品密钥的输入，产品密钥是 Windows 7 附带的5个一组一共5组的25个字符。

图 2-7　输入产品密钥

9）选择"帮助您自动保护计算机以及提高 Windows 的性能"选项。

10）进行时区、时间、日期设定。

11）等待 Windows 完成设置，完成安装后，首次登录 Windows 7 的界面如图 2-8 所示。

图 2-8　Windows 7 界面

小赵同学的安装过程

➢ 小赵同学的笔记本没有光驱，他打算用 U 盘来完成操作系统的安装。

➢ 按【DEL】键进入系统的 BIOS 设置。设置第一启动项为 U 盘。

➢ 重新启动，U 盘引导，开始安装 Windows 7。

➢ 阅读并同意许可条款。

➢ 自定义安装。

➢ 选择安装在 C 盘，并将 C 盘格式化。

➢ 开始文件复制和安装过程。

➢ 自动重启后进入用户名、计算机名、密码的设置。

➢ 进行时区和网络的设置。

➢ 完成系统的安装过程。

2.1.5　Ghost 版 Windows 7 系统光盘安装

（1）更改 BIOS 第一启动项为光驱，方法和前面一样。

（2）这里采用深度技术推出的 Ghost 版 Win7。光盘运行后出现如图 2 - 9 所示的 Ghost Win7 系统菜单，按 "1" 选择安装系统到硬盘第一分区即 C 盘。

图 2 - 9　深度技术 Ghost 版 Win7 界面

（3）如图 2 - 10 所示，开始克隆过程。

（4）拷贝系统后系统自动重启，开始系统安装自动检测过程。

（5）自检后系统自动搜索安装驱动。

图 2 - 10   克隆过程

（6）系统安装继续进行应用程序的安装，全部完成后自动重启，进入系统。
根据安装系统的计算机配置情况，整个安装过程大约 5 ~ 10min。

2.1.6 Ghost 版和原版操作系统的对比

（1）Ghost 版——不建议使用。

优点：安装速度快，一般只要 10min 左右，而且驱动集成，一般无需再单独安装各硬件驱动，甚至一些常用软件都附带安装了，十分方便。

缺点：系统是经过别人优化的，某些服务或功能被省去，不够完整，部分电脑会出现兼容性问题，导致无法完成安装。即使能够安装，一些 Ghost 系统也很不稳定，容易崩溃，如出现内存不可读或蓝屏等问题。更有甚者，Ghost 系统可能携带木马病毒，使系统存在更大的安全隐患。

（2）原版操作系统——建议使用。

优点：系统完整，稳定安全。

缺点：安装时间长，一般要 30min 左右，而且要单独安装各硬件驱动，所需要的应用软件也得单独安装。

举一反三

根据本任务所讲述的 Windows 7 操作系统的安装过程，请你使用硬盘完成 Windows 7 操作系统的安装，为了不破坏原有计算机的操作系统，请你使用 VMware 创建虚拟主机，并在虚拟主机上完成安装过程。

任务 2.2 Windows 7 外观和主题的设置

任务目标

- 熟悉控制面板的打开方法。
- 掌握利用控制面板对计算机系统进行个性化设置的方法。
- 掌握控制面板上其他常用设置项。

任务描述

经过一番努力，小赵将 Win7 操作系统安装完毕，为了方便今后的使用，小赵开始对自己电脑的应用环境进行重新的配置，请你和他一起来完成吧。

知识链接

（1）Windows 7 的用户交互界面。桌面、任务栏、开始菜单、窗口、对话框。

（2）控制面板的用处和打开方法。

（3）常用控制面板功能的设置方法。个性化设置、输入法设置、日期时间设置、字体文件夹、添加删除程序等。

任务实施

2.2.1 Windows 7 的桌面构成

桌面（Desktop）是打开计算机，并登录到系统之后看到的主屏幕区域，它是用户工作的平面。如图 2-11 所示，Windows 7 的桌面和其他版本的 Windows 一样也是由桌面图标区、任务栏和"开始"菜单构成的。

（1）桌面图标。图标是指在桌面上排列的小图像，图标由图形符号和名字两部分组成。桌面上的图标主要有三类：

1）一些是安装 Windows 7 时由系统自动产生的系统图标，如"计算机"、"网络"、"回收站"等，在个性化设置里可进行更改。

2）一些图标为文件或文件夹图标。在桌面上放置文件和文件夹是很不好的习惯，因为桌面是系统盘下的文件夹，如果系统崩溃，系统盘上的内容会随之丢失，因而临时放置在桌面上的文件或文件夹要经常整理，放置到其他盘符下。

3）还有一些图标为快捷图标，在图标的左下角带有一个小箭头。该图标指向某个对象（程序、文件、文件夹、打印机或网络中的计算机等），双击该快捷图标即可快速打开该项目。删除、移动或重命名快捷图标不会影响原有项目。为了避免桌面图标过多造成混

图 2-11　Windows 7 桌面

乱，可以将不常用的快捷方式统一归类到桌面的一个文件夹中。

（2）任务栏。Windows 7 任务栏是通常位于桌面底部的水平长条，它是 Windows 系统的总控制中心，包括"开始"按钮、快速启动区域、通知区域、"显示桌面"按钮等，如图 2-12 所示，所有正在运行的应用程序或打开的文件夹均以任务栏按钮的形式显示在任务栏上。

<table>
<tr><td>开始
按钮</td><td>快速
启动
区域</td><td>已经启
动的应
用程序</td><td>输入法</td><td>通知
区域</td><td>显示
桌面
按钮</td></tr>
</table>

图 2-12　任务栏

（3）"开始"菜单。单击屏幕左下角的「开始」按钮"　　"或者按键盘上的 Windows 徽标键"　"，或者按 Ctrl + Esc 组合键，都会弹出"开始"菜单列表。它是计算机中程序、文件夹和各种设置的主门户。

2.2.2　用户交互方式

2.2.2.1　窗口
窗口是操作系统用户界面最重要的部分，人机交互的大部操作都是通过窗口完成的。启动一个应用程序或打开一个文件或文件夹后，都以一个窗口的形式出现在桌面上。

（1）窗口的组成。Windows 窗口类型很多，其中大部分都包括了相同的组件，主要由标题栏、菜单栏、工具栏、地址栏、搜索栏、滚动条、工作区和状态栏等组件组成。

（2）窗口的基本操作主要有窗口的移动、缩放、最大化、最小化、关闭和切换等。用户可以通过拖拽窗口的标题栏进行窗口的移动。在 Windows 7 中，鼠标将窗口拖拽到屏幕左侧或者右侧，窗口就能以 50% 的宽度显示，鼠标拖拽窗口到屏幕上方，窗口最大化显示。

如果同时打开多个窗口，只有一个窗口是活动窗口，也称当前窗口。活动窗口总是在其他所有窗口之上。窗口之间进行切换的快捷键有 Alt + Tab 和 Alt + Esc，另外按住 Windows 徽标键 + Tab 组合键可打开三维窗口切换，可以进行 3D 形式窗口切换。

2.2.2.2　对话框

对话框是操作系统和应用程序与用户交流信息的界面，在对话框中用户通过对选项的选择，完成对象属性的修改或设置。

对话框也是一种矩形框窗口，通常由选项卡和标签、单选按钮、复选框、数值框、下拉列表框、文本框和命令按钮等部件组成。

2.2.2.3　窗口和对话框的区别

（1）窗口可以进行最大最小化，能过改变大小，对话框不能。

（2）窗口有地址栏、菜单栏、工具栏、窗格等结构，对话框没有。

（3）对话框上有下拉列表、单选按钮、复选框、标签等控件，窗口没有。

2.2.2.4　菜单

（1）"开始"菜单。如图 2 – 13 所示，"开始"菜单由常用程序列表、所有程序列表、搜索框、用户账户按钮、固定程序列表、关闭按钮几个区域构成。

图 2 – 13　开始菜单

（2）下拉式菜单。位于应用程序窗口或其他窗口标题栏下方的菜单栏均采用下拉式菜单方式，菜单中通常包含若干条命令，这些命令按功能分组，分别放在不同的菜单项里，组与组之间用一条横线隔开。当前能够执行的有效菜单命令以深色显示，有些菜单命令前还带有特定图标，说明在工具栏中有该命令的按钮。

（3）快捷菜单。这是一种随时随地为用户服务的"上下相关的弹出菜单"，在选定的对象上单击鼠标右键，会弹出与该对象相关的快捷菜单，菜单上列出了可对该对象进行操作的各种命令。单击鼠标时指针所指的对象和位置的不同，弹出的菜单命令内容也不同。

（4）菜单常见符号标记。在菜单命令中包括某些符号标记，下面分别介绍这些符号标记的含义。

1）分隔线标记。下拉菜单中某些命令之间有一条灰色的线，称为分隔线标记，它将菜单中的命令分为结果菜单命令组。同一组中的菜单命令功能一般比较相似。

2）对勾标记（√）。菜单命令的左侧出现一个对勾标记"√"，表示选择了该菜单命令。

3）圆点标记（●）。选择该符号标记，表示当前选择的是相关菜单组命令中的一个，此命令组的其他命令则不能同时被选择。

4）省略号标记（…）。该符号标记表示在执行这类菜单时，系统将打开一个对话框。

5）右箭头标记（▶）。该符号标记表示还有下一级菜单（通常称为级联菜单）。将鼠标移动到带有该标记的菜单会弹出下一级菜单。

6）双向箭头（ ⤓ ）。鼠标指向它时，会显示一个完整的菜单。

7）浅色的命令。菜单项灰化，表示该菜单命令暂不可用。

2.2.3　控制面板

控制面板是 Windows 7 图形用户界面一部分，可通过点击"开始"菜单访问。如图 2-14 所示，它允许用户查看并调整计算机的设置，这列设置按照相近的功能进行分组显示在控制面板窗口中，比如"系统和安全"组，应用这里的设置项，用户可以查看计算机的状态、进行系统的防火墙设置、磁盘整理等工作。

图 2-14　控制面板

2.2.4 "个性化"设置

在Windows 7操作系统中，用户设置的自由度和灵活性更大，其中桌面的设置是用户工作环境个性化最明显的体现，具体设置步骤如下。

(1) 在桌面空白处右击鼠标，在弹出的快捷键菜单中选择"个性化"命令。

(2) 弹出的"个性化"的窗口如图2-15所示。

图2-15　"个性化"窗口

(3) 更改主题。Windows 7自带多个系统主题，主题是已经设计好的一套完整的系统外观和系统声音的设置方案。如果要更改主题，用户可在"个性化"设置窗口的主题列表中单击选择自己喜欢的主题即可。如果想要拥有更多的主题，可以点击"联机获取更多主题"进入微软网站提供的主题服务。如图2-16所示，选择喜欢的主题进行下载，下载后的主题文件要放在系统盘的主题目录"C：/Windows/Resources/Themes"下。如果是扩展名为".themepack"的主题包文件，还要双击该文件后才能在主题的"个性化"窗口显示出来。

(4) 更改桌面背景。桌面背景即操作系统桌面的背景图案，也称为墙纸。Windows 7新安装的系统桌面背景是系统安装时默认的，用户可以根据自己的爱好更换。设置桌面背景的方法如下。

1) 打开"个性化"窗口，单击左下方的"桌面背景"选项，进入桌面背景窗口，即可设置桌面背景，如图2-17所示。

2) 可选择一组图片或一张图片，如果选择的是一组图片则可设置"更改图片时间间隔"和"无序播放"选项，在"图片位置"选项设置图片填充类型。

图 2 - 16 下载主题

图 2 - 17 "桌面背景"窗口

3）设置完成后，单击"保存修改"按钮，即完成了桌面背景设置。

（5）Aero 窗口颜色和外观。在图 2 - 15 所示的窗口中，选择下方"窗口颜色"按钮，弹出"颜色和外观"设置窗口。对于窗口的颜色可以从颜色、浓度以及是否启动透明效果等方面进行调整。Aero 是 Windows 7 的高级视觉体验。其特点是透明的玻璃图案中带有精致的窗口动画，以及全新的"开始"菜单、任务栏和窗口边框颜色。

（6）声音。在如图 2 - 15 所示的窗口中，选择下方"窗口颜色"按钮，弹出"声音"

设置对话框。在该对话框的"声音"选项卡上可以选择一种"声音方案",该方案里预定了启动或关闭 Windows、预警、电子邮件提醒等声音效果。当然用户也可以通过加载声音文件自定义声音。

(7) 设置屏幕保护程序。屏幕保护程序(简称"屏保")是专门用于保护计算机屏幕的程序,使显示器处于节能状态。在一定时间内,如果没有使用鼠标和键盘,显示器将进入屏保状态。晃动一下鼠标或按下键盘的任意键,即可退出屏保。若屏幕保护程序设置了密码,则需要用户先输入密码才能退出屏保。如果不需要使用屏保,可以将屏幕保护程序设置为"无"。设置方法如下。

1) 单击"个性化"窗口右下角的"屏幕保护程序"选项,进入"屏幕保护程序设置"对话框,如图 2 - 18 所示。

图 2 - 18　"屏幕保护程序设置"对话框

2) 在"屏幕保护程序"下拉框中选择一种屏幕保护程序,单击"设置"按钮可以设置当前所选屏保的相关项目,然后设置好"等待"时间,单击"确定"按钮即完成保护程序的设置。

(8) 更改显示器分辨率。显示器的设置主要包括设置显示器的分辨率和屏幕刷新率,分辨率是指显示器所能显示的点的数量,计算机显示画面的质量与屏幕分辨率息息相关。不同尺寸的显示器分辨率设置是不同的,目前液晶显示器多是 16:10 或 16:9 的比例,16:10 显示屏对应的分辨率有 1280×800、1440×900、1680×1050、1920×1200 等,16:9

显示屏对应的分辨率有 1280×720、1440×810、1680×945、1920×1080 等。

设置最佳分辨率。对液晶显示器而言，如果是原配显示器和显卡，只需要把分辨率调整到范围内的最大值即可。如果是自配组装机，在未安装显示器驱动的前提下，只需参照上面比例选择一个最佳分辨率（一般也是最大值），保证可以满屏显示即可。如果对设置分辨率没有把握，最好查看一下显示器或笔记本的说明书，上面有明确的分辨率支持列表。

分辨率的设置方法如下：

1）在桌面空白处右击，在弹出的快捷键菜单中选择"屏幕分辨率"命令，进入"屏幕分辨率"窗口，如图 2-19 所示。

2）在分辨率下拉框中选择合适的分辨率，单击"确定"按钮即可。

图 2-19 "屏幕分辨率"窗口

2.2.5 设置任务栏

设置任务栏时，在任务栏空白处右击鼠标，在弹出的快捷菜单中选择"属性"命令，即可打开"任务栏和「开始」菜单属性"对话框，如图 2-20 所示。"任务栏外观"选项组中有多个复选框及设置效果，含义如下。

（1）"锁定任务栏"复选框：选中该复选框，任务栏的大小和位置将固定不变，用户不能对其进行调整。

（2）"自动隐藏任务栏"复选框：选中该复选框，不用时任务栏隐藏，只有将鼠标靠近任务栏时，任务栏才会显示出来。

（3）"使用小图标"复选框：选中该复选框，任务栏上的图标以小图标形式显示。

（4）"屏幕上任务栏位置"选项：通过该选项的下拉列表，可以设置任务栏在屏幕上的位置。

图2-20　"任务栏和「开始」菜单属性"对话框

2.2.6　输入法设置

在任务栏输入法处单击右键，选择快捷菜单中的"设置"命令，打开"文本服务和输入语言"对话框，如图2-21所示，在该对话框中可以添加、删除输入法，并且可以通过"上移"和"下移"按钮更改输入法的顺序。

图2-21　"文本服务和输入语言"对话框

2.2.7　日期和时间设置

计算机的日期和时间默认显示在桌面的右下角，在控制面板中单击"日期和时间"选项，打开"日期和时间"对话框，单击"更改日期和时间"按钮，打开"日期和时间设置"对话框，如图 2 - 22 所示，通过该对话框可以设置系统的日期和时间。

图 2 - 22　"日期和时间设置"对话框

2.2.8　字体文件夹

在控制面板的"外观和个性化"组里，双击"字体"文件夹图标，可以进入到字体文件夹，它的默认目录是"C：\Windows\Fonts"，用户下载的字体文件，可以放在这个文件夹中，以备系统和各种应用程序调用。

2.2.9　卸载应用程序

如果系统中安装的应用程序没有自带卸载项，可以进入控制面板的"程序"组里，选择"程序和功能"设置项，如图 2 - 23 所示，可以在列表中选择要卸载或更新的应用程序，单击"卸载/更改"按钮，完成卸载或更新任务。另外在该窗口还可以进行 Windows 7 系统组件的增加或删除。

请你根据本任务所学习的个性化设置方法，完成实验室机房或者自己电脑完成如下的各项设置。

（1）进行 Windows 7 主题文件的下载，并进行桌面主题的个性化设置。

（2）显示分辨率的设置。

（3）任务栏的隐藏设置。

（4）字体文件的下载，放入字体文件夹后应用该字体进行文本编辑。

（5）系统的日期时间设置。

图 2 - 23　卸载应用程序

（6）下载搜狗输入法，并进行输入法设置，只保留该输入法。

（7）卸载搜狗浏览器。

任务2.3　计算机文件系统管理

任务目标

- 掌握计算机中文件和文件夹的管理方式。
- 掌握库的使用方法。
- 熟练掌握计算机中文件和文件夹的基本操作。
- 掌握文件的搜索方法。

任务描述

　　对于文件系统的管理及基本操作，小赵已经通过以往的 Windows 版本基本熟悉了，但刚刚购买了电脑的小冯各种操作还不熟练，小赵毛遂自荐给她讲解了一番，顺便自己也复习一下，特别是对于"库"的应用，小赵也是现学现卖。

知识链接

　　（1）文件和文件夹的管理。在 Windows 7 操作系统中，文件系统呈现树形的目录结构，用户可以通过"计算机"、"资源管理器"和"库"进行文件的组织和管理工作。

（2）库是 Windows 7 操作系统中的新的管理理念，用户可以根据常用文件的类别将包含这些文件的文件夹地址收入库中，库是上层视图，只保留了组织文件的地址，而不保留文件和文件夹本身。

（3）文件和文件夹的浏览。改变文件夹的查看方式和排列方式，方便用户浏览。

（4）文件和文件夹的基本操作。新建、移动、复制、重命名、删除等操作。

（5）文件的搜索。使用通配符在预定的范围内搜索名称与搜索项相匹配的文件。搜索时也可结合文件"种类"、文件具体"类别"、文件"修改日期"等附加条件。

2.3.1　文件和文件夹的管理

在 Windows 7 使用过程中，用户往往是通过"计算机"、"Windows 资源管理器"、"库"来管理文件和文件夹。

2.3.1.1　计算机

Windows 7 系统一般用"计算机"窗口来查看磁盘、文件和文件夹等计算机资源，如图 2-24～图 2-26 所示，用户主要通过窗口工作区、地址栏、导航窗格等 3 种方式进行查看。

（1）通过"窗口工作区"查看。

图 2-24　窗口查看过程

（2）通过"地址栏"查看。

图2-25　地址栏查看过程

（3）通过"导航窗格"查看。

图2-26　导航窗格查看过程

2.3.1.2　资源管理器

"资源管理器"是 Windows 提供的资源管理工具，也是 Windows 的精华功能之一。Win7 的资源管理器和计算机没有区别，在导航窗格整个计算机的资源被划分为 4 大类：收藏夹、库、计算机和网络，资源管理器的打开方法通常有 3 种：

（1）通过"开始"|"所有程序"|"附件"|"Windows 资源管理器"，默认打开"库"。

（2）通过"开始"按钮快捷菜单|"打开 Windows 资源管理器"，默认打开"库"。

（3）通过 Win＋E 组合键，默认打开"计算机"。

（4）点击任务栏上的资源管理器按钮" "。

2.3.1.3　库

库是 Windows 7 进行文件管理模式的重大革新。在 Windows 7 中，可以使用库组织和访问文件，而不管其存储位置如何。所谓"库"，就是专用的虚拟视图，用于管理文档、音乐、图片和其他文件的位置。用户可以将磁盘上不同位置的文件夹添加到库中，并在库这个统一的视图中浏览不同的文件夹内容。

简单地讲，Windows 7 文件库可以将用户需要的文件和文件夹全部集中到一起，就像是网页收藏夹一样，只要单击库中的链接，就能快速打开添加到库中的文件夹。

（1）使用库访问文件和文件夹。可以使用库来访问文件和文件夹并且可以采用不同的方式组织它们，Windows 7 有 4 个默认库：文档、音乐、图片和视频，通常一个库最多可以包含 50 个文件夹，库可以新建，也可以修改库。

（2）创建新库。如果用户觉得系统默认提供的库目录还不够使用，还可以新建库目录。在计算机或者资源管理器的导航窗格上单击"库"，如图 2 - 27 所示，在"库"中的工具栏上，单击"新建库"键入库的名称。

图 2 - 27　库

（3）修改现有库。若要将文件复制、移动或保存到库，必须首先在库中包含一个文件夹，以便让库知道存储文件的位置。

1）在库中包括文件夹。在任务栏中，单击"Windows 资源管理器"按钮。在导航窗格中，导航到要包含的文件夹，然后右键单击该文件夹，如图2－28所示，或在工具栏中，单击"包含到库中"，然后单击某个库。

图2－28　包含到库

2）从库中删除文件夹。不再需要监视库中的文件夹时，可以将其删除。从库中删除文件夹时，不会从原始位置中删除该文件夹及其内容，从库中删除文件夹的步骤：

①在任务栏中，单击"Windows 资源管理器"按钮。

②在导航窗格中，单击要从中删除文件夹的库。

③在库窗格中，在"包括"旁边，单击"位置"。

④如图2－29所示，在显示的对话框中，单击要删除的文件夹，单击"删除"，然后单击"确定"。

（4）自定义库。

1）更改库的默认保存位置。默认保存位置是将项目复制、移动或保存到库时的存储位置。要更改默认保存位置，在"库位置"对话框中，右键单击当前不是默认保存位置的库位置，选择"设置为默认保存位置"命令，然后单击"确定"。

2）更改优化库所针对的文件类型。每个库都可以针对特定文件类型（视频、文档、音乐或图片）进行优化。针对某个特定文件类型优化库将更改排列该库中的文件可以使用的选项。更改优化库所针对的文件类型的步骤为：右键单击要更改的库，选择"属性"命令，在弹出的对话框中，选择"优化此库"列表中的某个文件类型，然后单击"确定"。

如果删除库，会将库自身移动到"回收站"。在该库中访问的文件和文件夹因存储在其他位置，故不会删除。

3）更改优化库所针对的文件类型。如果意外删除4个默认库（文档、音乐、图片或

图 2 - 29　从"库"删除

视频）中的一个，可以在导航窗格中将其还原为原始状态，方法是：右键单击"库"，然后选择"还原默认库"命令。

2.3.2　文件和文件夹的浏览

2.3.2.1　文件夹和文件的查看方式

Windows 系统提供了多种对文件和文件夹的查看方式，主要以超大图标、大图标、中等图标、小图标、列表、详细信息、平铺和内容来显示图标。可以在"计算机"、"资源管理器"、"库"中通过以下三种方式对文件和文件夹的查看进行设置：

（1）单击工具栏中的"视图"按钮，如图 2 - 30 所示。

（2）单击"查看"菜单。

（3）在快捷菜单中的"查看"菜单命令中选择所需的查看方式，如图 2 - 31 所示。

图 2 - 30　查看方式选择

图 2 - 31　"查看"菜单

2.3.2.2 文件夹和文件的排序方式

排序选项不会更改文件的显示方式，只会将文件重新排列。通常文件根据文件名的字母顺序排列。为了让文件排序更符合用户的要求，往往会改变排序方式，这时打开要排序的文件夹或库，右键单击空白位置，弹出快捷菜单如图2-32所示，选择菜单命令"排序方式"，然后单击某一个选项。

图2-32 "排序方式"菜单

2.3.2.3 设置文件夹选项

"文件夹选项"对话框是 Windows 7 系统提供给用户设置文件夹属性的窗口。单击窗口"工具"菜单，选择"文件夹选项"命令，打开如图2-33所示的对话框。

图2-33 "文件夹选项"对话框

2.3.2.4　文件与应用程序的关联

在 Windows 中，将某一种类型的文件与一个可以打开它的应用程序建立一种关联关系，称为文件关联。关联建立后，当双击该类型文件时，系统就会先启动这一应用程序，再用它来打开该类型文件。

一个文件可以与多个应用程序发生关联，用户可以利用文件的"打开方式"进行关联程序的选择。具体操作是在要建立关联的文件上单击鼠标右键，在弹出的快捷菜单中单击"打开方式"，再单击"选择默认程序"选项，在"打开方式"对话框中选择一个应用程序与之建立关联。

2.3.3　文件和文件夹的操作

文件与文件夹的操作是 Windows 7 的一项重要功能，包括新建、重命名、复制、移动、删除、快捷方式的建立、查找等基本操作。

2.3.3.1　选定文件或文件夹

对文件或文件夹进行操作之前，先选定要进行操作的文件或文件夹，即"先选择后操作"的原则。

（1）选定单个文件或文件夹：单击要选择的文件或文件夹，使其为高亮度显示。

（2）选定连续的多个文件或文件夹：先单击第一个文件或文件夹图标，按住 Shift 键，再单击最后一个文件或文件夹图标，这样，从第一个到最后一个连续的文件或文件夹被选中。

（3）选定不连续的多个文件或文件夹：先单击第一个文件或文件夹图标，按住 Ctrl 键，再依次单击要选定的文件或文件夹。

（4）选定全部文件和文件夹：选择"编辑"菜单中的"全部选定"命令，或者按 Ctrl + A 组合键，即可选定该对象下所有文件和文件夹。

2.3.3.2　新建文件或文件夹

在"计算机"、"桌面"、"资源管理器"的任一文件夹中都可以新建文件或文件夹。新建文件或文件夹可以使用"文件"菜单下的"新建"命令，也可以在窗口空白处单击右键，在弹出的快捷菜单中选择"新建"命令。

2.3.3.3　重命名文件或文件夹

根据需要经常要对文件或文件夹重新命名。重命名的方法有以下几种：

（1）单击要重命名的文件（文件夹），选择"文件"菜单中的"重命名"命令。在文件（文件夹）名称输入框里输入名称，然后按 Enter 键，或在空白处单击一下鼠标即可。

（2）选中文件（文件夹）后单击右键，在弹出的快捷菜单中选择"重命名"命令。

（3）选中文件（文件夹）后，直接按 F2 键，也可进行重命名。

（4）鼠标指向某文件（文件夹）处，单击一下鼠标后，稍停一会，再单击左键，即可进行重命名。

2.3.3.4 复制文件或文件夹

复制文件或文件夹是指为文件或文件夹在某个位置创建一个备份，而原位置的文件或文件夹仍然保留。有以下几种方法实现复制操作。

（1）利用"剪贴板"复制文件或文件夹（Ctrl + C、Ctrl + V）。

（2）使用鼠标"拖拽方式"复制文件或文件夹，不同驱动器之间进行文件或文件夹的拖拽可实现复制，若要复制的文件或文件夹与目标位置在同一驱动器中，要按住 Ctrl 键拖拽。

（3）使用"发送到"命令复制文件或文件夹。

2.3.3.5 移动文件或文件夹

移动文件或文件夹是指将对象移到其他位置。有以下几种方法实现移动操作。

（1）利用"剪贴板"移动文件或文件夹。

（2）使用鼠标"拖拽方式"移动文件或文件夹，相同驱动器之间直接进行拖拽表示移动。若要移动的文件或文件夹与目标位置在不同的驱动器中时，要按住 Shift 键拖拽。

2.3.3.6 删除文件或文件夹

删除文件或文件夹的方法有以下几种：

（1）选择要删除的文件或文件夹，按 Delete 键。

（2）选择要删除的文件或文件夹，单击鼠标右键，在弹出的快捷菜单中选择"删除"命令。

（3）选择要删除的文件或文件夹，选择"文件"菜单中的"删除"命令。

删除文件或文件夹，通常是将删除的对象放入到"回收站"。如果不小心误删了文件或文件夹，可以利用"回收站"恢复被删除的文件或文件夹。若要彻底删除文件或文件夹，可在按 Delete 键的同时按住 Shift 键。

2.3.3.7 快捷方式

（1）快捷方式的含义。快捷图标是一个指向其他对象（文件、文件夹、应用程序等）的可视指针，因而，快捷方式并不能改变应用程序、文件、文件夹、打印机或网络中计算机的位置，使用它可以更快地打开项目，并且删除、移动或重命名快捷方式均不会影响原有的项目。

（2）快捷方式的建立与删除：

1）选中对象，单击鼠标右键，从快捷菜单上选择"发送到 | 桌面快捷方式"菜单命令。

2）右击桌面空白处，从快捷菜单上选择"新建 | 快捷方式"，根据向导提示建立对象在桌面的快捷方式。

2.3.3.8 文件夹或文件的搜索

Windows 7 的"搜索"功能十分强大，不仅可以搜索文件和文件夹，还可搜索网络上的某台计算机或某个用户名等。

（1）使用"开始"菜单上的搜索框。单击"开始"按钮，然后在搜索框中键入字词或字词的一部分，可完成在开始菜单中的搜索。如图 2 - 34 所示，为搜索包含"micr"文本的应用程序和文件列表。

图 2 - 34　搜索框

（2）使用文件夹或库中的搜索框。搜索框基于所键入文字筛选当前视图，如果搜索字词与文件的名称、标记或其他属性，甚至文本文档内的文本相匹配，则将文件作为搜索结果显示出来。

如图 2 - 35 所示，在搜索框中输入文件或文件夹的全名或部分名称（可以使用通配符"＊"或"？"），或者输入文件中所包含的词或短语，即可进行搜索。搜索还可以利用时间信息、文件大小、文件类型等属性信息进行辅助搜索。

（3）将搜索扩展到特定库或文件夹之外。如果在特定库或文件夹中无法找到要查找的内容，则可以扩展搜索。这时移动到搜索结果列表底部的"在以下内容中再次搜索"，选择执行"库"、"计算机"、"自定义"或"Internet"，扩展搜索的范围。

请根据本任务所学习的内容完成如下的基本操作：

（1）在 D 盘根目录下（即 D：\）新建名为"Win7 文件基本操作"文件夹；

图2-35 在搜索中使用通配符

（2）在"Win7文件基本操作"文件夹下，新建word文档，并命名为＊＊＊简历（＊＊＊为自己的姓名）；

（3）打开word文档"＊＊＊简历.docx"，并输入自己的个人简历，要求100字左右；

（4）将"＊＊＊简历.docx"文档复制到桌面上的"接收文件柜"文件夹中；

（5）将"Win7文件基本操作"文件夹复制到C盘根目录；

（6）将"C：\Win7文件基本操作"文件夹下的"＊＊＊简历.docx"重命名为"个人简历.docx"；

（7）将"C：\Win7文件基本操作"文件夹下的"个人简历.docx"的文件属性设置为"隐藏"；

（8）再恢复"C：\Win7文件基本操作"文件夹下的"个人简历.docx"文档属性为可见；

（9）删除"C：\Win7文件基本操作"文件夹下的"个人简历.docx"文档；

（10）从回收站中，恢复刚删除的"C：\Win7文件基本操作"文件夹下的"个人简历.docx"文档。

 综合训练

1. 请完成如下任务

（1）下载虚拟主机软件VMware，可以到其官方网站（http：//www.vmware.com/cn/）下载免费的版本，也可以到其他熟悉的下载站点进行下载。

（2）安装虚拟主机软件，如图2-36所示。这里要注意使用从"注册机"得到的密钥来进行安装注册。

图2－36　安装虚拟主机软件

（3）创建虚拟主机。在如图2－37的启动界面的"主页"选项卡，点击"创建新的虚拟机"命令，根据向导完成创建。

图2－37　新建虚拟主机

在创建虚拟主机的过程中，要为主机命名，并在硬盘上为虚拟主机单独划分出一块空间，如图2－38所示，这里在D盘上新建了一个名为"vmwarewin7sw"的文件夹，作为新建主机的位置。

（4）下载Win7操作系统的镜像文件（扩展名为iso）。

图 2 - 38　确定虚拟主机名称和其在硬盘中的存储位置

（5）在虚拟主机上安装 Win7 操作系统。

2. 请进行如下的搜索操作

（1）在"C：\Windows\system32"文件夹中搜索第 2、3 个字符为 as，第 5 个字符为 t 的文件和文件夹，最后关闭搜索面板。

（2）请在"C：\Windows"文件夹中查找大于 1MB 的所有文件和文件夹。

（3）在 C 盘上搜索文件"Notepad. exe"。

3. 请进行如下的文件操作

（1）利用"记事本"新建一个文本文档，内容为"好好学习，天天向上！"，保存在 D：\，文件名为"TEST. TXT"。

（2）将"TEST. TXT"重命名为"测试 . TXT"。

（3）将"测试 . TXT"移动到"C：\"中。

（4）直接删除"C：\中的测试 . TXT"，而不是将其放到回收站中。

项目3 Word 2010文档制作与处理

Word 2010 是 Microsoft 公司开发的 Offices 2010 办公软件的组件之一，其主要功能是方便、快捷地进行文字处理和排版。Word 具有十分广泛的用户群，公司企业的各种技术文档、国家机关的文件编写、学校学生论文的排版等，凡是涉及文字处理的地方基本都会用到 Word。因此，学会并且能够用好 Word，对于工作和学习是十分有帮助的。

 教学目标

- 熟练掌握 Word 2010 文档的新建、保存等基本操作。
- 熟练掌握 Word 2010 文档中的文本、表格的编辑操作。
- 熟练掌握 Word 2010 文档中的多种对象混排操作。
- 掌握 Word 2010 中长文档编辑的方法。
- 掌握 Word 2010 中邮件合并的方法。

 项目实施

任务 3.1 校园兼职招聘启事

任务目标

- 掌握 Word 2010 文档的新建、保存等基本操作。
- 掌握 Word 2010 文档中文本的录入与简单编辑。
- 熟练掌握 Word 2010 文档中字体格式的设置。
- 熟练掌握 Word 2010 文档中段落格式的设置。
- 熟练掌握 Word 2010 文档中查找与替换操作。

任务描述

为了进一步加强校企合作，方便在校学生对企业的了解，并提供学生勤工俭学的机会，与学院合作的企业要在学校进行兼职人员的招聘，老师将"招聘启事"的编写与排版任务交给了你，请你用 Word 2010 制作完成，交给老师。

知识链接

（1）文档的建立。方法有很多种，一般是先确定存储的位置（文件夹），并在该文件夹中单击右键，在快捷菜单的新建命令中选择"Word 文档"。

（2）文档的保存。文档的保存格式、名称、位置的确定。

（3）文档重命名。给已存在的文档更改名称。

（4）文本的录入与编辑。编辑文本主要是选定、移动、复制、插入、删除、查找与替换文本。

（5）文本的格式设置。包括"字体格式"和"段落格式"两大部分内容。

（6）项目符号与编号。项目符号和编号都是列表，项目符号是一种无序的列表，列表中的项目没有顺序关系，表现形式为列表中的项目文字前面加上表示强调的圆点或其他符号。项目编号是一种有序的列表，列表中的项目文字前面会有"1、2、3……"或"a、b、c……"这样的序号。

（7）文本的查找与替换。在文档中查找或替换符合内容格式要求的文本。

任务实施

3.1.1　Word 2010 的启动与退出

（1）启动 Word 2010。启动 Word 2010 的方法有很多种，常用的启动方法主要有以下三种。

1）菜单方式。单击"开始"→"程序"→"Microsoft Office"→"Microsoft Word 2010"命令，即可启动 Word 2010。

2）快捷方式。双击建立在 Windows 桌面上的 Microsoft Office Word 2010 快捷方式图标或快速启动栏中的图标，即可快速启动 Word 2010。

3）双击任意已经创建好的 Word 文档，在打开该文档的同时，启动 Word 2010 应用程序。

（2）退出 Word 2010。常用的退出 Word 2010 的方法有 4 种。

1）单击 Word 2010 窗口右上角的"关闭"按钮。

2）选择"文件"列表中的"退出"命令。

3）双击 Word 2010 窗口左上角的图标或单击该图标，选择"关闭"命令。

4）使用快捷键"Alt + F4"可以关闭当前应用程序。

3.1.2　认识 Word 2010 的工作界面

Word 2010 工作界面由标题栏、选项卡标签、快速访问工具栏、功能区、文本编辑区、状态栏、视图方式和显示比例等组成，如图 3 - 1 所示。

图 3-1　Word 2010 操作界面

（1）标题栏。标题栏位于 Word 窗口最上方，自左至右分别有控制菜单图标、快速访问工具栏、Word 窗口标题及"最小化"、"最大化"（或"还原"）和"关闭"按钮。其中快速访问工具栏默认具有"保存"、"撤销"、"恢复"三个命令按钮，用户可以根据需要在 Word 选项中添加新命令按钮或删除。

（2）选项卡标签。选项卡标签位于标题栏的下方，由文件列表和开始、插入、页面布局、引用、邮件、审阅、视图及加载项 8 项标签组成，单击每个选项卡，在功能区将显示其相应的功能。其中文件选项卡比较特殊，单击文件选项卡，文档编辑将转去后台运行。

（3）功能区。功能区位于选项卡标签的下方，显示的是当前选项卡标签的内容。当前选项卡标签不同，功能区的内容也随之改变。Word 2010 的功能区可以通过"功能区最小化"按钮进行折叠。

（4）状态栏。状态栏位于 Word 窗口的最下方，用来显示该文档的基本数据，如"页面 1/1"表示该文档一共有 1 页，当前显示的是第 1 页；"字数"显示文档中的总字数，单击它可打开"字数统计"对话框，将显示更加详尽的统计信息。

（5）视图切换。状态栏右侧有一组按钮，用来快捷的实现在 Word 2010 中视图的切换。视图是用户阅读文档的方式，对于 Word 2010 中的视图，接下来会有详细的介绍。

（6）显示比例。Word 有两种调整显示比例的方法。一种是用鼠标拖动位于 Word 窗口右下角的显示比例按钮，向右拖动将放大显示，向左拖动则缩小显示。第二种是选择"视图"中"显示比例"组中的显示比例，进行详细的设置。

3.1.3　Word 2010 的文档视图

Word 2010 中提供了多种视图模式供用户选择，它们包括"页面视图"、"阅读版式视图"、"Web 版式视图"、"大纲视图"和"草稿视图"5 种视图模式。用户可以在"视图"选项卡的"文档视图"组中选择需要的文档视图模式，也可以在 Word 2010 文档窗口的右下方单击"视图"按钮选择视图，如图3-2所示。

图3-2 "文档视图"选项组

（1）页面视图。页面视图直接按照用户设置的页面大小进行显示，此时的显示效果与打印效果完全一致，可从中看到各种对象（包括页眉、页脚、水印和图形等）在页面中的实际打印位置。在页面视图中，可进行编辑排版、页眉、页脚、多栏版面的设置，可处理文本框、图文框的外观，并且可对文本、格式以及版面进行编辑修改，也可拖动鼠标来移动文本框及图文框。

（2）阅读版式视图。阅读版式视图以图书的分栏样式显示Word 2010文档。在该视图下，标题栏、功能区、状态栏都将隐藏起来，文档上面仅出现一个简单的工具条为方便用户阅读时操作，此时的文档就像翻开的书一样便于阅读，按Esc键可退出该视图。

（3）Web版式视图。Web版式视图以网页的形式显示Word 2010文档。Web版式视图适用于发送电子邮件和创建网页时使用。

（4）大纲视图。大纲视图按照文档中标题的层次来显示文档，可以方便地折叠、展开各种层级的文档。在该视图下，还可以通过拖动标题来移动、复制或重新组织正文，方便长文档的快速浏览和修改。

（5）草稿。草稿视图取消了页面边距、分栏、页眉、页脚和图片等元素，仅显示标题和正文，是最节省计算机系统硬件资源的视图模式。

3.1.4 文档的创建与打开

3.1.4.1 创建新的文档

启动Word 2010时，系统将自动建立一个名为"文档1"的新文档，用户可直接使用。如果在使用Word的过程中，还需重新创建另外一个或多个新文档，则可以使用下列4种方法。

（1）单击"文件"列表中的"新建"命令，如图3-3所示，出现"可用模板"选项组，选择"空白文档"，单击"创建"按钮，即可新建一个空白文档。

（2）按Ctrl+N快捷组合键即可创建新的空白文档。

（3）在模板中新建文档。单击"文件"列表中的"新建"命令，在"可用模板"选项组中选择"样本模板"，从中选择所需的模板，单击"创建"按钮，即可创建新文档。

（4）单击"文件"列表中的"新建"命令，在"可用模板"选项组中选择"我的模板"，选择"空白文档"，单击"确定"按钮，也可创建新的空白文档。

3.1.4.2 打开已有文档

当用户需要对已经存在的文档进行编辑、修改等操作时，必须先打开该文档。在Word 2010中打开已有文档的方法有很多，常用的有三种。

（1）单击"文件"列表中的"打开"命令，在弹出的"打开"对话框中选择查找范围，选中需要打开的文件，单击"打开"按钮，即可打开已有文档。

（2）单击"快速访问工具栏"中的"打开"命令，同样会弹出"打开"对话框。

（3）按Ctrl+O快捷组合键。

图 3 - 3　新建空白文档

3.1.5　文档的输入与编辑

3.1.5.1　文档的输入

新建文档或打开已有的文档后，就可以直接在文档中输入内容了。

Word 2010 提供了插入和改写两种输入模式，插入模式中输入的文本插到光标点左侧，光标自动后移，改写模式中输入的文本将覆盖光标点后面的文本。按键盘上的"Insert"键可以在插入和改写两种模式之间切换。

3.1.5.2　文档的编辑

在 Word 文档中，文档最基本的编辑包括文本的定位、选定、删除、移动和复制。

（1）文本定位。移动光标可以确定文本或对象将要插入的位置，具体的方法有：

1）使用鼠标定位。将鼠标移到需要插入文本的位置后单击鼠标左键。

2）使用键盘定位。

3）使用"编辑"组中的"查找"命令定位，将插入点移到较远的位置。

（2）文本选定。对文本进行各种操作，必须先选定文本。选定文本主要有鼠标选定、键盘选定、鼠标键盘组合选定、使用"选择"命令选定 4 种方法。

1）鼠标选定。

①拖拽选定：将插入点移到要选择文本起始位置，拖拽鼠标至要选择文本结束位置，选中部分呈选定状态。

②利用选定区：在文档窗口的左侧有一空白区，称为选定区，移到这个区域的鼠标形状为箭头状。此时可利用鼠标对文本的行和段落进行选定操作。

单击鼠标左键：选定箭头所指向的一行。

双击鼠标左键：选定箭头所指向的一段。

三击鼠标左键：全选整个文档。

2）键盘选定。

①用 Shift 键：将插入点定位到要选择文本的起始位置，按住 Shift 键的同时，通过↑、↓、←、→等操作键移动插入点到选择文本的结束位置，则选择部分呈选定状态。

Shift + ↑：向上选定；Shift + ↓：向下选定；Shift + ←：向左选定；Shift + →：向右选定；Ctrl + A：选定整个文档。

②用功能键 F8。

3）鼠标键盘组合选定。

选定一句：将光标移动到指向该句的任何位置，按住 Ctrl 键单击。

选定连续区域：将插入点移动到要选择文本的起始位置，按住 Shift 键的同时，将插入点移到要选择文本的结束位置，则选择部分呈选定状态。

选定矩形区域：按住 Alt 键利用鼠标拖拽出要选择的矩形区域。

选定不连续区域：按住 Ctrl 键再选择不同区域。

选定整个文档：将鼠标移至文本选定区，按住 Ctrl 键单击。

选择对象：用于选择文本外的其他对象。

选定所有格式类似的文本：选取应用了某种样式或格式的文本后，选择该命令项，则所有应用了这种样式或格式的文本都被选中。使用该功能时，需要选择"文件"→"选项"命令项，在弹出的"Word 选项"对话框的"高级"→"编辑选项"中选中"保持格式追踪"。

选择窗格：使用该命令项，将在编辑窗口的右方弹出"选择和可见性"任务窗格，在任务窗格中显示了插入点所在页的形状，供用户准确选择。

（3）删除文本，先选定要删除的文本，然后按 Delete 键即可删除。或把插入点定位到要删除的文本之后，通过退格键 Backspace 进行删除。若把插入点定位到要删除的文本之前，则需要通过 Delete 键进行删除。

（4）移动和复制文本。

1）使用鼠标：先选中要移动的文本，直接拖拽到需移动的目标位置实现文本移动，在拖动的过程中使用 Ctrl 键实现文本复制。

2）用命令按钮或快捷键：先选中要移动的文本，单击"剪贴板"组中的"剪切"按钮（Ctrl + X）或"复制"按钮（Ctrl + C），定位插入点到目标位置，再单击"粘贴"按钮（Ctrl + V）。

"剪贴板"组中的粘贴按钮下方有一个下拉按钮，单击该按钮，弹出一个命令组，通过该命令组可以进行"选择性粘贴"和"默认粘贴"的设置。

3.1.6 文档的格式设置

3.1.6.1 设置字符格式

设置字符格式主要是对文字的字体、字形、字号、颜色、下划线、上标、下标及动态效果等的设置。Word 2010 中，设置字符格式主要有两种方法，一种是在"开始"选项卡中的"字体"组中设置，另外一种是在"字体"对话框中设置。

（1）在"开始"选项卡中的"字体"组中设置字符格式，可以设置字体、字号、字形、颜色，还可以给文字加下划线、边框、底纹等，如图 3 - 4 所示。

图3-4   "字体"选项组

（2）"字体"对话框的样式如图3-5所示，可通过单击"开始"选项卡中"字体"选项组右下角的启动器启动它。在"字体"对话框中可以更细致地对字体进行设置。

图3-5   "字体"对话框

3.1.6.2 设置段落格式

段落格式设置主要指段落的缩进、段间距、行间距、大纲级别和对齐方式等的设置。主要有两种方法，一种是在"开始"选项中的"段落"组中设置；另外一种是在"段落"对话框中设置。

（1）在"开始"选项卡中的"段落"组中设置，主要可以设置段落的对齐方式、行间距、段间距等，如图3-6所示。

（2）利用"段落"对话框设置，可通过单击"开始"选项卡中"段落"选项组右下角的启动器启动它。在"段落"对话框中可以更详尽地对段落格式进行设置，如图3-7所示。

图3-6   "段落"选项组

图 3-7 "段落"对话框

1）对齐方式。Word 2010 中主要有 5 种对齐方式，分别是左对齐、居中、右对齐、两端对齐和分散对齐。

2）缩进。段落缩进可分为一般缩进和特殊格式缩进两种。左缩进和右缩进为一般缩进，指整个段落与左、右页边界之间的距离。而作为特殊格式缩进的首行缩进和悬挂缩进，可以对段落中单独一行的缩进量进行设置。

首行缩进是将首行向内移动一段距离，其他行保持不变。悬挂缩进则是除首行之外的其余各行缩进一段距离。方法是在如图 3-7 所示的"段落"对话框中，单击"特殊格式"列表框的下拉按钮，选择"首行缩进"或"悬挂缩进"，然后在"磅值"框中设定缩进量。在"预览"框中可以查看设置的效果，单击"确定"按钮完成缩进设置。

3）段间距。段间距是对段落与段落之间距离的设置。设置方法为：先选定要设置段落的文本，打开"段落"对话框，如图 3-7 所示，在"间距"栏的"段前"和"段后"文本框中输入或单击调整按钮设置所需的间距值，单击"确定"按钮完成段间距的设置。

4）行间距。行间距是指文本中行与行之间的垂直距离。设置方法为：先选定需设置间距的文本，打开"段落"对话框，如图 3-7 所示，在"行距"栏的文本框中选择所需的间距值，"单倍行距"、"1.5 倍行距"、"2 倍行距"、"最小值"、"固定值"和"多倍行距"，其中"最小值""固定值"和"多倍行距"可设置具体的间距值，最后单击"确定"按钮完成行间距设置。

3.1.6.3 首字下沉

在排版时，为了使内容醒目，可把段落的第一个字符放大，并下沉一定的距离。这种格式强调了段落的开头，且十分清晰，前面不必加前导空格。设置首字下沉格式的步骤如下。

（1）把插入点定位于设置"首字下沉"的段落内。

（2）单击"插入"选项卡中的"首字下沉"按钮，打开"首字下沉"下拉列表，在列表中选择"下沉"或"悬挂"方式，或者单击"首字下沉选项"，打开"首字下沉"对话框进行设置，如图3-8所示。

3.1.7　插入符号、日期、项目符号和编号

3.1.7.1　插入符号

符号是标记、标识，标点符号可以通过键盘直接输入，经常需要插入一些不能直接通过键盘输入的特殊符号，这类符号的插入方法如下。

（1）将光标定位到需要插入符号的文字处，单击"插入"选项卡中"符号"按钮，如图3-9所示。

图3-8　"首字下沉"对话框

图3-9　"插入"→"符号"

（2）在"符号"下拉列表中单击"其他符号"选项，打开"符号"对话框。

（3）选择需要插入的符号，单击"插入"按钮即可。

3.1.7.2　插入日期

Word 文档中经常需要插入日期，一般情况下，日期的输入方法与普通文字的方法相同，若需要插入当前日期，还可以选择"插入"选项卡中的"文本"组，单击"日期和时间"按钮。具体步骤如下。

（1）把插入点定位到需要插入日期的文本处。

（2）单击"插入"选项卡中"文本"组的"日期和时间"按钮。

（3）打开"日期和时间"对话框，选择合适的日期格式，单击"确定"按钮即可。

如果需要对插入的日期和时间进行实时更新，可以在"日期和时间"对话框中勾选"自动更新"复选框。

3.1.7.3　项目符号和编号

项目符号和编号都是以自然段落为标志的，编号为选中的自然段编辑序号，例如"1、2、3"等；项目符号则是为选中的自然段落编辑符号，例如"■、●"等。

（1）设置编号。选中需要设置编号的小标题段落，如："公司简介"、"招聘信息"、

"应聘方式"几段。单击"开始"选项卡中"段落"组的"编号"按钮,打开"编号库"。在"编号库"中选择合适的编号,如"一、二、三",左键单击添加编号,如图3-10所示。

（2）设置项目符号。为了让文本更醒目,可以给文本添加项目符号,添加项目符号的步骤如下。

选择要添加项目符号的文本,如"公关专员"和"公会专员"的段落,单击"开始"选项卡中"段落"组的"项目符号"按钮,打开"项目符号库",如图3-11所示。

图3-10　"项目编号"列表　　　　　图3-11　"项目符号"列表

如果所列出的"项目符号库"中的符号都不能满意,也可以选择"定义新项目符号",打开"定义新项目符号"对话框,选择适合的项目符号。

3.1.8　使用多级列表

在一些特殊文档中,要用不同形式的编号来表现标题或段落的层次。此时,就会用到多级符号列表功能。多级列表最多可以有9个层级,每一层级都可以根据需要设置出不同的格式和形式。多级列表的实现步骤如下:

（1）打开 Word 2010 文档窗口,在"开始"选项卡的"段落"组中单击"编号"下拉三角按钮,并在打开的"编号"下拉列表中选择一种编号格式。

（2）在第一级编号后面输入具体内容,然后按下回车键。不要输入编号后面的具体内容,而是直接按下 Tab 键开始下一级编号列表。如果下一级编号列表格式不合适,可以在"编号"下拉列表中进行设置。第二级编号列表的内容输入完成以后,连续按下两次回车键可以返回上一级编号列表。

（3）按下 Tab 键开始下一级编号列表。图 3 - 12 所示为本次任务中所使用的多级列表情况。

> **公关专员**
> ❖ 工作地点：沈阳
> ❖ 有效期至：2015 年 08 月 14 日
> ❖ 招聘人数：2 人
> ❖ 职位性质：全职
> ❖ 职位描述：
>   1. 开拓维护与政府、行业协会等社会团体的关系和相关事宜的办理工作；
>   2. 重要来宾的接待工作；
>   3. 完成其他突发性工作。
> ❖ 资格要求：
>   1. 诚实正直，有责任感；
>   2. 本科以上学历，性格开朗、具有较好的亲和力，2015 应届生优先；
>   3. 具备较强的沟通能力、协调能力、执行能力，危机处理能力；

图 3 - 12 "多级列表"列表

3.1.9 文档的保存与关闭

3.1.9.1 文档的保存

新建的文档或编辑的文档只是暂时存放在计算机的内存中，若文档未经保存就关闭 Word 程序，文档内容就会丢失，所以必须将文档保存到磁盘上，才能达到永久保存的目的。在 Word 2010 中，有多种保存文档的方法，这些方法分别如下。

（1）保存新文档。首次保存文档时，必须指定文件名称和文件存放的位置（磁盘和文件夹）以及保存文档的类型。具体的操作方法是单击"文件"列表中的"保存"命令或按快捷键"Ctrl + S"，屏幕上将出现"另存为"对话框，在该对话框中命名文件并选择保存位置。

（2）保存已有文档。新建文档经过一次保存，或以前保存的文件重新修改后，可直接用"文件"列表中的"保存"命令（快捷键 Ctrl + S，命令按钮 ■ ）保存修改后的文档。

（3）另存文档。如果要将文档保存为其他名称，或其他格式，或保存到其他文件夹中，均可通过"另存为"命令实现。单击"文件"列表中的"另存为"命令，弹出"另存为"对话框，更改其保存的位置或文件名称，其操作过程和保存新文档相同。

3.1.9.2 文档的关闭

当文档编辑并保存完毕后，就可以将文档关闭，关闭文档的方法有以下几个。

（1）单击窗口右上角的关闭按钮 ■X■ 。

（2）在"文件"选项卡中选择"关闭"命令。

3.1.10 查找与替换

Word 2010 提供了强大的"查找"和"替换"功能，不仅可以在文档中快速查找和替换文本、格式、段落标记、分页符、制表符以及其他项目，而且还可以查找和替换名词或形容词的各种形式或动词的各种时态。并且可以使用通配符和代码来扩展搜索，以找到包含特定字母和字母组合的单词或短语。

3.1.10.1　查找

查找是指从指定的文档中根据指定的内容查找到相匹配的文本，具体可以使用以下两种方法进行查找操作。

（1）打开"开始"选项卡，在"编辑"组中单击"查找"按钮，在窗口的左侧出现如图 3－13 所示的导航窗格，在文本框中输入查找内容"全职"之后，包含"全职"两个字的文本段落就显示在窗格内，窗格内的三个选项卡以三种不同的角度方便用户进行对查找内容的定位，除了图中所示的段落内容显示，还有页面内容显示和标题内容的显示，可以定位查找内容所在的页面和大纲标题。如果查找到的结果条目特别多，可以通过右侧的黑三角在条目间移动，当然也可以直接用鼠标滑轮滚动。鼠标单击窗格中查找到的条目后，正文窗口的页面也会随之变化，查找到的内容会用黄色反色显示。

图 3－13　查找"导航"窗格

（2）打开"开始"选项卡，在"编辑"组中单击"替换"按钮，打开"查找和替换"对话框，并切换到"查找"选项卡。如图 3－14 所示，这也是旧版本遗留下来的查找方法。在"查找内容"文本框内输入要查找的文本，单击"查找下一处"按钮，系统即从光标所在的位置向文档的后部进行查找，当找到"全职"时，将用黄色反色显示。同时，"查找和替换"对话框并不消失，等待用户的进一步操作。若要继续查找，只要再单击"查找下一处"按钮；若要一次性查找出所有相匹配的文本，单击"在以下项中查找"按钮，再选择"主文档"即可。

图 3－14　"查找和替换"对话框

3.1.10.2　替换

替换是指从指定的文档中根据指定的内容查找到相匹配的文本，并用另外的文本进行替换，具体步骤如下。

（1）打开"开始"选项卡，在"编辑"组中单击"替换"按钮，打开"查找和替换"对话框，在"查找内容"和"替换为"对话框中分别进行内容的输入，如图3－15所示。

图3－15   "替换"选项卡

（2）单击"查找下一处"按钮，在查找到的内容处浏览，单击"替换"按钮，完成一次替换操作。如果点击"全部替换"按钮，则实现对查找内容的无差别替换。

3.1.10.3 高级查找和替换

在"查找和替换"对话框中单击"更多"按钮，对话框将会展开，如图3－16所示。在这里可以通过不同的格式对查找内容进行限定，也可以为替换内容进行格式的设定。例如，将光标停留在"查找内容"文本框中，然后单击"格式"按钮，并在展开的列表中选择"字体"，打开"字体"对话框，进行相应的设置，限定查找内容的格式，这里在"字形"列表中选择"加粗"，单击"确定"按钮退出字体设置。用同样的方法将光标停留在"替换为"文本框中，对替换后的文本进行字体格式的设置。在如图3－16所示的"查找与替换"对话框中可以看到，"查找内容"文本框和"替换为"文本框的下方显示了刚刚设置的对格式限定的内容。接下来就按正常的操作，完成替换即可。

图3－16 展开后的"查找和替换"对话框

设计效果

本任务设计效果如图 3 – 17 所示。

2015 年新兴科技有限公司兼职、全职实习校园招聘

一、公司简介

新兴科技是中国领先的互联网技术公司，在开发互联网应用、服务及其它技术方面处于国内业界的领先地位。新兴科技对中国互联网的发展具有强烈的使命感，您的到来将会给公司增加新鲜血液，让我们一同来实现中国互联网梦想！

二、招聘信息

➢ **公关专员**

◇ 工作地点：沈阳
◇ 有效期至：2015 年 08 月 14 日
◇ 招聘人数：2 人
◇ 职位性质：全职
◇ 职位描述：
　1. 开拓维护与政府、行业协会等社会团体的关系和相关事宜的办理工作；
　2. 重要来宾的接待工作；
　3. 完成其他突发性工作。
◇ 资格要求：
　1.诚实正直，有责任感；
　2. 本科以上学历，性格开朗、具有较好的亲和力，2015 应届生优先；
　3. 具备较强的沟通能力、协调能力、执行能力，危机处理能力；
◇ 薪资待遇：
　具体面议，2 个月转正后有保险，工资上浮 30%。

➢ **公会专员**

◇ 工作地点：沈阳
◇ 有效期至：2015 年 08 月 08 日
◇ 招聘人数：3 人
◇ 职位性质：兼职
◇ 职位描述：
　1、负责拓展维护游戏公会资源关系；
　2、负责撰写公会互动方案并组织实施；
　3、负责对公司与公会的配合改进政策提出合理化建议和意见。
◇ 资格要求：
　1、熟悉网络游戏行业相关项目流程，了解网络游戏产业状况及发展方向，能把握玩家心态；
　2、热爱网络游戏，2 年 3 款以上游戏经历，1 款半年以上游戏经历；
　3、熟悉网络游戏公会，对国内游戏公会现状有基本了解，了解游戏公会传播及推广操作流程；

图 3 – 17　"任务 3.1" 设计效果图

举一反三

请在素材中对给定的文本文档 "大学生宿舍管理条例 . txt" 进行排版。排版具体要求如下：

（1）标题宋体二号加粗，居中对齐；段前段后0.5。

（2）正文宋体四号，两端对齐，单倍行距。

（3）小标题宋体四号加粗，用（一）、（二）、（三）……进行编号列表。

（4）具体条例用阿拉伯数字进行编号列表。

（5）使用"查找与替换"功能，将文中的"宿舍长管理委员"替换为"舍务委员"。

（6）保存文档，将文档命名为"大学生宿舍管理条例完成版.docx"保存在D盘上。

任务3.2　制作求职简历

任务目标

- 熟练掌握在 Word 2010 中创建表格。
- 熟练掌握表格的基本操作。
- 掌握表格的美化操作。
- 熟练掌握页面设置的方法。

任务描述

进入到大学后，饮食起居、学习生活都由自己来安排，学习任务也不繁重，很多同学都想找一份兼职工作，既能勤工俭学，又可以锻炼一下自己。对于任务3.1的招聘启事，如果你也想试一试，开始给自己设计一份简历吧。

知识链接

（1）表格基本元素。Word 表格由水平方向的行、垂直方向的列和行列交叉而形成的单元格组成。单元格内可输入数字、文本、日期、图片等内容。

（2）创建表格。Word 提供了多种方法进行表格的创建，还可以将文本转换为表格。

（3）设置单元格属性。单元格属性包括单元格大小、插入/删除行和列、拆分/合并单元格、单元格对齐方式等。

（4）设置表格属性。表格属性分别为表格、行、列和单元格设置尺寸、对齐方式和文字环绕等。

（5）自动套用表格样式。Word 能自动识别 Excel 工作表中的汇总层次以及明细数据的具体情况，然后统一对它们的格式进行修改。每种格式集合都包含不同的字体、字号、数字、图案、边框、对齐方式、行高、列宽等设置项目，完全可以满足用户在各种不同条件下设置工作表格式的要求。

（6）表格计算。利用公式可以对表格中的数据进行计算。对数据进行计算，可以利用含有运算符的公式，也可以利用 Word 提供的函数进行计算。

（7）调整文档的页面设置，使表格在文档页面充分展现。

任务实施

3.2.1 创建表格

表格是由行和列组成的，行和列交叉的空间叫做单元格。建立表格时，一般先指定行数、列数，生成一个空表，然后再输入内容，也可以将输入的文本转换成表格。

Word 2010 中提供了多种创建表格的方法，常用的有以下几种。

3.2.1.1 使用"表格"菜单

（1）把光标定位到要插入表格的位置。

（2）在"插入"选项卡的"表格"组中，单击"表格"。然后在"插入表格"下拖动鼠标以选择需要的行数和列数，在文档中可以同步浏览表格的效果，松开鼠标后即可在插入点处创建一张表格。这种方法最大只能创建 10 列、8 行的表格。

3.2.1.2 使用"插入表格"命令

（1）把光标定位到要插入表格的位置。

（2）打开如图 3-18 所示对话框后，单击"插入表格"选项，弹出"插入表格"对话框，如图 3-19 所示。

（3）在"表格尺寸"下，输入列数和行数。

（4）在"自动调整"下，选择合适选项。

（5）设置完成后单击"确定"按钮即可。

图 3-18 "表格"命令列表

图 3-19 "插入表格"对话框

3.2.1.3 绘制表格

有些表格的行、列或单元格没有特定的排列规律，采用插入表格的方式创建往往达不到要求。这时，可采用"绘制表格"功能，自动绘制表格的线框和单元格，步骤如下。

（1）打开如图 3-18 所示对话框后，单击"绘制表格"选项，这时指针变为铅笔状。

（2）将铅笔形状的鼠标指针移到绘制表格的位置，按住鼠标左键拖动鼠标绘制出表格的外框虚线，放开鼠标左键可以得到实线的表格外框。

（3）再拖动鼠标笔形指针，在表格中绘出水平或垂直线，也可以在单元格中绘制对角斜线。

（4）在绘制表格的同时在标题栏上也出现了"表格工具"选项卡。如图 3-20 所示，利用"表格工具-设计"选项卡下"绘图边框"组中的"擦除"按钮，使鼠标指针变成一个橡皮擦形，拖动它可以擦掉多余的线。还可以利用"绘制边框"组中的其他功能对绘制的表格进行修改，比如表格边框的线形、粗细、颜色。

图 3-20　　"绘图边框"选项组

3.2.1.4　使用表格模板

可以使用表格模板快速创建表格。表格模板包含示例数据，可以查看在添加数据时表格的外观。

（1）把光标定位到要插入表格的位置。

（2）打开如图 3-18 所示对话框后，单击"快速表格"选项，再选择需要的模板即可。

（3）使用所需的数据替换模板中的数据。

> **在新文档中创建简历表格**
> ➤ 在文档第一行输入"个人简历"四个字，并将其字体调整为"隶书、一号、加粗"，居中对齐，段前段后 0.5。
> ➤ 回车换行后，使用第二种创建方法，创建一个 5 列 20 行的表格，在编辑过程中再做调整。

3.2.2　编辑表格

表格的编辑主要是指在表格中插入单元格、行和列，删除单元格、行和列，合并与拆分单元格以及设置表格行高和列宽。

3.2.2.1　插入单元格、行和列

在制作表格的过程中，可以根据需要在表格内插入单元格、行、列，甚至可以在表格内再插入一张表格。

方法：选中表格或将光标定位在单元格中，选择"表格工具-布局"选项卡，在"行和列"组中单击相应的按钮即可，如图 3-21 所示。也可单击"行和列"右下角的对话框展开按钮，打开"插入单元格"对话框，如图 3-22 所示，在其中选择相应的命令。也可使用"绘制表格"工具在所需的位置绘制行或列。

图 3-21　"行和列"选项组

图 3-22　"插入单元格"对话框

3.2.2.2　删除单元格、行和列

如果要删除单元格中的文字，选中该单元格后，用 Del 键或 Backspace 键删除即可。如果要删除表中的单元格、行、列或整张表格，可执行如下的操作。

（1）选中需要删除的单元格、行或列。

（2）在"表格工具-布局"选项卡，"行和列"组中单击"删除"命令下拉列表，选择相应的命令即可。

3.2.2.3　合并与拆分单元格

合并单元格是将选定的多个单元格中间的边框去掉成为一个单元格，而拆分单元格则是将一个单元格或多个单元格进行重新的分隔，形成符合需要的多个单元格。

（1）合并单元格。首先选中要合并的单元格，选中单元格的方法和文本的选择方法类似，可以使用鼠标拖拽选中，也可以通过 shift 键和上下左右箭头配合。当选中一行单元格的时候可以将鼠标放在该行任意单元格的左边框线上双击，当选中一列单元格的时候可以将鼠标放在该列的第一个单元格的上边框上单击。

然后要执行合并单元格的命令，可以在选中的单元格上单击右键，在弹出的快捷菜单中选择"合并单元格"命令；如图 3-23 所示，也可以在"表格工具-布局"选项卡的"合并"组选择"合并单元格"命令。完成所选中单元格的合并。

（2）拆分单元格。先将光标停留在要拆分的那个单元格中，当然，如果要对原来的多个单元格进行重新的拆分，则要对多个单元格进行选中。然后在执行"表格工具-布局"选项卡的"合并"组中的"拆分单元格"命令。如图 3-24 所示，在弹出的"拆分单元格"对话框中进行重新的设置。

图 3-23　"合并"选项组

图 3-24　"拆分单元格"对话框

3.2.2.4　设置表格行高和列宽

（1）不精确的调整。将鼠标停留在单元格的右边框线上，鼠标指针变成左右的双向箭头的时候，可以调整单元格的列宽；将鼠标停留在单元格的下边框线上，鼠标指针变成上下的双向箭头的时候，可以调整单元格的行高。

（2）精确的调整。将鼠标停留在要调整的行或列中，切换到"表格工具 – 布局"选项卡的"单元格大小"组，重新设置单元格的高度和宽度，如图 3 – 25 所示。

（3）自动调整。将鼠标停留在表格中，切换到"表格工具 – 布局"选项卡的"单元格大小"组，如图 3 – 25 所示，利用"分布行"和"分布列"命令可对表格中的行和列的高度、宽度进行

图 3 – 25　"单元格大小"选项组

平均分布。利用自动调整命令列表中的三个命令"根据内容自动调整表格"、"根据窗口自动调整表格"、"固定列宽"，可以快速根据需要调整整个表格的布局。

简历表格布局的调整

➤ 将整张表格选中，"表格工具 – 布局"选项卡的"单元格大小"组，设定统一的行高为 0.8cm。

➤ 将表格的第一行选中，在"表格工具 – 布局"选项卡的"合并"组选择"合并单元格"命令。将其合并为一个单元格，并输入文字内容"基本资料"。

➤ 将表格的第五列前四个单元格选中，合并为一个单元格，留出贴照片的位置（当然也可插入电子版的照片，后面会讲到）。

➤ 其他单元格按照给定文件"word\ 任务 2 \个人简历 . docx"用同样的方法处理，并输入文字内容。

➤ 选中"联系方式"下面的两行，执行"表格工具 – 布局"选项卡的"合并"组的"拆分单元格"命令，将其重新拆分成两行两列。

➤ 选中多余的行，在"表格工具 – 布局"选项卡，"行和列"组中单击"删除"命令下拉列表，单击执行"删除行"命令，将表格中的多余行删除掉。

3.2.3　设置表格属性

表格属性，主要指表格、行、列和单元格等的属性。若对它们的属性进行设置可执行如下操作。

（1）选中表格，单击"表格工具"下"布局"选项卡中"表"组的"属性"按钮，打开"表格属性"对话框。

（2）在"表格"选项卡中可设置表格的属性。如可设置表格尺寸，设置表格在文档中的对齐方式以及缩进的距离，设置文字是否环绕在图片周围等。

（3）在"表格"选项卡中单击"边框和底纹"按钮，打开"边框和底纹"对话框，可以给表格添加边框和底纹，在后面会详细介绍。

（4）在"行"选项卡中可设置行的属性。如设置行的高度，跨页断行以及在各页顶端是否以标题行形式重复出现。

（5）在"列"选项卡中可设置列的项。如设置列的宽度及度量单位。

（6）在"单元格"选项卡中可设置单元格的属性，除了可以指定单元格的宽度和度

量单位，还可以对单元格中的内容设置对齐方式。

3.2.4 应用表格样式

3.2.4.1 设置边框与底纹

为了使表格更加美观，表格创建完成后，可以为表格设置边框与底纹。表格的区域不同，边框和底纹也可以不同。在任意单元格内单击，选择"表格工具 – 设计"选项卡中的"表格样式"组，如图3 – 26所示，即可把表格设置为软件提供的表格样式。若系统提供的样式不合适，则可以在原有样式的基础上调整出新样式，或者自己手动设置表格的边框和底纹。

图3 – 26 "表格样式"选项组

（1）设置边框，选中要添加边框的整个表格或一组单元格，切换到"表格工具 – 设计"选项卡中的"表格样式"组，打开"边框"的下列拉表，单击"边框与底纹"命令，打开"边框和底纹"对话框。设置边框时，首先要选择边框的范围，是方框还是全部，在该对话框的右侧预览的同时还可以进一步的选择具体的边框线，然后再选择边框的样式、颜色和宽度。

（2）设置底纹，表格的底纹包括底纹的样式和颜色，选择要添加底纹的单元格。单击"表格工具 – 设计"选项卡中的"表格样式"组的"底纹"按钮，即可进行设置。设置底纹也可以在"边框和底纹"对话框的"底纹"选项卡中进行。

3.2.4.2 设置表格内容对齐方式

表格内容的对齐方式主要有靠上两端对齐、中部两端对齐、靠下两端对齐、靠上居中、中部居中、靠下居中、靠上右对齐、中部右对齐和靠下右对齐等9种方式，其设置步骤如下。

（1）选中需要进行设置的单元格。

（2）打开"表格工具 – 布局"选项卡中的"对齐方式"组，如图3 – 27所示。

（3）在"对齐方式"组中选择合适的对齐方式即可。

当然，关于表格内容的对齐方式也可以在右键得到的快捷菜单中选择"单元格对齐方式"命令去设置。

图3 – 27 "对齐方式"选项

3.2.4.3 自动套用表格样式

对于表格，除了进行手工创建与修饰外，Word 2010还提供了一些已经设置好的经典样式供用户使用，称为"自动套用样式"。"自动套用样式"的应用使得对表格的排版变得轻松、容易。设置"表格样式"的步骤如下。

（1）选中需要设置表格样式的表。

（2）选择"表格工具"下"设计"选项卡中的"表格样式"组，单击表格样式的下拉列表按钮，选择合适的样式即可。

3.2.5 表格的计算与排序

Word 提供了对文档或表格中数据进行简单运算的功能，可以通过输入带有加（＋）、减（－）、乘（＊）、除（／）等运算符的公式进行计算，也可以使用 Word 附带的函数进行复杂的计算。另外，还可以利用排序功能对表格中的数据进行排序。

简历表格的美化

➢ 选中整张表格，执行"表格工具－设计"选项卡中的"表格样式"组中"边框"列表的"边框与底纹"命令，打开"边框和底纹"对话框，按如图 3－36 所示的选择进行设置。

➢ 重新调整"边框与底纹"对话框中边框的样式，在"边框"命令列表中选择内部边框，对表格的内部边框进行设置。

➢ 选中第一行"基本资料"单元格，执行"表格工具－设计"选项卡中的"表格样式"组中"底纹"命令，选择"红色单色 40%"作为底纹颜色。用同样的方法设置"个人信条"、"个人经历"等几行的底纹。

➢ 将红色背景的单元格内容对齐方式设为"左对齐"，字体为"小四、加粗"。其他单元格内容的对齐方式设置为"居中对齐"，字体为"五号、加粗"。

3.2.6 文档的页面设置

用户在完成文档的编辑之后、打印文档之前，需要对文档的页面进行设置。页面设置主要是设置页边距、纸张大小、纸张方向等。进行页面设置主要有两种方法。

（1）在"页面布局"选项卡上的"页面设置"组中即可设置页边距、纸张方向、纸张大小等。

（2）在"页面设置"组中单击右下角的对话框启动器，打开"页面设置"对话框，在对话框中进行页边距、纸张方向、纸张大小等的设置。

1）页边距。页边距是指文本内容距纸张边缘的距离。设置页边距的方法是在"页面布局"选项卡上的"页面设置"组中，单击"页边距"按钮，打开"页边距"集，从中选择所需的页边距类型。

2）纸张大小。常用的纸张大小有 A4、B5、A3 等，而 Word 默认的纸张大小是 A4，因此，如果需要的纸张大小不是 A4 的时候，就需要设置纸张的大小了。设置纸张大小的方法是在"页面布局"选项卡上的"页面设置"组中，单击"纸张大小"按钮，打开"纸张大小"集，从中选择合适的纸张。也可以单击"其他页面大小"，打开"页面设置"对话框，在"纸张"选项卡下进行设置。

3）纸张方向。Word 中默认的纸张方向是纵向，但有的特殊格式需要把纸张设置为横向的，因此需要对纸张方向进行设置，设置方法是在"页面布局"选项卡上的"页面设置"选项卡中，单击"纸张方向"按钮，选择"纵向"或"横向"。也可以打开"页面设置"对话框，在"页边距"选项卡中设置纸张方向。

简历的页面设置

➢ 切换到"页面布局"选项卡，进入到"页面设置"组，单击"页边距"命令列表，选择"自定义页边距"命令，设置上、下、左、右边距均为2cm。

➢ 默认值纸张大小"A4"纸，纸张方向为"纵向"，无需调整。

➢ 选中整张表格，在"表格工具－布局"选项卡的"单元格"组中执行"自动调整"命令列表中的"根据窗口自动调整表格"命令。

➢ 根据表格的变化，拖拽表格的边框线，再次适当调整单元格的大小。

➢ 不难看出，文档页面设置的变化会影响到原有的排版。因而，在文档建立之初就应该考虑清楚页面如何设置的问题。

设计效果

本任务设计效果如图 3－28 所示。

图 3－28 "个人简历"样表

在个人简历后面，为了增加履历的厚重感，提高面试机会，应聘成功的可能性，往往要附上一些获奖证书，成绩单，资格证的复印件作为支撑。但成绩单往往毕业的时候才能由学校统一打印，盖章有效，在此之前我们也可以自己动手完成类似的成绩单表格，作为应聘时的一种参考。文件"word\任务2\成绩单.docx"为成绩单表格的完成品，请你自己试试。

（1）新建文档，插入表头标题，调整其字体、字号、对齐方式。

（2）进行页面设置，纸张为"A4、横向"，页边距为"窄"。

（3）插入表格，可以考虑8行4列的表格，然后在对具体单元格进行拆分。

（4）调整行距，注意第3行和第7行高度相同，其他行高度相同。

（5）将第1列2、3行选中，重新拆分成2行5列，并调整其各列宽度。

（6）其他相同模块可参考调整。

（7）调整表格边框，注意外框线，学年分隔线，其他边框线的线形是不同的。

（8）为了表格更容易阅读，设定学期单元格的底纹为淡灰色。

（9）录入文字内容，调整字体和对齐方式。这里要注意有的单元格很小，其内容在一行内显示不下时，可采用文字紧缩（在开始选项卡字体组中展开字体对话框，高级—间距—紧缩）和调整单元格边距（在需要调整的单元格中点右键—表格属性—单元格—选项，将"与整张表格相同"前的钩去掉，将上下左右都设为0。若有多单元格要调整，可以选择多个单元格同时操作）的方式。

（10）添加表格落款和时间。

任务3.3 招聘海报设计

任务目标

- 熟练掌握图片的插入及设置方法。
- 熟练掌握艺术字的插入及设置方法。
- 熟练掌握文本框的插入及设置方法。
- 掌握文档打印设置与打印输出。

任务描述

将任务3.1的校园招聘启事设计成一张美观、大方、引人注目的A4纸的小海报，打印后可以在校园内分发，放大打印后可以张贴在校园布告栏内。

知识链接

（1）页面背景设置。为了使页面更美观或者出于文档的保护等原因，常常需要设置页面的背景，主要包括页面背景颜色、水印添加及页面边框的设置。

（2）图片剪贴画在文档中的排版应用。图片样式的选择与设置，图片与文本的位置关系、图片之间的位置关系，简单的图片处理方法等。

（3）艺术字的插入与应用。利用艺术字可以在文档中插入有艺术效果的文字，使文档更加美观。Word 中的艺术字是特殊的文本，对艺术字的操作和对图片的操作几乎相同。

（4）文本框的插入与应用。文本框是用来编辑、存放文字、图形、表格等内容的容器。文本框有横排和竖排两种。文本框内的文本编辑方法和普通段落文本相同。

（5）形状在文档中的应用。形状的插入、编辑，格式的调整等。

（6）打印设置及预览。

任务实施

3.3.1 页面背景设置

图 3-29 所示是 Word 2010 "页面布局" 选项卡下的 "页面背景" 选项组。Word 2010 文档页面背景的设置包括：页面背景颜色、页面边框和背景水印设置三方面内容，这三方面的设置可以分别应用也可以结合起来应用在文档中。

3.3.1.1 页面颜色

文档建立以后，页面默认的背景颜色是白色的，这种在进行海报、宣传单等设计的时候，可以通过 "页面颜色" 命令进行调整。点击该命令，将展开如图 3-30 所示的页面颜色命令列表，在该列表中可以通过一种颜色的选择，改变当前的背景色，如果需要的颜色并没显示在列表中，也可以通过列表中的 "其他颜色" 命令，展开 "颜色" 对话框，并在其中选择或根据 RGB 的值进行设置。

图 3-29　"页面背景" 选项组

图 3-30　"页面颜色" 命令列表

　　选择"填充效果"命令，打开"填充效果"对话框，该对话框有4个选项卡，"渐变"、"纹理"、"图案"、"图片"。通过该对话框的设置，可以用图片、图案、纹理和渐变色对页面的背景进行填充。其中图片背景的设置要注意事先准备好的背景图片素材的纵横比例，网络上有一些专门为A4纸张设置的背景图，可以下载使用。图案背景的设置比较简单，直接从给定的图案中点击选择即可。纹理背景的设置可以和颜色同时使用，变成带颜色的纹理背景。图3-31所示为"填充效果"对话框的"渐变"选项卡，渐变的设置主要从参与渐变的颜色和渐变的方向两个方面进行。图中设置了从颜色1到颜色2水平方向的渐变，鼠标单击可以从产生的四种渐变样式中进行渐变背景的选择。

图3-31　"填充效果"对话框

3.3.1.2　页面边框

　　在任务3.2的表格设计与排版中，介绍了表格边框的设置。页面边框的设置与表格边框的设置相类似，包括边框的样式、颜色、宽度等。

3.3.1.3　添加水印

　　水印是为了防止伪造，或为了表明文本重要性，用特殊方法加压在纸里的一种标记。在 Word 2010 中，为了突出文档的重要性或美化文档，也可以给文档添加水印效果。Word 2010 中的水印有两种，一种是图片水印，一种是文字水印。

　　（1）添加图片水印。在文档中添加图片水印是为了美化文档，"页面布局"选项卡的"页面背景"组中，单击"水印"按钮，打开"水印"命令列表，选择"自定义水印"命令，打开"水印"对话框，在"水印"对话框中选择"图片水印"。

　　（2）添加文字水印。添加文字水印一般是为了提示文档的重要性或对文档进行说明。在"水印"列表中，可以从中选择一种合适的水印添加到文本中。若需要自定义文字，可以单击"自定义水印"选项，在"水印"对话框中选择"文字水印"。

（3）水印的删除。在文档中添加水印之后，若发现不合适，还可以把水印删除。在"水印"命令列表中选择"删除水印"命令，或者在"自定义水印"命令打开的"水印"对话框，选择"无水印"选项都可以完成水印的删除。

设置海报背景

➢ 新建纸张大小为"A4"的空白文档。

➢ 切换到"页面布局"选项卡下的"页面背景"选项组，在"页面颜色"命令列表中选择"填充效果"，在打开的"填充效果"对话框，"渐变"选项卡进行设置。"颜色"为"单色"，并在"颜色1"下拉列表中选择"深蓝，淡色40%"的色彩；"底纹样式"为"水平"组中的第一个。

3.3.2　常用图片格式

图片格式是计算机存储图片的格式，常见的图片格式有 BMP、JPEG、GIF、PCX、PSD、TIFF、PSD、PNG 等。具体见项目1的任务1.1。

3.3.3　插入图片

在 Word 中既可以插入 Office 2010 软件自带的剪贴画，也可以插入用其他图形软件创建的图形。将图片插入到文档中有两种方式：嵌入型和浮动型。嵌入型图片直接放置在文本的插入点处，占据了文本的位置；浮动型图形可以插入在图形层，在页面上精确定位，也可以将其放在文本或其他对象的上面或下面。浮动型图形和嵌入型图片可以相互转换，插入的图片默认为嵌入型图片。

图 3-32　"剪贴画"窗格

3.3.3.1　插入图片

（1）插入剪贴画。剪贴画是 Office 提供给 Word 的图片，在文本中插入图片的具体方法如下：

1）把光标定位到需要插入图片的位置。

2）单击"插入"选项卡下"插图"组中的"剪贴画"按钮，打开"剪贴画"任务窗格，如图 3-32 所示。

3）在"搜索文字"中输入检索素材的提示信息，在"结果类型"列表中进行媒体类型（插图、照片、视频、音频）的选择。

4）在结果列表中单击选择所需的剪贴画，将其插入到文本中。

（2）插入图形文件。在 Word 中除了可以插入

Office 提供的图片之外，还可以插入 JPEG、TIFF、BMP、GIF、PNG 等格式的图形文件，插入图形文件的方法如下：

1）把光标定位到需要插入图片的位置。

2）单击"插入"选项卡下"插图"组中的"图片"按钮，打开"插入图片"对话框，如图 3-33 所示。

3）在"插入图片"对话框中进行设置。找到图片之后，单击选中需要插入的图片，单击"插入"按钮，即可把图片插入到文本中。这里也可以按住 Ctrl 键选择多张图片，同时插入到文档中。

图 3-33 "插入图片"对话框

3.3.3.2 编辑图片

插入图片后，只要用鼠标单击插入的图片，在选项卡标签中会出现"图片工具 - 格式"选项卡。在"格式"选项卡下利用功能区中的工具就可以对图片进行各种编辑设置。

（1）更改图片大小。不精确地调整图片大小：单击图片的任意位置选定图片，图片周围出现 8 个控制柄。将鼠标指向某个柄时，指针变成双向箭头，此时拖动鼠标即可改变图形大小。方形的控制柄分别改变长、宽，圆形的控制柄，可在调整图片大小的同时不改变纵横比。精确调整图片大小：单击图片的任意位置选定图片，选择"格式"选项卡中的"大小"组。在"大小"组中通过"高度"和"宽度"的微调器改变图片的大小，在默认情况下，图片的纵横比例是锁定的，如果要解除锁定，可以点击该组右下角的对话框展开按钮，进一步调整。

（2）简单的图像处理。Word 2010 具有简单的图像处理功能，如图像的压缩、更正、颜色及艺术效果的调整，可在没有专业图像处理软件的情况下满足文档中插入的图片的处理工作。关于图片的调整命令在如图 3－34 的"图片工具－格式"选项卡"调整"组上完成。

图 3－34 "调整"组

1）"更正"命令列表。这里可以进行图片的锐化与柔化或者调整图片的亮度和对比度。在"更正"列表中，这种调整是所见即所得的。如果对调整后的图片效果不满意，可随时点击"调整"组"重设图片"命令，恢复图片到调整之前的样子。如果需要设置的锐化度或亮度不在这个范围之内，也可以选择"更正"集中的"图片修正选项"，打开"设置图片格式"对话框，在这里进行精确的调整。

2）"颜色"命令列表。单击"调整"组中的"颜色"按钮，在这里可以所见即所得的调整图像的色彩饱和度、色调，也可以对图片进行重新着色，甚至可以将图像中的某种色彩透明化。当然，精确的调整还要进入到"设置图片格式"对话框中进行。

3）设置图片"艺术效果"。这里可以所见即所得的使用一些滤镜，使图片呈现"玻璃"、"混凝土"等特殊效果。

4）"压缩图片"命令，在一定程度上对插入图片的分辨率进行调整，以减少文档所占的存储空间。

5）"删除背景"命令，根据图片中的颜色来识别，将图片中的部分区域透明化，该命令常用于使色彩单一的图片背景透明化。

（3）设置图片的文字环绕方式。插入到文本中的图片默认是"嵌入型"图片，这种图片直接放置在文本的插入点处，占据了文本的位置，移动图片的时候不方便，并且插入到文本中不太美观。因而需要把"嵌入型"的图片转换成"浮动型"图片，转换方法是通过设置图片的文字环绕方式进行的，具体操作方法如下：

1）单击选中需要设置的图片。

2）选择"图片工具－格式"选项卡下的"排列"组，如图 3－35 所示。

3）单击"自动换行"按钮，如图 3－36 所示，在弹出的选项中选择合适的文字环绕方式即可。

图 3－35 "排列"选项组

图 3－36 "自动换行"列表

或者选择快捷菜单中的"其他布局选项"命令，打开"布局"对话框，在"文字环绕"选项卡下设置合适的环绕方式。

（4）多张图片的关系设置。如果同时在文档中插入多张图片，则可以通过如图 3 - 35 所示的"排列"组中的"上移一层"和"下移一层"命令列表，调整图片之间的垂直位置关系；通过"对齐"命令列表，调整多张图片在页面上的对齐与分布；通过"组合"命令列表来将多张图片或图片与其他元素进行组合。

（5）调整图片的样式。图片的样式设置在"图片工具 - 格式"选项卡下的"图片样式"组，样式列表中提供了已有的图片样式以供选择，用户也可以从图片的边框、效果、版式三部分进行自定义的设置。

1）设置图片的边框。选中需要设置的图片。进入如图 3 - 37 所示的"图片工具 - 格式"选项卡下的"图片样式"组。展开"图片边框"命令列表选择边框的颜色、粗细、线型。

图 3 - 37　"图片样式"选项组

2）设置图片的效果。"图片效果"命令列表中包括图片阴影、映像、发光、棱台、柔化边缘、三维旋转效果的设置，在"预设"中可以所见即所得的选择一种图片效果预设。

3）设置图片版式。将插入的图片应用于一种带图片 SmartArt 图形（后面有介绍）。

3.3.4　绘制文本框

文本框是将文字、表格、图形精确定位的有效工具。在 Word 中文本框可以看成是一种可移动、可调大小并且能精确定位文字、表格或图形的容器。只要被装进文本框，就如同被装进了一个容器，可以随时将它移动到页面的任意位置，让正文在它的四周环绕。文本框有两种，横排文本框和竖排文本框。

3.3.4.1　插入文本框

（1）选择"插入"选项卡中的"文本"组，单击"文本框"按钮，弹出"文本框"集，如图 3 - 38 所示。

（2）在"文本框"集中单击"绘制文本框"选项或"绘制竖排文本框"选项。"绘制文本框"中的文字为横排，"绘制竖排文本框"中的文字为竖排。如单击"绘制文本框"选项，这时鼠标指针变成十字形，单击鼠标拖动文本框到所需的大小与形状之后再松开鼠标，如图 3 - 39 所示。

（3）插入文本框之后就可以在文本框中插入文字、图片、表格等内容了。

3.3.4.2　将现有的内容纳入文本框

（1）在页面视图方式下，选定需要纳入文本框的所有内容。

（2）单击"插入"选项卡中"文本"组"文本框"下的"绘制文本框"或"绘制竖排文本框"命令，即可将选定内容放入文本框中。

图 3-38　"文本框"列表

图 3-39　绘制横排文本框

3.3.4.3　编辑文本框

文本框具有图形的属性，所以对其的操作与图形类似，设置方式主要有两种。

（1）可以利用"文本框工具"的"格式"选项卡的选项进行设置。主要可以设置文本框样式、阴影效果、三维效果、位置和大小等。

（2）在文本框的边框上单击右键，在快捷菜单上选择"设置形状格式"命令，打开"设置形状格式"对话框，可设置文本框的填充、线条颜色、线型、阴影、影像、发光和柔化边缘、三维格式、三维旋转、文本框和可选文字。

3.3.5　编辑艺术字

艺术字是一种文字型的图片。利用艺术字可以在文档中插入有艺术效果的文字，如阴影、斜体、旋转和拉伸效果等，使文档更加美观。Word 中的艺术字是特殊的文本，对艺术字的操作和对图片的操作几乎相同。

3.3.5.1　插入艺术字

（1）将光标定位于需要插入艺术字的位置。

（2）选择"插入"选项卡中的"文本"组，单击"艺术字"按钮，打开"艺术字库"集，如图3－40所示。

图3－40　艺术字库

（3）在"艺术字库"集中选择合适的艺术字样式，单击鼠标左键，如图3－41所示，即可在文档中插入艺术字，输入文字并在"开始"选项卡中设置其字体、字号等。

图3－41　插入艺术字

3.3.5.2　编辑艺术字

插入艺术字之后，可以利用"绘图工具－格式"选项卡下的命令对插入的艺术字进行设置。"艺术字样式"组中的样式列表与插入艺术字时的列表是相同的。

如果对初始创建的样式不满意，可以重新选择一种，用户也可以通过文本填充、文本轮廓、文本效果自由设置一组艺术字样式。其中文本填充是为艺术字的内部添加颜色，文本轮廓是为艺术字的边框添加颜色。如图3－42所示的文本效果包括阴影效果、映像效果、发光效果、棱台效果、三维旋转效果、转换效果等六种，每一种都有一系列的预设可以选择，各种效果又可以结合起来应用。

图 3－42　文本效果

3.3.6　绘制自选图形

在 Word 中，除了可以插入图片外，还可以绘制自选图形。

3.3.6.1　插入形状

Word 2010 中提供了 9 种自选图形，包括线条、矩形、基本形状、箭头总汇、公式形状、流程图、星与旗帜、标注和最近使用的形状。具体方法如下。

（1）单击"插入"选项卡下"插图"组中的"形状"按钮，打开"形状"集。

（2）在"形状"集中选择所需要的形状，此时，鼠标指针变成十字形，在页面上拖动鼠标到所需的大小后松开鼠标即可。如果要保持图形的高度和宽度成比例缩放，在拖动鼠标的同时按下 Shift 键。

（3）任何图形都是由边和顶点构成的，如果要绘制任意多边形或者曲线等图形要注意顶点位置的选择，如果是封闭图形，最后一个顶点应该和第一个顶点重合。

（4）插入后的形状上可以通过拖拽白色空心控制点改变其大小，通过黄色控制点控制形状特殊的变化，绿色控制柄进行旋转。

3.3.6.2　设置自选图形的格式

自选图形绘制完毕后，为了美化自选图形，需要对自选图形进行格式设置。设置自选图形的格式主要是在"绘图工具－格式"选项卡中"插入形状"组及"形状样式"组进行的，如图 3－43 所示。

图 3－43　"绘图工具－格式"选项卡的"插入形状"组及"形状样式"组

在"插入形状"组中，用户可以重新更改当前的形状。选中当前的形状，单击"编辑形状"命令列表中的"更改形状"命令，可以将现有形状重新设定。单击"编辑形状"

命令列表中的"编辑顶点"命令，如图 3 - 44 所示，形状图形的各个顶点将以黑色实心方框表示，通过拖拽顶点，顶点上将出现一对平衡的方向线，方向线的顶端有空心的方向点，控制方向点，改变方向线的长短和两条方向线的夹角，可以在一定程度上改变形状。

图 3 - 44　编辑形状的顶点

在"形状样式"组中，可以通过列表的选择来改变形状的样式，形状的样式包括形状的内部填充、边框的设置及一些特殊的效果，如果对给定列表中的样式都不满意，可以通过"形状填充"、"形状轮廓"、"形状效果"这三个命令进行重新设定。

3.3.6.3　在自选图形上添加文字

除直线、曲线等形状外，用户可在封闭的自选图形上添加文字。添加的文字和文本中的文字相同，可以进行字符格式的设置，文本也可以随着图形的移动而移动，添加文字的具体操作如下。

（1）选择需要添加文本的自选图形。

（2）在所选图形上单击鼠标右键，在快捷菜单中选择"添加文字"，在所选中的自选图形上也会出现插入点。

（3）利用插入点即可在自选图形上插入文字，并对文字进行格式设置。

3.3.6.4　组合自选图形

有时一幅图由多个自选图形组成，它们各自独立，在移动或复制等操作时需要单独操作，这样比较麻烦。因此需要把多个设置好的自选图形组合成一个整体，具体的组合方法是按住 Shift 键选中需要组合在一起的多个自选图形，单击鼠标右键，在快捷菜单中选择"组合"，即可把多个自选图形组合成一个整体，方便进行移动、复制等操作。

如图 3 - 45 所示，如果在绘制这样的流程图之前就插入画布（插入/形状/新建绘图画布），所有的形状都在画布上完成的话，可以利用画布对多个形状进行整体操作了。

图 3 - 45　在画布中绘制形状

在海报中插入形状、艺术字、图片

➤ 插入圆角矩形，并进行文字填充。执行"插入"选项卡"插图"组中的"形状"命令，在展开的形状列表选择矩形组中的第二个，"圆角矩形"。在页面上拖拽到适合的大小。执行右键快捷菜单中的"添加文字"命令，将任务 3.1 中的招聘信息复制到此处。

➤ 调整形状的样式。切换到"绘图工具 – 格式"选项卡，选择"形状样式"列表第一行最后一列的样式。

➤ 用同样的方法，再绘制一个圆角矩形将"公司地址"等联系信息添加到这里。更改"形状样式"，选择第四行第三列的样式。

➤ 插入图片并进行格式调整。执行"插入"选项卡"插图"组中的"图片"命令，在"word/任务 3"中选择两张公司场景的图片。拖拽调整图片的大小；切换到"图片工具 – 格式"选项卡，在"排列"组"自动换行"命令列表中选择"浮于文字上方"，将图片拖拽到合适的位置；在"图片样式"列表中选择第一种样式；执行"图片效果"下的"三维旋转"命令，在"平行"中为两张图片分别选择第二行的第二个和第四个三维效果。

➤ 绘制形状并进行图片填充。在"插入"选项卡，插图组选择"形状"，在展开的形状列表选择线条组中的"曲线"，在页面上边单击（产生形状的顶点）、边拖拽，边绘制一个边缘平滑的闭合形状（闭合形状要求最后一个顶点和第一个顶点重合），如果对第一次绘制的形状不满意，可以在该形状上点击右键，选择快捷菜单中的"编辑顶点"命令，通过拖拽形状的顶点来调整现有形状的外观。

➤ 形状填充。切换到"绘图工具 – 格式"选项卡，选择"形状样式"列表第一行第二个样式；在"形状填充"列表中选择"图片"命令，在对话框中选择给定素材"word/任务三/起航 . jpg"。将填充好的形状拖拽至页面适当位置。

➤ 插入艺术字。在"插入"选项卡，文本组选择"艺术字"，选择最后一行第三个艺术字样式，输入文字"新兴科技有限公司"并调整其字体、字号为"黑体，小初"。拖拽艺术字到页面适当位置。继续插入艺术字"2015"和"招聘"并进行样式、字体、字号的调整。

3.3.7　插入 SmartArt 图形

SmartArt 图形是信息和观点的视觉表示形式，多用于在文档中演示流程、层次结构、循环或者关系。SmartArt 图形包括列表、层次结构图、流程图、关系图、循环图、矩阵图、棱锥图和图片图，利用 SmartArt 工具可以制作出精美的文档图表。

3.3.7.1　插入 SmartArt 图形

插入 SmartArt 图形的步骤如下。

（1）单击"插入"选项卡中的"SmartArt"按钮，弹出"选择 SmartArt 图形"对话框，如图 3 – 46 所示。

图 3-46　"选择 SmartArt 图形"对话框

（2）从中选择一种图像样式，如选择左侧的"列表"，然后选择右侧图库中的"垂直框列表"，单击"确定"按钮，即可在文档中插入一个层次结构图。

（3）在图形上面单击鼠标输入文字，也可以在左侧的文本框中输入文字，输入文字后的效果如图 3-47 所示。

图 3-47　垂直框列表

3.3.7.2　修改和设置 SmartArt 图形

插入 SmartArt 图形之后，如果对图形样式和效果不满意，可以对其进行必要的修改。从整体上讲，SmartArt 图形是一个整体，但它是由图形和文字组成的。因此，Word 允许用户对整个 SmartArt 图形、文字和构成 SmartArt 的子图形分别进行设置和修改。

（1）增加和删除项目。一般的 SmartArt 图形是由一条一条的项目组成的，有些 SmartArt 图形的项目是固定不变的，而很多则是可以修改的。如果默认的项目不够用，可以添加项目。

（2）修改 SmartArt 图形的布局。SmartArt 图形的布局就是图形的基本形状，也就是在刚开始插入 SmartArt 图形的时候选择的图形类别和形状。如果用户对 SmartArt 图形的布局不满意，可以在"SmartArt 工具 - 设计"选项卡内的"布局"组中选择一种合适的样式。如在"布局"组中选择"垂直曲形列表"样式。

（3）修改 SmartArt 图形样式。在"SmartArt 工具 - 设计"选项卡内的"SmartArt 样式"组是动态的，它会随着插入的 SmartArt 图形的不同自动变化，用户从中可以选择合适的样式，如选择"中等效果"。

（4）修改 SmartArt 图形颜色。在"SmartArt 工具-设计"选项卡内单击"更改颜色"按钮，在下拉菜单中即可显示出所有的图形颜色样式，在颜色样式列表中即可选择合适的颜色，如选择彩色组的最后一个颜色样式。

（5）设置 SmartArt 图形填充。在"SmartArt 工具-格式"选项卡中单击"形状填充"按钮，弹出下拉菜单，用户可以通过其中的命令为 SmartArt 设置填充色、填充纹理或填充图片。

（6）设置 SmartArt 图形轮廓。在"SmartArt 工具-格式"选项卡内单击"形状轮廓"按钮，可以调整轮廓线的线形、粗细、颜色等，也可以选择"无轮廓"效果。

（7）设置 SmartArt 图形效果。在"SmartArt 工具-格式"选项卡内单击"形状效果"按钮，弹出下拉菜单，选择合适的效果即可。用户可以通过其中的命令为 SmartArt 图形设置阴影、映像、棱台、三维旋转效果。设置图形效果的方法与前面为图片、绘制的图形设置效果的方法基本相同。

（8）调整 SmartArt 图形中文字效果。在"SmartArt 工具-格式"选项卡的"艺术字样式"组，可以对 SmartArt 图形中的文字样式进行调整，文本的填充、轮廓和效果选项。其调整方法和艺术字相同。如图 3-48 所示为调整之后的 SmartArt 图形。

图 3-48　调整之后的列表

3.3.8　打印预览和打印

完成页面设置后可以利用打印预览功能观看打印效果，若无误就可以打印文档了。打印预览和打印文档需要选择"文件"列表中的"打印"命令，打开"打印"界面，如图3-49 所示。

（1）打印预览。图3-49 的右侧是当前"招聘海报"文档的打印预览效果。正式打印之前可以先进行打印预览，打印预览的效果和打印出的效果是一致的。因此可以通过打印预览找出文档设置的问题。

（2）打印相关设置。在打印之前需要对打印份数、打印范围、缩放等进行设置。具体设置方法如下：

1）打印按钮。所有打印选项设置好后，点击进行打印。

2）打印份数设置。份数微调框中的数值决定了打印份数，改变该数字进行打印份数的调整。

3）打印机下拉列表。默认显示用户所设置的默认打印机。展开该列表，显示了当前计算机所能够使用的所有打印机选项，用户可以根据选择来决定由哪台打印机来完成文档的打印工作。

　　4）设置列表。用来设置打印范围。打印当前页、其中几页还是整个文档。如果只打印文档中的部分页，要在页数文本框中指定页数，连续页以"－"分隔，不连续页以","分隔。如"1，3，5－12"指的是文档中的第 1 页、第 3 页以及 5 到 12 页需要打印。值得注意的是，这里的页号是文档中真实的顺序号，和用户指定的页码无关。

　　在这里还可以设置只打印奇数页或者偶数页，以实现人为的双面打印。

　　5）"单面打印"和"手动双面打印"的切换。一般选择单面打印，当有双面打印需要时，因为一般办公用打印机不能自动双面打印，需要按奇、偶页分别打印，期间需要手动重新进纸。

　　6）调整打印顺序。当需要打印多份时，是按照"1、2、3，1、2、3，1、2、3"的打印顺序还是"1、1、1，2、2、2，3、3、3"的打印顺序。

　　7）纸张大小、纸张方向、页边距的进一步调整。

　　8）每版打印页数。默认为 1 页，也可以根据情况进行调整，每版打印的页数越多，原文档缩小的越多，也可以在"缩放至纸张大小"命令中选择缩放的大小。如原文档是 A3 排版的，但打印时可以"缩放至纸张大小为 A4"。从而不必从新排版原文档而得到缩小版的打印效果。当然，如果原文档是 B5 的页面设置，打印时"缩放至纸张大小为 A4"，可以得到放大的打印效果。

图 3－49　"打印设置"界面

设计效果

本任务设计效果如图 3-50 所示。

图 3-50 招聘海报效果图

任务3.2所完成的简历，已经能够实现个人简历向用人企业进行自我简明扼要介绍的基本功能，但要在千篇一律的简历表中给用人企业以直观深刻的印象，还要从内容和排版上多下工夫，通过任务3.3的学习，我们能够将图形、图像、艺术字等元素应用到Word中。现在就应用这些元素来设计一份有特色的简历吧。

　　（1）新建文档，进行页面设置，纸张为"A3、横向"，页边距为"0"。

　　（2）设置页面背景颜色。

　　（3）插入形状，插入多个矩形作为简历条目背景。在"绘图工具－格式"形状样式中调整其填充颜色为同一色系深浅不一的颜色，注意颜色要与页面背景色协调。宽度设为统一的接近A4纸宽度。高度根据简历的各部分内容进行调整。

　　（4）插入形状，插入矩形，在"绘图工具－格式"形状样式中调整其填充颜色为白色，大小接近A4纸大小，覆盖页面的右半部分，作为简历内容的背景。

　　（5）插入形状，插入多个高度相同、宽度不同的"子弹头"形状，拖拽调整其宽度和高度，右键添加文字"基本信息"、"教育经历"、"工作经历"等，其填充颜色与第3条插入的矩形颜色统一。

　　（6）插入形状，插入粘贴照片处的矩形框，可设置为无填充、有边框的样式。

　　（7）插入文本框，文本框中输入具体的个人简历"基本信息"的内容，调整其文本格式为"宋体、小4"，字体颜色为黑色。用同样的方法将"教育经历"、"工作经历"等内容处也插入文本框，并填写完整。注意这几个文本框左侧要在同一垂直线上。

　　（8）插入图片，插入沈阳大学的logo图片，将该图片在Word中进行简单处理，按shift键拖拽调整其大小，在"图片工具－格式"下，进行删除背景和颜色的重新着色。

　　（9）插入图片，插入素材中的沈阳大学校园风景图片，在"图片工具－格式"选项卡中，通过裁剪和大小调整使其高度统一，宽度相近；在图片样式中选择第一项，并拖拽其控制柄进行图片旋转。通过"排列"组中的"上移一层"和"下移一层"调整其与logo图片的垂直位置关系。

　　（10）插入艺术字，插入"厚德重学，至诚至勤"的校训，并调整字体、字号和颜色。

任务3.4　课程设计排版

任务目标

- 掌握使用导航窗格的方法。
- 掌握长文档目录的插入与格式调整方法。
- 掌握分隔符的作用及使用方法。
- 掌握页眉、页脚、页码的设置方法。

任务描述

对于本科的毕业生来说毕业设计和毕业论文是综合考核学生大学四年学习成绩的一种普遍方式。毕业论文是对毕业设计过程完整严谨的描述，一篇完整的毕业论文由封面、摘要、关键字、目录、正文、结论、致谢和参考文献等多个部分构成。这次的任务就是为后续的课程设计、论述报告以及最后的毕业论文等长文档的排版做准备，结合前面的 Word 2010 文字段落排版、图文混排等知识点，完成毕业论文的排版工作。

知识链接

（1）大纲级别的设定。大纲级别是用于为文档中的段落设定等级结构的段落格式。共包含 1 级到 9 级，9 个级别，1 级最高，9 级最低。大纲级别的设定是文档导航和目录创建的基础。

（2）导航窗格的使用。导航窗格是一个完全独立的窗格，它由文档各个不同等级的标题组成，是从前期版本"文档结构图"演化来的。使用导航窗格可以快速在文档中进行定位。

（3）自动生成文档目录。以大纲级别为基础，Word 2010 可以为文档自动生成目录，生成后的目录可以随着论文内容的修改，方便快捷地进行更新。

（4）插入分隔符。Word 2010 提供了分页符、分节符、分栏符三种类型的分隔符。满足论文排版中的特殊需求。

（5）页眉、页脚、页码的插入。

（6）题注。题注是文档中给图片、表格、图表、公式等项目添加的名称和编号。在毕业论文等长文档排版的过程中使用题注功能可以保证文档中的图片、表格或图表等项目能够顺序地自动编号。当移动、插入或删除带有题注的项目时，其编号可以自动更新。

（7）脚注和尾注。脚注一般位于页面底端，说明要注释的内容；尾注一般位于文档结尾处，集中解释文档中要注释的内容或标注文档中所引用的其他文章的名称。

任务实施

3.4.1　设置大纲级别

大纲级别用于为文档中的段落指定等级结构（1～9 级）的段落格式。指定了大纲级别后，就可在大纲视图或导航窗格中处理文档。

（1）视图的切换。Word 文档默认的视图方式是页面视图，而大纲级别的设置需要在大纲视图中进行。因此，需要把视图方式从页面视图切换到大纲视图，选择"视图"选项卡，单击"文档视图"组中的"大纲视图"按钮，即可打开大纲视图，如图 3-51 所示。在"大纲工具"栏中可以看到当前文本的大纲级别情况。

图 3－51　大纲视图

（2）设置大纲级别。在大纲视图方式下就可以给章节标题设置恰当的大纲级别了。方法是单击每一个标题的任意位置或选中标题，在"大纲"选项卡下的"大纲工具"组中设置该标题的大纲级别。

设置大纲级别

➢ 打开"Word 任务 4\毕业论文排版前.docx"文档，切换到大纲视图。

➢ 把"摘要"的大纲级别设置为"1 级"。选中"摘要"两个字，在"大纲"选项卡下的"大纲工具"组中的大纲级别列表中选择"1 级"。

➢ 用同样的方法将正文中的章标题、结论、致谢和参考文献的大纲级别均设为"1 级"。将每一章的小节标题的大纲级别设为"2 级"。

大纲级别设置完成后，在"大纲工具栏"中选择合适的"显示级别"。在该任务中，由于最低的大纲级别为"2 级"的小节标题，因此选择"2 级"即可。此时大纲视图的显示效果如图 3－52 所示。

3.4.2　应用样式与格式刷

应用样式也是改变文档中段落大纲级别的常用方法。在"开始"选项卡的"样式"组中，可以给文档中不同级别的标题设定标题样式。"标题 1"对应大纲级别中的"1 级"，"标题 2"对应大纲级别中的"2 级"，以此类推。设定之前，首先要选中要设定标题级别的

图 3 – 52　显示级别为"2 级"的大纲视图

内容，如"摘要"，然后点击样式列表中的"标题 1"即可。如果对于默认标题样式中的字体、字号、对齐方式等排版不满意，可以清除样式，也可以随时调整或更换样式集。

对于同一级别的样式，设定好一个后，其他的标题可以应用格式刷，辅助完成设定。如：已将"摘要"设为"标题 1"，让光标停留在"摘要"所在行，双击"开始"选项卡"剪贴板"组中的格式刷按钮复制格式，可以多次地将"标题 1"的样式应用到正文中的章标题、结论、致谢和参考文献等其他地方。

3.4.3　使用导航窗格

对于长达几十页，甚至上百页的超长文档，要查看特定的内容可以使用 Word 2010 新增的"导航窗格"功能，该功能是以往版本"文档结构图"视图的延伸，方便用户在长文档中快速定位。"导航窗格"起作用的前提是设定好大纲级别或标题样式。

打开"导航窗格"的方法是：打开"视图"选项卡，对"显示"组中的"导航窗格"进行勾选，即可在 Word 2010 编辑窗口的左侧打开"导航窗格"。

（1）文档标题导航。文档标题导航是最简单的导航方式，使用方法也最简单，打开"导航"窗格后，单击"浏览你的文档中的标题"按钮，将文档导航方式切换到"文档标题导航"，Word 2010 会对文档进行智能分析，并将文档标题在"导航"窗格中列出，如图 3 – 53 所示。只要单击标题，就会自动定位到相关段落。

（2）文档页面导航。用 Word 编辑文档会自动分页，文档页面导航就是根据 Word 文档的默认页码进行导航的，单击"导航"窗格上的"浏览你的文档中的页面"按钮，将文档导航方式切换到"文档页面导航"，Word 2010 会在"导航"窗格上以缩略图形式列出文档分页，只要单击分页缩略图，就可以定位到相关页面查阅。

图 3-53　文档标题导航

（3）关键字（词）导航。除了通过文档标题和页面进行导航，Word 2010 还可以通过关键字（词）导航。单击"导航"窗格上的"浏览你当前搜索的结果"按钮，然后在文本框中输入关键字（词），"导航"窗格上就会列出包含关键字（词）的导航链接，如图3-54 所示。单击这些导航链接，就可以快速定位到文档的相关位置。

（4）特定对象导航。一篇完整的文档，往往包含图形、表格、公式、批注等对象，利用 Word 2010 的导航功能可以快速查找文档中的这些特定对象。单击搜索框右侧放大镜后面的▼，选择"查找"栏中的相关选项，就可以快速查找文档中的图形、表格、公式和批注。

3.4.4　自动生成文档目录

目录的作用就是列出文档中的各级标题以及每个标题所在的页码。使用目录有助于用户迅速了解整个文档的内容，并且能够很快地查找到自己所需要的信息。

3.4.4.1　插入目录

利用大纲级别或样式设置好文档结构之后，就可以根据文档结构中标题的级别和对应的页码为文档自动生成目录了。自动生成目录的步骤如下。

（1）将插入点定位到需要插入目录的位置。

（2）打开"引用"选项卡，找到"目录"组中的"目录"按钮。

（3）单击"目录"按钮，打开"目录"集，如图3-55 所示。

图3-54　关键字导航

图3-55　目录集列表

（4）在"目录"集中单击"插入目录"选项，打开"目录"对话框。

（5）在"目录"对话框中进行设置，勾选"显示页码"和"页码右对齐"复选框，在"打印预览"下查看目录显示效果，如图 3-56 所示。

图 3-56　"目录"对话框

（6）单击"选项"按钮，设置目录选项。在打开的"目录选项"对话框中进行设置，设置目录级别为 2 级，将对应的目录级别 3 删除，并单击"确定"按钮。

（7）返回"目录"选项卡，可以看到"打印预览"中只包含了 1 级目录和 2 级目录。单击"修改"按钮，为目录设置合适的样式。

（8）在打开的"样式"对话框中，选择"目录 1"，在"预览"中可以查看"目录 1"当前的默认样式为"宋体""五号""加粗"等。单击"修改"按钮修改"目录 1"的样式。

（9）在打开的"修改样式"对话框中可以为目录设置字体和段落的样式。

（10）使用相同的方法为"目录 2"设置样式。设置完毕后，可在"目录"选项卡中预览目录的效果。单击"确定"按钮，在文档插入点自动生成目录。

插入目录

➤ 打开"Word 任务 4\毕业论文排版前.docx"文档，将光标定位在摘要之前一页。

➤ 执行"引用"选项卡上"目录"组"目录"命令列表中的"插入目录"命令。

➤ 在"目录"对话框中进行设置，显示级别为 2 级，格式为"正式"。

➤ 调整目录的字体和段落排版。

3.4.4.2　更新目录

插入目录以后，用户如果需要对文档进行编辑修改，那么目录标题和页码都有可能发生变化，此时必须对目录进行更新，以便用户可以进行正确的查找。Word 2010 提供了自动更新目录的功能，使用户不需手动修改目录。更新目录主要有以下两种方法。

（1）选中目录，打开"引用"选项卡，在"目录"组中单击"更新目录"按钮，打开"更新目录"对话框，如图 3 - 57 所示。在"更新目录"对话框中选择，若文档的章节标题没有变化，只需要更新目录的页码，则选择"只更新页码"；否则，选择"更新整个目录"。单击"确定"按钮，即可完成目录的更新。

图 3 - 57　"更新目录"对话框

（2）选中目录，在目录上单击右键，在弹出的快捷菜单中单击"更新域"命令，打开"更新目录"对话框。在"更新目录"对话框中进行设置，即可完成目录的更新。

更新目录

➤ 此部分内容在分节和插入页码之后完成。

➤ 选中目录，在目录上单击右键，在弹出的快捷菜单中单击"更新域"命令，因为分节后页码发生了变化，正文内容没变，只需要更新目录的页码，在两个选项中选择"只更新页码"。

3.4.5　插入分隔符

3.4.5.1　插入分节符

分节符是指为表示节的结尾而插入的标记。文档的页面设置是以小节为单位的，不同节可以进行不同的纸张大小、方向、页边距、页眉页脚等设置。在论文排版过程中、封皮、任务书、目录页和正文的页面设置并不完全相同，因此要在页面设置之前先在文档的恰当位置进行分节设置。

分节符包含节的格式设置元素，如页边距、页面的方向、页眉和页脚以及页码的顺序。分节符共有 4 种类型，下一页、连续、奇数页和偶数页。

（1）"下一页"：插入一个分节符，新节从下一页开始。分节符中的"下一页"与分页符的区别在于前者分页又分节，而后者仅仅起到分页的效果。

（2）"连续"：插入一个分节符，新节从同一页开始。

（3）"奇数页"或"偶数页"：插入一个分节符，新节从下一个奇数页或偶数页开始。

插入分节符的步骤如下：

（1）将插入点定位到需要分页的内容后。如"目录"页后，"摘要"页前。

（2）打开"页面布局"选项卡，单击"分隔符"按钮，如图 3 - 58 所示，在弹出菜单中单击"分节符"中的"下一页"选项，此时即可在插入点处对论文进行分节。

图3-58　"分隔符"列表

对论文进行分节
> 将光标定位在首页下方。
> 打开"页面布局"选项卡，单击"分隔符"按钮，在弹出菜单中单击"分节符"中的"下一页"选项。
> 用同样的方法分别在论文的"任务书""目录"页面之后进行相同的分节处理，将论文划分为"封面""任务书""目录""正文"4节。

分节符起着分隔其前面文本格式的作用，如果删除了某个分节符，它前面的文字会合并到后面的节中，并且采用后者的格式设置。

3.4.5.2　插入分页符

分页符是分页的一种符号，在上一页结束以及下一页开始的位置。Word 2010 中可插入一个"自动"分页符（或软分页符），也可以插入"手动"分页符（或硬分页符），在指定位置强制分页。在草稿视图下，分页符是一条虚线，又称为自动分页符。在页面视图下，分页符是一条黑灰色宽线，鼠标指向并单击后，变成一条黑线。如图3-59所示，在草稿视图下可以看到"自动"分页符、插入的"手动"分页符和插入的分节符。

插入分页符的步骤如下：

（1）将插入点定位到需要进行分页的文本之后。

（2）打开"页面布局"选项卡，单击"分隔符"按钮，在弹出的菜单中单击"分页符"中的"分页符"选项，此时即可在插入点处对论文进行分页。

对论文正文进行分页
> 将光标定位在论文摘要页末尾。
> 打开"页面布局"选项卡，单击"分隔符"按钮，在弹出菜单中单击"分页符"中的"分页符"选项。
> 用同样的方法分别在论文正文每一章的结尾页插入分页符。

图 3-59 草稿视图下的分隔符

3.4.6 页眉和页脚的应用

页眉和页脚是指在每一页顶部和底部的注释性文字或图形，通常显示文档的附加信息，常用来插入时间、日期、页码、单位名称、徽标等，页眉也可以添加文档注释等内容。其中，页眉在页面的顶部，页脚在页面的底部。

页眉和页脚不是随文本输入的，而是通过命令设置的。页眉、页脚只能在页面视图和打印预览方式下看到。

（1）插入页眉和页脚。打开"插入"选项卡，在"页眉和页脚"组中单击"页眉"或"页脚"按钮。在"页眉"编辑窗口中输入页眉文字，在"页脚"编辑窗口中输入页脚文字。

单击"页眉页脚工具-设计"选项卡下"关闭"组中的"关闭页眉页脚"按钮，完成设置并返回文档编辑区域。也可以通过鼠标双击"文本编辑区域"退出页眉页脚编辑状态。

（2）修改和删除页眉与页脚。要删除插入的页眉或页脚，只要双击鼠标左键，选定内容按 Del 键即可。修改页眉和页脚，只要双击页眉和页脚区域，进入页眉和页脚编辑区，再对其内容进行修改即可。

（3）页眉和页脚的高级应用。

1）设置奇偶页不同的页眉。如果毕业论文的格式设定中要求为奇偶页进行不同的页眉设置，如同我们的教材一样，可以通过如下步骤完成：

①将插入点定位在论文"正文"开始的页面上，并打开"插入"选项卡，单击"页眉"按钮，在下拉列表中选择"空白"选项，如图3-60所示。

图3-60 插入页眉

②打开"页眉和页脚工具-设计"选项卡，在"选项"组中勾选"奇偶页不同"复选框，如图3-61所示。

③切换至论文"正文"第1页的页眉区域，输入奇数页页眉内容，在第2页的页眉区域输入偶数页页眉内容。同时可以在"开始"选项卡中的"字体"组中设置其字体格式。可以看到正文所有页面均产生了所设置的页眉。

图3-61 "选项"组

④返回论文"封面"的页眉区域，在"选项"组中勾选"首页不同"复选框，即可去掉封面的页眉。

⑤返回"摘要"的页眉区域，在"选项"组中勾选"首页不同"复选框，并在"导航"组中取消"链接到前一条页眉"，这样可以保证相邻节之间的页眉修改不会相互影响。

2）设置与前一节不同的页码。在完成毕业论文时，往往要求页码从正文开始。要完成这个要求，需要把页脚设置成"与前一节不同的页码"，完成这个任务的具体步骤如下：

①把光标定位到论文"正文"的第一页的页脚区域中，找到"页眉页脚工具-设计"选项卡下的"导航"组，在"导航"组中单击取消"链接到前一页页眉"。

②单击"页眉和页脚"组中的"页码"按钮，在下拉列表中单击"页面底端"选项，在下拉列表中选择"普通数字 2"选项，此时将重新插入页码。

③单击"页眉和页脚"组中的"页码"按钮，在下拉列表中选择"设置页码格式"选项，弹出"页码格式"对话框，修改该对话框中"页码编号"选项，选择"起始页码"并设置其值为"1"，如图 3-62 所示。

图 3-62 "页码格式"对话框

在论文中插入页眉和页码

➤ 给正文插入页眉。

■ 将插入点定位在论文"正文"开始的页面上，并打开"插入"选项卡，单击"页眉"按钮，在下拉列表中选择"空白"选项。

■ 打开"页眉和页脚 - 设计"选项卡，在"选项"组中勾选"奇偶页不同"复选框。

■ 在论文"正文"第 1 页的页眉区域，输入"*********大学毕业设计"，在第 2 页的页眉区域输入论文题目"游戏网设计"。并在"开始"选项卡中的"字体"组中设置其字体格式为"宋体、小四、加粗"。

■ 在"导航"组中取消"链接到前一条页眉"。

➤ 给目录页插入页码。

■ 页码单击"页眉和页脚"组中的"页码"按钮，在下拉列表中单击"页面底端"选项，在下拉列表中选择"普通数字 2"选项。

■ 单击"页眉和页脚"组中的"页码"按钮，在下拉列表中选择"设置页码格式"选项，弹出"页码格式"对话框，修改该对话框中"编号格式"为罗马字符。

■ 在"导航"组中取消"链接到前一条页眉"。

➤ 给正文插入页码。用同样的方法给正文的页脚加上"编号格式"为"1，2，3……"的页码。

3.4.7　为图片和表格设置题注

很多文档特别是论文中都包含图片、表格或图表，在插入图片、表格或图表之后，需要为其加上相应的编号和名称。编号和名称可以使图片、表格和图表的说明更加清晰、直观，但因为论文等长文档的编写并不是一气呵成的，在多次修改的过程中难免会发生图片、表格的增删情况，这使得手动修改编号带来了额外的工作量。Word 2010 中的题注功能可以很好地解决这个问题。

（1）插入题注。插入题注之后，需要对图片、表格等项目的编号进行修改时，题注可以自动更新。插入题注的具体步骤如下：

1）选中需要插入题注的图片，单击"引用"选项卡中的"题注"组的"插入题注"按钮，打开"题注"对话框。

2）在"题注"对话框中，"题注"一栏显示的即是插入题注后的内容，当前显示的是默认的"Figure 1"。如果觉得默认的这几种标签类型不合适，可单击"新建标签"按钮，在"新建标签"对话框中创建所需要的标签，如图 3-63 所示。

图 3-63　在"题注"对话框中新建标签

3）设置编号。单击"编号"按钮，打开"题注编号"对话框，从中选择需要的题注格式，可以设置编号样式，默认编号样式是数字"1，2，3……"。

（2）更新题注。题注设置完毕后，若需要插入新的图片、表格或其他项目，原题注的编号都可以快速自动更新。自动更新的方法是选中需要更新的题注，单击鼠标右键，在快捷菜单中选择"更新域"，即可对题注进行更新。

3.4.8　添加脚注和尾注

脚注一般位于页面底端，说明要注释的内容；尾注一般位于文档结尾处，集中解释文档中要注释的内容或标注文档中所引用的其他文章的名称。

（1）插入脚注或尾注。

1）选择要插入脚注或尾注的文字。

2）单击"引用"选项卡"脚注"组中的"插入脚注"或"插入尾注"按钮，或者可以单击"脚注"组中的对话框启动器，打开"脚注和尾注"对话框，如图 3-64 所示。在"脚注和尾注"对话框中设置脚注或尾注的位置、编号格式、起始编号、编号是否连续等内容。

图 3 - 64 "脚注和尾注"对话框

（2）脚注与尾注的转换。添加的脚注和尾注之间可以相互转换，转换的具体步骤如下：

1）在"脚注和尾注"对话框中，单击"转换"按钮，打开"转换注释"对话框。

2）从中选择合适的选项，单击"确定"按钮即可完成脚注和尾注间的转换。

在"转换注释"对话框中为用户提供了三个选项，分别是"脚注全部转换成尾注"，功能是将文档中的所有脚注全部转换成尾注；"尾注全部转换成脚注"，功能是将文档中的所有尾注全部转换成脚注；"脚注和尾注相互转换"，功能是将文档中的所有脚注转换成尾注、所有尾注转换成脚注。

（3）删除脚注或尾注。在文档中要删除脚注或尾注时，需要删除文档窗口中的注释引用标记，而非注释中的文字。如果删除了一个自动编号的注释引用标记，Word 会自动对注释进行重新编号。删除脚注或尾注的方法有以下两种：

1）在文档中选中要删除的脚注或尾注的引用标记，然后按 Delete 键或退格键，即可删除所选中的脚注或尾注。

2）把光标定位到要删除的脚注或尾注的引用标记之后，然后按两下退格键，也可删除脚注或尾注。

3.4.9 插入数学公式

对于理工类专业的学生，在编辑有关自然科学的文章或整理试卷时，经常需要使用各种数学公式、数学符号等。在 Word 2010 中提供了方便的公式编辑方式，其中有多个内置的公式可以直接插入，如二次公式、勾股定理等，也可以使用"插入新公式"命令编制所需的新公式。

（1）利用内置公式插入数学公式具体步骤如下：

1）单击"插入"选项卡下"符号"组中的"公式"按钮，打开如图 3 - 65 所示的数学公式列表。

图 3-65　公式命令列表

2）在数学公式列表中选择需要的公式，在文本插入点会出现所选的公式，此时只需用鼠标单击公式中需要更改的字符，字符显示灰色就可根据需要对其重新编辑。

（2）插入新的公式。若需要的公式在内置公式中没有，可以利用"插入新公式"命令插入数学公式，具体步骤如下：

1）单击"插入"选项卡下"符号"组的"公式"中的"插入新公式"命令，在文本编辑区的插入点处会出现一个空的公式编辑框。

2）选中该公式编辑框，在选项卡标签中会出现公式工具的"设计"选项卡，如图3-66所示。利用"设计"选项卡的各组工具设置数学公式。

图 3-66　"公式工具-设计"选项卡

3）公式编辑完成后，在 Word 文档空白处单击即可返回。

4）数学公式插入完成后，若要修改公式，只需单击公式，即可打开"公式工具"功能区中的"设计"选项卡，进行相应的修改。

设计效果

本任务的设计效果如图 3-67 所示。

游戏网设计

1 网站需求分析

1.1 前期市场调研

随着人民生活的不断改善和生活水平的不断提高, 目前娱乐化、休闲化的网上业务越来越有市场。网络游戏从 2000 年开始起发展一路攀升, 2006 年则可以称为网络游戏大发展年。而且据初步估计, 2007 年这两个业务的市场规模在 50 亿元左右, 它们在成为运营商收入增长点的同时, 还会带动相关产业的发展。

由于网络游戏市场潜力大、发展前景光明, 政府开始介入这一百姓需求大的领域。据悉, 中国民族网络游戏出版工程将在 5 年内出版 100 种大型民族网络游戏, 总投资预计超过 3 亿元。信息产业部已将网络游戏通用引擎研究及示范产品纳入国家 "863 计划", 这是中国首次将网络游戏技术纳入国家科技计划。文化部也向国内 12 家在网络游戏业的实力厂商首批颁发了《网络文化经营许可证》, 将把网络游戏纳入现代服务业并加以扶持。政府态度和政策都是一种信号, 表明 2005 年对本土网络游戏的扶持力度将加大; 为网络游戏发展创造了良好的政策环境。在设计游戏网站时仔细研究了成功的一些游戏网站, 记录了各大网站在游戏管理方面

4

（a）　　　　　　　　　　　　　　（b）

图 3-67　论文排版效果

（a）目录；（b）正文

在本次任务中, 我们完成了一篇理工类论文的排版工作, 现在还有一篇文科类论文, 请根据要求完成排版工作。

（1）通过标题样式的套用完成论文的导航。

（2）为论文自动生成目录。目录生成至大纲级别 2 级, 目录排版要求 "宋体、小四, 间距 20 磅"。

（3）分节设置。将论文分为三节, 封面、目录、正文。

（4）分页设置。将正文部分每一章（包括摘要、结论、参考文献等）末尾处插入分页符。

（5）页眉设置。正文部分设置奇偶页不同的页眉, 奇数页页眉为 "沈阳大学毕业论文", 偶数页页眉为毕业论文题目。

（6）页脚设置。正文部分设置奇偶页不同的页脚，奇数页页码在底部右侧，偶数页页码在底部左侧。页码格式为"1，2，3……"。

（7）题注设置。为论文中的用图和表格设置题注，图注位于图片下方，格式为"图1，图2，图3……"，表注位于表格上方，格式为"表1，表2，表3……"，字体字号为"宋体、小五"。

 综合训练

项目通过 4 个实训任务由浅入深地讲述了简单文档编辑与格式设置、表格在文档中的应用、文档的美化与图文混排、Word 2010 中常用工具的使用以及长篇文档编辑的技巧，从内容上基本满足了日常工作、学习的使用。

现在请你根据项目中所学到的知识技能完成一项 Word 2010 应用的综合训练任务，任务要求具体如下：

结合你所学习的专业，设计并制作一本专业宣传杂志。主要包括专业介绍、课程设置、实习实训等专业培养部分以及寝室生活、文体活动、社团活动等校园文化生活部分。

（1）杂志封面设计。

（2）杂志目录生成。

（3）各组成栏目的图文混排。主要构成元素有文字、艺术字、自选图形、图片、表格、图表、脚注等。

（4）页眉、页脚及页码的设计。

（5）封底设计。

项目4 Excel 2010电子表格应用

Excel 2010 是 Microsoft 公司开发的 Offices 2010 办公软件的组件之一，无论是软件本身的易用性还是功能都比以前的版本好。确切地说，Excel 2010 是一个电子表格软件，可以用来制作多种电子表格，完成许多复杂的数据运算，进行数据的分析和预测，并且具有强大的制作图表功能。通过完成本项目的各项训练任务，能够掌握单元格的操作技巧，工作表的编辑、管理、打印，公式、函数、图表的使用方法，以及数据清单的管理等方面的内容。

 教学目标

- 熟练掌握 Excel 2010 工作簿和工作表的基本操作。
- 熟练掌握在 Excel 2010 工作表中进行数据的录入与编辑。
- 熟练掌握 Excel 2010 中公式和函数在表格数据计算中的使用。
- 熟练掌握 Excel 2010 工作表中数据的排序、筛选和分类汇总。
- 熟练掌握 Excel 2010 电子表格的打印排版输出。
- 掌握 Excel 2010 中图表的创建与排版。

 项目实施

任务 4.1　创建学生基本信息表

任务目标

- 掌握 Excel 2010 工作表的基本操作。
- 掌握电子表格中数据的输入方法。
- 熟练掌握单元格的基本操作及格式的设置方法。
- 熟练掌握单元格样式和套用表格样式的方法。
- 掌握条件格式的用法。

任务描述

入学以后，为了方便班级学生的管理工作，辅导员老师要求每个班级建立自己的学生基本信息表，并给出了所需要的格式要求，这个任务就交给了初学 Excel 的你，请你根据要求完成班级数据的录入并进行简单的排版。

知识链接

（1）熟悉 Excel 2010 的工作界面。Excel 2007 版本开始取消了旧版本的菜单操作方式，并以功能区取而代之，Excel 2010 版使这种功能区的设计更加完善，用户操作起来所见即所得，更加方便。

（2）熟悉单元格、活动单元格、行、列、工作表、工作簿等概念。

（3）数据的录入与编辑。选定单元格的方法，单元格中的数据类型，在单元格中填充、移动、复制、修改、删除数据。

（4）添加（删除）单元格、行或列。在 Excel 中添加（删除）单元格、行或列会造成单元格、行或列位置的变化。

（5）单元格格式。在 Excel 中对于相同数据类型的数据，在不同的应用场合，会有不同的表现形式，如数字"0.5"也可表现为分数的"1/2"。

（6）单元格对齐方式。单元格的对齐方式是指单元格中的文本和数据的内容相对单元格上、下、左、右的位置。在 Excel 中不同的数据类型拥有不同的默认对齐方式，也可以根据需要调整单元格的对齐方式。

（7）单元格字体格式。为了使工作表美观鲜明重点突出，需要对不同的单元格设置不同的字体。字体设置主要包括字体选用、字号大小、颜色、加粗、斜体、特殊效果等。

（8）单元格边框和底纹。单元格或者单元格区域的背景和边框的设置。

（9）单元格样式。单元格的样式就是事先设计好并命名保存的一组设置，包括单元格字体、对齐方式及边框底纹等方面。Excel 2010 将样式直接提供给用户进行套用，方便表格的排版美化。单元格样式也可以进行自定义调整。

（10）套用表格格式。Excel 2010 中提供了 60 种表格样式给用户的工作表套用选择，节约整张工作表排版时间。用户在套用过程中可以根据需要进行局部调整。

（11）设置条件格式。条件格式功能是为了根据用户所提供的特殊条件来快速改变工作表中符合条件的单元格数据的格式以突出显示这部分数据。

任务实施

4.1.1 创建工作表

4.1.1.1 熟悉 Excel 2010 的工作界面

首先要启动 Excel 2010，与 Word 的启动与退出操作类似，启动 Excel 后即可看到 Excel 2010 的工作界面，其工作界面由"文件"选项卡、快速访问工具栏、标题栏、功能区、编辑栏、垂直（水平）滚动条、状态栏、工作表格区等组成，工作界面如图 4-1 所示。

图 4 - 1　Excel 2010 工作界面

（1）"文件"选项卡。单击 Excel 2010 工作界面左上角的"文件"选项卡，可以运用其中的新建、打开、保存等命令来操作 Excel 文档。它为用户提供了一个集中的位置，便于用户对文件执行所有操作，包括共享、打印或发送等。切换到文件选项卡后，Excel 工作簿将转到后台运行。

（2）快速访问工具栏。Excel 2010 的快速访问工具栏是一个自定义工具栏，其中显示了最常用的命令，方便用户使用。单击快速访问工具栏中的任何一个选项，都可以直接执行其相应的功能。默认的常用快速访问工具栏有"保存"、"撤销"、"恢复"等，如果用户想定义自己的快速访问工具栏，可以单击快速访问工具栏右边的小三角，弹出"自定义快速访问工具栏"下拉菜单，在菜单中把需要添加的工具按钮前面的对号选中，即可被添加到快速访问工具栏上。如果需要删除某个工具按钮，直接将其前面的对号去掉即可。

（3）标题栏。标题栏位于窗口的顶部，显示应用程序名和当前使用的工作簿名。对于新建立的 Excel 文件，用户所看到的文件名是"工作簿 1"，这是 Excel 2010 默认建立的文件名。标题栏的最右端是控制按钮，单击控制按钮，可以最小化、最大化（还原）或关闭窗口。

（4）功能区。Excel 2010 中，传统菜单和工具栏已被选项卡所取代，这些选项卡可将相关命令组合到一起，用户可以轻松地查找以前隐藏在复杂菜单和工具栏中的命令和功能。并且，通过 Office 2010 中改进的功能区，可以自定义选项卡和组或创建自己的选项卡和组以适合自己独特的工作方式，从而可以更快地访问常用命令，另外还可以重命名内置选项卡和组或更改其顺序。

默认情况下，Excel 2010 的功能区中包含"开始"、"插入"、"页面布局"、"公式"、"数据"、"审阅"、"视图"七张选项卡。每张选项卡根据功能不同又分为若干选项组，具体如下：

"开始"选项卡。包括剪贴板、字体、对齐方式、数字、样式、单元格和编辑 7 个组，主要用于帮助用户对 Excel 2010 表格进行文字编辑和单元格的格式设置，是用户最常用的功能区。

"插入"选项卡。包括表、插图、图表、迷你图、筛选器、链接、文本和符号几个组，主要用于在 Excel 2010 表格中插入各种对象。

"页面布局"选项卡。包括主题、页面设置、调整为合适大小、工作表选项、排列几个组，用于帮助用户设置 Excel 2010 表格页面样式。

"公式"选项卡。包括函数库、定义的名称、公式审核和计算几个组，用于实现在 Excel 2010 表格中的各种数据计算。

"数据"选项卡。包括获取外部数据、连接、排序和筛选、数据工具和分级显示几个组，用于在 Excel 2010 中进行数据处理相关的操作。

"审阅"选项卡。包括校对、中文简繁转换、语言、批注和更改 5 个组，主要用于对 Excel 2010 表格进行校对和修订等操作，适用于多人协作处理 Excel 2010 表格数据。

"视图"选项卡。包括工作簿视图、显示、显示比例、窗口和宏几个组，用于帮助用户设置 Excel 2010 表格窗口的视图类型以方便操作。

（5）编辑栏。在功能区的下方一行就是编辑栏，编辑栏的左端是名称框，用来显示当前选定单元格或图表的名字，编辑栏的右端是数据编辑区，用来输入、编辑当前单元格或单元格区域的数学公式等数据。当一个单元格被选中后，可以在编辑栏中直接输入或编辑该单元格的内容。随着活动单元数据的输入，复选框被激活，在框中有"取消"按钮"✖"，表示放弃本次操作，相当于按 ESC 键；"确认"按钮"✔"，表示确认保存本次操作；"插入函数"按钮"*fx*"用于打开"插入函数"对话框。

（6）状态栏与视图切换。状态栏位于窗口底部，用来显示当前工作区的状态。Excel 2010 支持三种视图，分别为"普通"视图、"页面布局"视图与"分页预览"视图，单击 Excel 2010 窗口右下角的"▦▯▥"按钮可以切换视图。"100% ⊖ ⎯⎯⎯ ⊕"用了调整当前工作表的显示比例。

（7）工作区。工作区窗口是 Excel 工作的主要窗口，启动 Excel 所见到的整个表格区域就是 Excel 的工作区窗口。

4.1.1.2　工作表的基本操作

Excel 和 Word 的新建、打开、保存方法都基本一样，在新建并打开一个 Excel 文件后，默认情况下一个工作簿包含 3 张工作表，根据需要，用户可以插入或删除工作表，重命名、切换、移动、复制工作表。

A　Excel 中的几个基本概念

（1）工作簿：在 Excel 中，一个工作簿就是一个 Excel 文件，它是工作表的集合体，工作簿就像日常工作的文件夹。一张工作簿中可以放多张工作表，但是最多只能放 255 张工作表。

（2）工作表：工作表是显示在工作簿窗口中的表格，是工作簿文件的基本组成部分。每张工作表都以标签的形式排列在工作簿的底部，Excel 工作表是由行和列组成的一张表格，行号用数字 1、2、3、4 等来表示，列号用英文字母 A、B、C、D 等表示。

工作表是数据存储的主要场所，一个工作表可以由 1048576 行（2^{20} 行）和 16384 列

（2^{14}列）构成。当需要进行工作表切换的时候，只需要用鼠标单击相应的工作表标签名称即可。

（3）单元格：行和列交叉的区域称为单元格。是 Excel 工作表中的最小单位，单元格按所在的行列交叉位置来命名，命名时列号在前、行号在后，如单元格"B6"。单元格的名称又称为单元格地址。

B 工作表的新建与保存

（1）新建工作簿。启动 Excel 2010 时，系统自动新建一个名为"工作簿 1"且包含 3 个空白工作表 Sheet 1、Sheet 2、Sheet 3 的工作簿。继续创建新的工作簿可使用以下三种方法。

方法一：单击"文件"选项卡，然后单击"新建"命令，弹出"可用模板"窗格，在"可用模板"下，单击"空白工作簿"，如图 4 - 2 所示，创建一个空白工作簿，或根据需要选择"最近打开的模板"等选项，单击"创建"按钮即可。

方法二：单击快速访问工具栏的"新建"按钮，直接弹出一个新的空白工作簿，即完成了新工作簿的创建工作。

方法三：使用快捷键 Ctrl + N，直接弹出一个新的空白工作簿。

图 4 - 2　新建空白工作簿

（2）工作簿的打开。启动 Excel 后可以打开一个已经建立的工作簿文件，也可同时打开多个工作簿文件，最后打开的工作簿位于最前面。打开工作簿可使用以下四种方法。

方法一：单击"文件"选项卡下的"打开"命令，弹出"打开"对话框，选择目标文件所在的位置，单击"打开"按钮，或者双击该文档，即可打开。

　　方法二：单击快速访问工具栏的"打开"按钮，弹出"打开"对话框，选择目标文件所在的位置，单击"打开"按钮，或者双击该文档，即可打开。

　　方法三：使用快捷键 Ctrl + O，弹出"打开"对话框，选择需要打开的文件即可。

　　方法四：如果要打开最近使用过的工作簿，在"文件"菜单下"最近使用过的文件"菜单中会弹出所有最近使用的文件列表，单击选择要打开的文件名即可。

　　（3）工作簿的保存。工作簿在编辑后需要保存，可使用以下三种方法。

　　方法一：单击"文件"，在弹出的子菜单下选择"保存"选项。

　　方法二：单击快速访问工具栏的"保存"按钮。

　　方法三：使用快捷键 Ctrl + S。

　　无论采用哪种保存方式，在第一次保存某文件时，都会弹出"另存为"对话框，首先选择文件保存的位置，然后在"文件名"框中输入工作簿的名称，在"保存类型"列表中，选择"Excel 工作簿（ * . xlsx）"，". xlsx"是 Excel 2010 工作簿文件的扩展名，如果想保存为低版本的格式选择"Excel97 – 2003 工作簿（ * . xls）"，最后单击"保存"按钮。如果直接单击"文件"菜单下的"另存为"子菜单命令，则可以将当前文件另存为另一个新文件。

　　（4）工作簿的关闭。关闭工作簿文件有以下四种方法。

　　方法一：单击"文件"选项卡上的"关闭"命令。

　　方法二：单击工作簿窗口右上角的"关闭"按钮" "。

　　方法三：双击工作簿窗口左上角"控制菜单"图标，或者单击工作簿窗口左上角"控制菜单"图标" "。

　　方法四：单击该文档，使其成为当前文档，按 Alt + F4 组合键。

　　如果当前工作簿文件是新建的，或当前文件已被修改尚未存盘，系统将提示是否保存修改。单击"保存"按钮，存盘后退出；单击"不保存"按钮，则被认为放弃修改，不存盘退出；单击"取消"按钮，取消关闭任务，返回原工作簿编辑状态。

新建工作簿
➢　采用前面讲述的方法一创建一个空白工作簿。
➢　保存该工作簿到"excel\任务一"中并命名为"学生基本信息 . xlsx"

　　C　工作表的插入和删除

　　（1）插入工作表。

　　方法一：在"开始"选项卡下，单击"单元格"组中的"插入"按钮，在弹出的列表里选择"插入工作表"，如图 4 – 3 所示。

　　方法二：单击工作表标签右侧的新建工作表按钮" "，这也是最常用的方式。

　　（2）删除工作表。

　　方法一：在"开始"选项卡下，单击"单元格"组中的"删除"按钮，在弹出的列表里选择"删除工作表"，如图 4 – 4 所示。

　　方法二：右击要删除工作表的标签，从弹出的快捷菜单中选择"删除"命令即可。

图 4-3　插入命令列表　　　　　　图 4-4　删除命令列表

D　工作表标签的设置

工作表标签上标注了工作表的名称，当前工作表显示在最前方，其标签高亮度显示，用户通过单击工作表标签在工作表之间进行切换。

（1）工作表的重命名。

方法一：选择要更名的工作表，执行"开始"选项卡"单元格"组中的"格式"命令，在弹出的下拉菜单中选择"重命名工作表"，如图 4-5 所示，进入编辑状态，输入新的工作表名称。

方法二：右击要更名的工作表标签，从弹出的快捷菜单中选择"重命名"选项，然后输入新的工作表名称。

方法三：双击要更名的工作表标签，然后输入新的工作表名称。这是最常用的方式。

（2）更改工作表标签的颜色。

方法一：在要修改的工作表标签上右击，选择"工作表标签颜色"命令，在弹出的"主题颜色"列表中进行颜色的设置。

方法二：选择要修改的工作表，执行"开始"选项卡"单元格"选项组中的"格式"命令，在弹出的下拉菜单中选择"工作表标签颜色"命令，在弹出的"主题颜色"列表中进行颜色的设置。

E　工作表的移动、复制

为了提高编辑效率，对于结构完全或者大部分相同的工作表来说，常常需要移动、复制等操作。工作表的移动和复制方法类似，具体有如下三种方法：

方法一：首先选择要移动的工作表标签，单击"开始"选项卡"单元格"组中的"格式"命令，打开如图 4-5 所示的下拉菜单，选择"移动或复制工作表"命令，打开"移动或复制工作表"对话框，在"下列选定工作表之前"列表框中选择要移动到的位置，单击确定按钮完成工作表的移动。如果勾选"建立副本"复选框，则完成的是复制操作。

图 4-5　单元格格式列表

　　方法二：右击工作表标签，在弹出的快捷菜单中选择"移动或复制工作表"选项，打开"移动或复制工作表"对话框，剩余操作同方法一。

　　方法三：在同一个工作簿中，选定目标工作表，按住鼠标左键同时按下 Ctrl 键不放向左、右拖动，拖至目标位置后释放鼠标，此时可以看到目标工作表被复制。

移动复制工作表

➢ 在新建的工作簿"学生基本信息表．xlsx"中可以看到 sheet1、sheet2、sheet3 三张工作表，在工作表标签上单击右键，执行"删除"命令将工作表 sheet1、sheet2 删除。

➢ 执行"文件"下的"打开"命令，打开工作簿"excel\任务一\学生基本信息表－来源表．xlsx"。

➢ 在"学生基本信息表－来源表．xlsx"中将工作表"11 计应"作为当前工作表，执行"开始"选项卡"单元格"组中的"格式"命令列表中的"移动或复制工作表"命令，打开对话框"移动或复制工作表"，在"将选定工作表移至工作簿"列表中选择工作簿"学生基本信息表．xlsx"，并勾选"建立副本"复选框。

➢ 用同样的方法将"学生基本信息表－来源表．xlsx"中工作表"12 计应"也复制到工作簿"学生基本信息表．xlsx"。

➢ 双击工作表标签"sheet3"，将工作表"sheet3"重命名为"13 计应"。

➢ Ctrl + S 保存工作簿。

　　F　工作表的拆分与冻结

　　（1）工作表的拆分。

　　拆分工作表是把当前工作表窗口拆分成几个窗格，每个窗格都可以使用滚动条来显示工作表的各个部分。使用拆分窗口可以在一个文档窗口中查看工作表的不同部分，既可以对工作表进行水平拆分，也可以对工作表进行垂直拆分。一般有以下两种方法。

　　方法一：用菜单命令拆分。选定单元格（拆分的分割点），单击"视图"选项卡下"窗口"组中的"拆分"命令，以选定单元格为拆分的分割点，工作表将被拆分为 4 个独立的窗格。

　　方法二：用鼠标拆分。如图 4－6 所示，用鼠标拖动工作表标签拆分框或双击工作表标签拆分框。

　　（2）取消拆分工作表。取消当前工作表的拆分，恢复窗口原来的形状。

　　方法一：用菜单命令取消拆分。再次单击"视图"选项卡下"窗口"组中的"拆分"命令即可取消当前的拆分操作。

　　方法二：用鼠标取消拆分。如图 4－7 所示，用鼠标双击"分割条"可取消拆分，双击水平分割条则取消水平拆分，双击垂直分割条则取消垂直拆分。

　　（3）工作表的冻结。工作表中有很多数据时，如果使用垂直或水平滚动条浏览数据，行标题或列标题也随着一起滚动，这样查看数据很不方便。使用冻结窗口功能就是将工作表的上窗格和左窗格冻结在屏幕上。这样，当使用垂直或水平滚动条浏览数据时，行标题

图4-6 工作表拆分前

图4-7 工作表拆分后

和列标题将不会随着一起滚动，一直在屏幕上显示。工作表冻结的操作方法如下：

选定目标单元格作为冻结点单元格，单击"视图"选项卡下"窗口"组中的"冻结窗格"命令，弹出下拉菜单，如图4-8所示，在下拉菜单中选择冻结拆分选项如"冻结拆分窗格"命令等即可。

图 4-8　冻结拆分窗格

取消冻结窗格的方法也很简单，单击"视图"选项卡下"窗口"组中的"冻结窗格"命令，在弹出的下拉菜单中选择"取消冻结窗格"命令，即可取消冻结窗格把工作表恢复原样。

拆分冻结工作表

➢ 在工作簿"学生基本信息表.xlsx"中选择工作表"12 计应"。

➢ 用鼠标在工作表水平拆分框位置拖拽，将工作表在"标题行"处水平拆分。

➢ 用同样的方法在工作表垂直拆分框位置拖拽，将工作表在"姓名"列后垂直拆分。

➢ 执行"视图"选项卡"窗口"组"冻结窗格"命令列表中的"冻结拆分窗格"命令，将工作表冻结。

G　保护工作表

为了防止工作表被别人修改，可以设置对工作表的保护。保护工作表功能可防止修改工作表中的单元格、Excel 表、图表等。

（1）保护工作表。选定需要保护的工作表，单击"审阅"选项卡的"更改"组中的"保护工作表"命令，弹出"保护工作表"对话框，选择需要保护的选项，输入密码（一般会设置，也可省略），单击"确定"按钮。

（2）保护工作簿。选定需要保护的工作簿，单击"审阅"选项卡的"更改"组中的"保护工作簿"命令，弹出"保护结构和窗口"对话框，在"保护工作簿"列中选择需要保护的选项，输入密码（一般会设置，也可省略），单击"确定"按钮。其中选择"结构"选项，保护工作簿的结构，避免插入、删除工作表等操作；选择"窗口"选项，保护工作簿的窗口不被移动、缩放等操作。

如果对工作表或工作簿进行了保护，在"审阅"选项卡"更改"组中的"保护工作表"命令变为"撤销工作表保护"命令，"保护工作簿"命令变为"撤销工作簿保护"命令。点击这两个命令可取消对工作表和工作簿的保护。

H　隐藏和恢复工作表

当工作簿中的工作表数量较多时，有些工作表暂时不用，为了避免对重要的数据和机密数据的误操作，可以将这些工作表隐藏起来，这样不但可以减少屏幕上显示的工作表，还便于对其他工作表的操作，如果想对隐藏的工作表进行编辑，还可以恢复显示隐藏的工作表。

（1）隐藏工作表或工作表中的行、列。选定要隐藏的工作表，在"开始"选项卡下，单击"单元格"组中的"格式"，在弹出的下拉菜单中选择"可见性"下的"隐藏和取消隐藏"下拉菜单，如图4-9所示，在弹出的菜单中选择"隐藏工作表"命令选项，即可隐藏该选定的工作表。如果事先选择的工作表中的行或列，也可以针对选中的行或列执行"隐藏行"或"隐藏列"命令对工作表进行局部的隐藏。

图4-9　隐藏工作表

（2）恢复工作表或工作表中的行、列。在"开始"选项卡下，单击"单元格"组中的"格式"，在弹出的下拉菜单中选择"可见性"下的"隐藏和取消隐藏"级联菜单，在弹出的菜单中选择"取消隐藏工作表"命令项，弹出"取消隐藏"对话框，选择要恢复显示的工作表后单击"确定"按钮，即可恢复该工作表的显示。要恢复工作表中隐藏的行或列，则需要在执行"取消隐藏行"或"取消隐藏列"命令之前，选择被隐藏的行的上下两行或者被隐藏的列的左右两列，才能完成恢复隐藏。

4.1.2　输入表格数据

在 Excel 2010 工作表中的单元格和 Word 一样，可以输入文本、数字以及特殊符号等，数据类型也各不相同。Excel 2010 的数据类型包括文本型数据、数值型数据、日期时间型和逻辑型数据，不同数据类型输入的方法是不同的，所以在电子表格输入数据之前，首先要了解所输入数据的类型。

要在单元格中输入数据首先要定位单元格，可以采用以下方法。

（1）单击输入数据的单元格，直接输入数据，按下 Enter 键确认。

（2）双击单元格，单元格内出现插入光标，将插入光标移到适当位置后开始输入，这种方法常用于对单元格内容的修改。

（3）单击单元格，然后单击编辑栏，并在其中输入或编辑单元格中的数据，输入的内容将同时出现在单元格和编辑栏上，通过单击"输入"按钮"✔"确认输入。如果发现输入有误时，可以利用退格键和 Delete 键进行修改，也可以按 ESC 键或"取消"按钮"✘"取消输入。

4.1.2.1　输入文本型数据

文本可以是任何字符串或数字与字符串的组合。在单元格中文本自动左对齐。一个单元格中最多可输入 3200 个字符。当输入的文本长度超过单元格列宽且右边单元格没有数据时，允许覆盖相邻单元格显示。如果相邻的单元格中已有数据，则输入的数据在超出部分处截断显示。默认单元格中的数据显示方式为"常规"，其代表的意思是如果输入的是字符，则按文本类型显示；如果输入的是日期格式，则按日期格式显示；如果输入的是 0～9 的数据，则按数值型数据显示。所以当把数字作为文本输入时应当使用以下的方法。

将数字作为文本输入，一般采用以下三种方法。

（1）应在数字前面加上一个单引号"'"，如"' 15523575676"。

（2）在数字前加一个等号并把数字用双引号括起来，如 ="15523575676"。

（3）选定单元格，在"开始"选项卡下，单击"单元格"组中的"格式"，在弹出的下拉菜单中选择"设置单元格格式"，再选择"数字"选项卡中的"文本"项，单击"确定"按钮，则该单元格输入的数字将作为文本处理。

4.1.2.2　输入数值型数据

数值型数据也是 Excel 工作表中最常见的数据类型。数值型自动右对齐，如果输入的数值超过单元格宽度，系统将自动以科学计数法表示。若单元格中填满了"#"符号，说明该单元格所在列没有足够的宽度显示这个数值。此时，需要改变单元格列的宽度。

在单元格中输入数字时需要注意下面几点：

（1）输入正数时，正号"+"可以省略；输入负数时，在数字前面加上一个负号"−"或将其放在括号"（ ）"内。

（2）输入分数时，应先输入一个"0"加一个空格，如输入"0　1/2"，表示二分之一。否则系统将其作为日期型处理。

（3）输入百分数时，先输入数字再输入百分号"%"，则该单元格将应用百分比格式。

4.1.2.3　输入日期型数据

Excel 把日期和时间作为特殊类型的数值。这些数值的特点是采用了日期或时间的格式。在单元格中输入可识别的时间和日期数据时，单元格的格式自动从"通用"转换为相应的"日期"或者"时间"格式，而不需要去设定该单元格为"日期"或者"时间"格式。输入的日期和时间自动右对齐，如果输入的时间和日期数据系统不可识别，则系统视为文本处理。

系统默认时间用 24 小时制的方式表示，若要用 12 小时制表示，可以在时间后面输入 AM 或 PM，用来表示上午或下午，但和时间之间要用空格隔开。

可以利用快捷键快速输入当前的系统日期和时间，具体操作为按"Ctrl + ;"键可以在当前光标处输入当前日期；按"Ctrl + Shift + ;"键可以在当前光标处输入当前时间。

4.1.2.4　输入逻辑型数据

逻辑值是判断条件或表达式的结果，逻辑值只有"TRUE"或"FALSE"两种，条件成立或判断结果是对的，值为 TRUE，否则为 FALSE，常用的判别符号有"="、">"、"> ="、"<"、"< ="。逻辑值也可与函数 AND（）、OR（）、NOT（）一起进行逻辑运算。逻辑值还可以参与计算，在计算式中，TRUE 当成 1、FALSE 当成 0 看待。逻辑值在单元格中的对齐方式为居中对齐。

4.1.2.5　自动填充功能

在 Excel 表格的制作过程中，对于相同数据或者有规律的数据，Excel 自动填充功能可以快速地对表格数据进行录入，从而减少重复操作所造成的时间浪费，提高用户的工作效率。

（1）在多个单元格中输入相同内容。首先选择要输入相同内容的单元格，接下来输入数据，最后按下"Ctrl + Enter"组合键。会在选中的每个单元格里看到输入的内容。

（2）通过填充柄填充数据。每个选定单元格或区域都有一个填充柄，把鼠标移动到选定区域的右下角，如图 4 - 10(a) 所示，鼠标就会变成黑"十"字，这个黑"十"字就称为填充柄。将鼠标指向填充柄，用户根据需要可向上、下、左、右四个方向拖动鼠标完成填充。

值得注意的是在图 4 - 10 的（b）中，"学号"的填充是有规律的序列，在 Excel 中数值型数据或文本型数据中存在数字的情况下，用控制柄的填充被视为步长为"1"的等差数列去填充。在图 4 - 10 的（c）中，进行的是步长为"2"的等差数列填充，因为步长不是默认的"1"，在其他步长的等差数列填充时，要给定前两项，以便确定步长值，用控制柄填充时要选中前两项，并在第二项右下角鼠标变成黑色"十"字时拖拽填充。

在图 4 - 10 的（d）中，通过控制柄填充了 Excel 2010 系统预定的序列。关于自定义序列的内容接下来将会介绍，无论是系统预定的序列还是用户自己定义的序列，都可以通过控制柄方便的填充。

（3）通过对话框填充序列数据。在 Excel 2010 中，如果说步长为"1"的等差数列是控制柄填充的默认情况，那么像其他的等差、等比、日期等有规律的序列数据，用户则可以通过序列对话框来填充，拿步长为"2"的等比数列来说：

1）首先在一个目标单元格中输入内容"2"，然后选定要填充数值的所有目标单元格，如图 4 - 11(a) 所示。

2）在"开始"选项卡的"编辑"组中单击"填充"，如图 4 - 11(b) 所示，在弹出的下拉菜单中选择"系列"命令打开"序列"对话框。

3）如图 4 - 11(c) 所示，在"序列"对话框中进行相应的设置。在"序列产生在"选项中选择"列"；在"类型"选项中选择"等比数列"；"步长值"设定为"2"。

图 4 - 10　通过控制柄填充

4）单击"确定"按钮，如图 4 - 11（d）所示，则在预先选定的区域实现了等比数列步长为"2"的填充。

图 4 - 11　通过序列对话框填充

（4）自定义填充序列。在 Excel 中，可以使用自定义序列填充数据。用户可使用系统默认序列，也可建立自己所需要的序列。

选择"文件"选项卡"选项"命令，打开如图 4-12 所示的"Excel 选项"对话框，在"高级"标签中，选择"编辑自定义列表"按钮，弹出如图 4-13 所示的"自定义序列"对话界面。在该对话框中右侧的"输入序列"列表中输入自定义序列内容，每一项占一行，输入完成后点击"添加"按钮，则可以在左侧"自定义序列"列表的下方看到新定义的序列，此时自定义序列完成。左侧列表中所显示的所有自定义序列都是可以通过控制柄在工作表中进行自动填充的。

图 4-12 "Excel 选项"对话框

图 4-13 "自定义序列"对话框

4.1.2.6 设置数据有效性

对于大量数据需要输入时，有时难免会出错，那么用户可以把一部分检查工作交给计算机来处理，这就需要提前对单元格数据的有效性进行设置。如对"联系电话"、"身份证号"等列进行文本长度的限制，对于"成绩"、"工资"等数值列进行值的范围限制等。设置有效性规则后的工作表区域，在进行编辑时如果输入不符合所设置有效性范围的内容，系统将自动给以提示。

（1）首先选择目标区域，如"联系电话"所在列，打开"数据"选项卡，单击"数据工具"组中的"数据有效性"下的小三角形，在弹出的菜单中选择"数据有效性"，打开"数据有效性"对话框。

（2）在"数据有效性"对话框中的"设置"选项卡下单击"允许"下拉菜单，在展开的下拉菜单中选择"文本长度"，如图 4 – 14 所示。

图 4 – 14　数据有效性对话框

（3）单击"数据"的下拉菜单，在展开的下拉菜单中选择"等于"。在长度文本框输入"11"。单击"确定"按钮，完成设置。

（4）回到工作表中，当改变"联系电话"所在列单元格中的文本长度时将会弹出如图 4 – 15 所示的提示。

图 4 – 15　违反有效性规则的提示

在工作表中录入数据

➢ 在工作簿"学生基本信息表 . xlsx"中选择工作表"13 计应"。

➢ 进行"班级"列的填充。选中"A2：A26"区域，输入"13 计应"，按"Ctrl + 回车"键完成填充。

➢ 进行"学号"列的填充。在 B2 列中输入"Z1317101"，选中该单元格，鼠标停留在其右下角，待鼠标变成"黑色十字"形状时向下拖拽至 B26 单元格。完成学号的生成。

4.1.3 单元格的编辑

用户在对表格中的数据进行处理的时候，最常用的操作就是对单元格的操作，掌握单元格的基本操作可以提高制作表格的速度。Excel 2010 中单元格的基本操作包括插入、删除、合并、拆分等，但是要对单元格操作首先要选择单元格。

4.1.3.1 选择单元格

在执行 Excel 命令之前，要先选定对其操作的单元格（区域）。被选定的单元格（区域）称为活动单元格（区域）或当前单元格（区域），其四周用黑色粗边框进行标明。各对象选定方法见表4－1。

表4－1 工作表单元格及区域的选定方法列表

选 定 区 域	操 作 方 法
一个单元格	单击某个单元格
整行（列）	单击工作表相应的行号（列标）
整张工作表	单击全选按钮"　　"（工作表左上角行列交叉处按钮）
相邻行（列）	鼠标拖过相邻的行号（列标）
不相邻行（列）	选定第一行（列）后，按住 Ctrl 键，再选择其他行（列）
相邻单元格区域	单击区域左上角单元格，拖至右下角（或按住 Shift 键后单击右下角单元格）
不相邻单元格区域	选定一个区域后，按住 Ctrl 键，再选择其他区域

4.1.3.2 单元格数据的移动与复制

（1）使用鼠标拖动进行单元格数据的移动与复制。选择单元格或单元格区域，将鼠标指针指向该单元格或区域的四边边缘，当鼠标变为四向箭头"⛶"形状时，拖动鼠标左键到目标单元格后释放，即可完成单元格的移动。如果在拖拽鼠标的同时按住"Ctrl"键则完成的是复制操作。

（2）使用菜单或快捷键方式进行单元格数据的移动与复制。移动单元格时，先选定要移动的单元格或单元格区域，然后选择"开始"选项卡"剪贴板"组中的"剪切"命令（Ctrl + X），如果是复制操作，则选择"复制"命令（Ctrl + C）；被剪切或复制的单元格或单元格区域周围会出现一个闪烁的虚线框；选定目标单元格，再选择"开始"选项卡"剪贴板"组中的"粘贴"命令（Ctrl + V），即可完成单元格的移动或复制操作。移动后闪烁的虚线框消失，而复制后只要闪烁的虚线框不消失可以进行多次的粘贴操作，按 Esc 键闪烁的虚线框消失。

另外进行单元格数据的移动和复制操作还可以使用右键弹出的快捷菜单中的命令。无论采用哪种方式，如果进行粘贴时目标单元格已有数据，则系统会弹出询问"是否替换目标单元格内容"的对话框，选择"确定"或"取消"来决定是否完成粘贴操作。

4.1.3.3 选择性粘贴的使用

一个单元格含有多种特性，如内容、格式、公式等，有时只需复制单元格的部分特性，这时就可通过选择性粘贴来实现。

先选择要复制的源单元格并执行"复制"命令，然后选定目标单元格，选择"开始"

菜单"剪贴板"组，单击"粘贴"命令下三角按钮，在展开的下拉列表中选择"选择性粘贴"命令（Alt + Ctrl + V），打开"选择性粘贴"对话框。在该对话框中选择要粘贴的相应选项，单击"确定"按钮。

4.1.3.4　插入和删除单元格

在处理工作表时，在已存在工作表的中间位置常常需要插入单元格或删除已经不需要的单元格。

（1）插入单元格。插入单元格就是指在原来的位置插入新的空白单元格，而原位置的单元格按照用户指定的方式顺延到其他的位置上，具体方法如下：

首先选定要插入单元格的位置，然后选择"开始"选项卡"单元格"组，单击"插入"命令下三角按钮，在展开的下拉列表中选择"插入单元格"命令，弹出"插入"对话框，如图 4 – 16 所示，在对话框中按需要选择一种插入方式后，单击"确定"按钮。另外要插入单元格，也可在选定单元格后，单击鼠标右键，选择快捷菜单"插入"命令。

（2）删除单元格。在 Excel 2010 中，有两种不同含义的对数据删除的操作：

1）数据清除。数据清除是指将单元格中的格式、内容、批注或超链接等成分删除，不影响单元格本身。

进行数据清除首先要选定单元格，选择"开始"选项卡"编辑"组中的"清除"命令按钮，在展开的界面中选择合适的清除的选项，即可清除单元格数据的相应成分。若直接按键盘上的 Del 键，将清除单元格内容。

2）数据删除。数据删除是指将选定的单元格（区域）中的数据及其所在单元格（区域）的位置一起删除，删除后将影响其他单元格的位置。

首先选定单元格（区域），选择"开始"选项卡"单元格"组中的"删除"命令，展开命令列表，选择"删除单元格"命令，弹出"删除"对话框，在对话框中选择删除当前单元格后，相邻单元格的移动方式。也可通过单击鼠标右键后选择"删除"命令，打开如图 4 – 17 所示的"删除"对话框。

图 4 – 16　"插入"对话框

图 4 – 17　"删除"对话框

（3）插入、删除行或列。插入行的操作是：单击要插入行的单元格，选择"开始"选项卡"单元格"组，单击"插入"命令下三角按钮，在展开的下拉列表中选择"插入工作表行"命令，即可在当前行的上面插入一行新行。若需要插入列，则在展开的下拉列表中选择"插入工作表列"命令，即可在当前列的左边插入一列新列。插入行（列）的操作也可选定某一个单元格（行、列），单击鼠标右键，选择"插入"菜单。

行（列）的删除方法与删除单元格的方法类似。也可选定某一个单元格（行、列），单击鼠标右键，选择"删除"菜单。

插入或者删除单元格、行、列后，系统会自动调整行号或列标。

4.1.3.5　合并与拆分单元格

在表格制作过程中，有时候为了表格整体布局的考虑，需要将多个单元格合并为一个单元格或者需要把一个单元格拆分为多个单元格。

首先选择需要合并的目标单元格区域，在"开始"选项卡的"对齐方式"组中单击"合并后居中"的下拉列表，选择"合并单元格"命令，如图 4-18 所示，即可完成对所选单元格区域的合并。

另外，在该命令列表中"合并后居中"命令适合完成需要居中的表格标题合并。"跨越合并"适合完成单元格区域的多行的同时合并，合并完成后，每行将合并成一个大的单元格。"取消单元格合并"命令将会对已经合并的单元格进行拆分。

用户也可以通过单击"开始"选项卡"单元格"组"格式"下拉列表中的"设置单元格格式"命令，打开"设置单元格格式"对话框，并在其对齐选项卡上选择"合并单元格"复选框，来进行单元格的合并。另外，"设置单元格格式"命令也可以通过快捷菜单执行。

4.1.3.6　调整单元格的行高和列宽

在实际应用中，有时用户输入的数据内容超出单元格的显示范围，这时用户需要调整单元格的行高或者列宽以容纳其内容。

（1）使用鼠标调整行高和列宽。将鼠标指向要调整高度的行（列）的边缘，当鼠标指针变成双向箭头形状时，拖动鼠标移动即可改变行高或列宽。

（2）自动调整行高和列宽。将鼠标移动到所选行行标的下边框处，当鼠标指针变成上下箭头时，双击鼠标，该行的高度自动调整为该行内最高项的高度；也可以在"开始"选项卡"单元格"组中，单击"格式"按钮，从展开的下拉列表中选择"自动调整行高"也可达到相同效果。

列宽的自动调整，需要首先将鼠标移动到所选列列标的右边框处，当鼠标指针变成左右箭头时，双击鼠标。

（3）使用对话框精确设置行高或列宽。首先选择需要进行行高或列宽调整的行或列，在"开始"选项卡"单元格"组中，单击"格式"按钮，从展开的下拉列表中选择"行高"或"列宽"，打开"行高"或"列宽"对话框，如图 4-19 所示，在文本框中输入数值后，单击"确定"按钮即可。

图 4-18　"合并后居中"

图 4-19　"行高"对话框

单元格编辑

➢ 在工作簿"学生基本信息表.xlsx"中选择工作表"11 计应"。

➢ 插入标题行。点击第一行内任意单元格，右键单击，在弹出的快捷菜单中选择级"插入"命令，在弹出的对话框中选择"整行"。

➢ 合并单元格。选择"A1：I1"区域，单击"开始"选项卡上"对齐方式"组中的"合并后居中"命令。

➢ 输入标题。在已经合并的区域输入"11 计应班学生自然信息表"。

➢ 调整行高。将第一行选中，单击"开始"选项卡上"单元格"组中的"格式"命令列表中的"行高"命令，将"行高"设置为"50"。用同样的方法将第二行行高设置为"25"，将其他行行高设置为"20"。

➢ 调整列宽。在列标上拖拽选中所有列，单击"开始"选项卡上"单元格"组中的"格式"命令列表中的"列宽"命令，统一将列宽设置为"10"，个别调整"家庭住址"和"联系电话"列，在列标"F"和"G"右边框线上，鼠标变成左右箭头的时候双击，可得到自适应的列宽。

4.1.4　格式化表格

使用 Excel 2010 创建工作表后，还可以通过添加边框和底纹等效果进行格式化操作，使表格外观更加美化。

4.1.4.1　设置单元格格式

选中需要设置格式的单元格，然后选择"开始"选项卡"单元格"组，单击"格式"按钮，从展开的下拉列表中选择"设置单元格格式"命令，打开"设置单元格格式"对话框。或在选定单元格后，单击鼠标右键后选择"设置单元格格式"命令，也可打开"设置单元格格式"对话框。

"设置单元格格式"对话框共包括数字、对齐、字体、边框、填充、保护等 6 个选项卡。

（1）"数字"选项卡。用户可以在"分类"列表框中根据需要选择所需的格式，再对右侧的不同属性进行设置。单元格默认的数据显示方式是"常规"，如果用户要明确的套用某种数据类型的格式，这需要在这里进行数据分类，如"数值"型、"货币"型、"日期时间"型等，针对每种类型在对话框的下方都提供解释说明，而在右侧可以进行具体的格式设置，如图 4-20 所示，数值型可以进行保留小数位数、负数的表示形式以及是否使用千位分隔符的设置。

（2）"对齐"选项卡。在"对齐"选项卡上主要是设置单元格内容的对齐方式。在"水平对齐"下拉列表中可以选择居中、跨列居中、靠左、靠右、两端对齐、分散对齐以及填充中的一种，在"垂直对齐"下拉列表中，可以选择居中、靠上、靠下、两端对齐、分散对齐中的一种；另外，在"方向"区域，还可以支持在单元格中旋转文本，鼠标点击如表盘状的"方向"区域中红色的控制柄，可以改变文本的角度。

图 4-20　"设置单元格格式"对话框"数字"选项卡

在"文本控制"区域，有三个复选框：

1）选中"自动换行"：如果选中的单元格一行显示不下，可以自动换行。

2）选中"缩小字体填充"：如果选中的单元格填充的文本显示不下，可以缩小字体。

3）选中"合并单元格"：对所选区域的单元格进行合并。

在功能区"开始"选项卡"对齐方式"组中的相应命令也可完成对齐方式的设置。

（3）"字体"选项卡。在"字体"选项卡中支持对单元格区域或区域内一个或多个字符的字体、字形、字号、颜色及特殊效果的设置。"特殊效果"区域有"删除线"、"上标"、"下标"三个复选框，帮助完成一些特殊要求的设置。在功能区"开始"选项卡"字体"组中的相应命令也可完成字体格式的设置。

（4）"边框"选项卡。如图 4-21 所示，在"边框"选项卡上可以进行单元格或单元格区域边框的设置。左侧的"线条"区域，可以设置边框的线条样式和颜色，必须先设置"线条"区域再进行边框的设置，线条样式和颜色才起作用；在"预置"区域，可以为选中的单元格区域预置为"无边框"、"加外边框"、"加内部边框"，后两项配合使用可以加全部边框。在"边框"区域，可以单独添加或取消选中的单元格区域的某些边框。另外，在功能区"开始"选项卡"字体"组中的"边框"命令列表也可完成边框格式的快速设置。

（5）"填充"选项卡。在"填充"选项卡中可以设置单元格填充颜色或图案。在"颜色"列表中可以选择单纯背景的颜色，在"图案"列表中可以设置底纹的图案。还可以为图案选择一种颜色，为单元格设置带颜色的底纹。

图 4 – 21　"设置单元格格式"对话框"边框"选项卡

（6）"保护"选项卡。利用"保护"选项卡可以锁定或隐藏单元格的内容。只有在工作表被保护时，锁定单元格或隐藏公式才有效。

单元格格式调整

➢ 在工作簿"学生基本信息表. xlsx"中选择工作表"11 计应"。

➢ 字体字号调整。选中要设置的单元格区域，在"开始"选项卡的"字体"组"字体"和"字号"命令列表中设置第一行标题设置为"宋体，18 号"，第二行标题设置为"黑体，12 号"，其余行设置为"宋体，12 号"。

➢ 加边框。选中区域"A2：I26"，在"开始"选项卡的"字体"组"边框列表"中选中"所有框线"命令，为表格添加边框。

4.1.4.2　设置单元格格式与样式

样式是一组定义好的格式集合，如数字、字体、边框、对齐方式、底纹等。利用样式可以快速地将多种格式用于单元格中，简化工作表的格式设置。如果样式发生变化，所有使用该样式的单元格都会自动改变。应用样式的操作步骤为：

（1）选择需要应用样式的单元格或单元格区域。

（2）选择"开始"选项卡"样式"组，单击"单元格样式"按钮，展开如图 4 – 22 所示的下拉列表，在该下拉列表中选择要应用的样式或者右击选择"应用"命令。该列表中的样式按照不同的应用进行了分类，用户将鼠标移动到某种样式后，所选中的单元格或单元格区域将会呈现所见即所得的预览效果。

图4-22 "单元格样式"列表

用户还可以在该列表中选择"新建单元格样式"命令,从弹出的对话框中进行新样式的创建。在样式列表中的某一样式上单击右键,可以在弹出的快捷菜单命令中对现有样式进行修改或删除等操作。

4.1.4.3 设置套用表格格式

在 Excel 2010 中,可以通过添加边框和底纹的方式美化工作表,但如果套用表格样式就没必要每次都做这么繁琐的工作了。Excel 提供了自动格式化功能,用户可以根据预设的格式将制作的单元格格式化。

首先选中要进行格式套用的工作表区域,在"开始"选项卡"样式"组中单击"套用表格格式"按钮,展开表格样式列表,在列表中选择一种表格格式,在弹出的"套用表格格式"对话框中勾选"表包含标题"复选框,单击"确定"按钮完成格式套用。

套用表格格式

➢ 套用表格格式。选中区域"A2:I26",在"开始"选项卡的"样式"组中选择"表样式中等深浅3"。

➢ 重新排版工作表"12 计应"。对于相同的排版操作不必重复完成,选定工作表"11 计应",按住"Ctrl"键拖拽,形成它的副本,切换至工作表"12 计应"复制其中"A2:I29"区域的学生数据,返回工作表"11 计应"的副本,选定 A3 单元格,右键单击,在快捷菜单中进行选择性粘贴,粘贴选项为"值"即按钮"123"。

➢ 重新排版工作表"13 计应"。

4.1.4.4　条件格式

使用条件格式可以把指定的公式或数值作为条件，并将此格式应用到工作表选定范围中符合条件的单元格，在"开始"选项卡下"样式"组中，单击"条件格式"，在弹出的菜单中进行相应的选择和设置即可完成条件格式的设置。

在 Excel 2010 中，根据条件使用数据条、色阶和图标集，突出显示相关单元格，可以直观地查看和分析数据，发现关键问题以及识别模式和趋势。

选择"开始"选项卡"样式"组，单击"条件格式"命令，展开"条件格式"下拉列表。如图 4－23 所示，各选项说明如下：

图 4－23　"条件格式"命令列表

（1）突出显示单元格规则。使用该规则，可以将选定单元格区域中某些符合特定规则的单元格，以特殊的格式突出显示。

（2）项目选取规则。用户可以使用该规则来选择满足某个条件的单元格（区域）。

通常，作为项目选取规则的有："值最大的 10 项"、"值最大的 10％项"、"值最小的 10 项"、"值最小的 10％项"、"高于平均值"、"低于平均值"等。

（3）数据条。查看单元格中带颜色的数据条。数据条的长度表示单元格中数据值的大小，数据条越长，代表数值越大，反之，数据条越短，代表数据值越小。当需要查看较高和较低数据值时，数据条特别有效。

（4）色阶。色阶是指用不同颜色刻度来分析单元格中的数据，颜色刻度作为一种直观的提示，可以帮助用户了解数据分布和数据变化。Excel 2010 中常用的颜色刻度有双色刻度和三色刻度，颜色的深浅表示值的大小。

（5）图标集。在 Excel 2010 中，可以使用图标集对数据进行注释，还可以按阈值将数据分为 3 ~ 5 个类别，每个图标代表一个值的范围。

> **条件格式与工作表保护**
>
> ➤ 套用表格格式。选中区域"A2：I26"，在"开始"选项卡的"样式"组中选择"表样式中等深浅 3"。
>
> ➤ 设置条件格式，突出显示未住校学生。单击"E 列"，选择"寝室号"所在列，执行"开始"选项卡的"样式"组中"条件格式"命令，在弹出的命令列表中选择"突出显示单元格规则"下的"其他规则"，弹出"新建格式规则"对话框。在该对话框中"编辑规则说明"处第一个列表框中选择"空值"，单击"格式"按钮，重新设定符合条件的单元格格式为"红色"填充。
>
> ➤ 保护工作表。执行"开始"选项卡的"格式"组中"保护工作表"命令，在对话框中设置解除保护密码为"123456"，只允许"选定单元格"操作，不允许任何修改，防止编辑完成的工作表被误修改。

 设计效果

本任务设计效果如图 4 - 24 所示。

11计应班学生自然信息表

班级	学号	姓名	性别	寝室号	家庭住址	联系电话	班级职务	其他职务
11计应	Z1117101	陈帅	男	20#619	沈阳市沈河区沈州路	13322431576	暂无	
11计应	Z1117102	宁嘉轶	男	20#618	辽宁省沈阳市新民市	13322431577	班长	学生会
11计应	Z1117103	史晓璐	女	14#412	沈阳市沈河区方家栏路	13322431578		
11计应	Z1117104	吴倩	女	14#412	沈阳市沈河区小南街	13322431579		寝室长
11计应	Z1117105	付弘业	男		沈阳市沈河区文萃路	13322431580		
11计应	Z1117106	李超	男		沈阳市大东区滨江翠瑞光北巷	13322431581		
11计应	Z1117107	刘路杰	男	20#617	沈阳市沈北新区清水街	13322431582		
11计应	Z1117108	刘蒙	男	20#617	沈阳市铁西区启街	13322431583		
11计应	Z1117110	李烨	男	20#617	沈阳市铁西区腾飞二街	13322431584	生委	寝室长
11计应	Z1117113	甘洪亮	男		辽宁省中县政府路景宁街	13322431585	文委	
11计应	Z1117115	李倩	女	14#413	沈阳市新民市中兴西路	13322431586		
11计应	Z1117116	姜文文	女	14#412	辽宁省大连市普兰店市同益乡	13322431587		
11计应	Z1117117	夏连东	男	20#618	辽宁省普兰店市沙包村大泉屯	13322431588		
11计应	Z1117118	苟星宏	女	14#412	鞍山市铁东区北团进街1组八号	13322431589	团支书	学生会
11计应	Z1117119	由珂	女	14#412	鞍山市千山区日新街66栋	13322431590		
11计应	Z1117120	魏琳	女	14#413	辽宁省海城市岔沟镇下菜村	13322431591	学委	
11计应	Z1117121	菖玮婷	女	14#412	辽宁省抚顺市望花区嵩地新区	13322431592		
11计应	Z1117122	胡玮琦	女		抚顺市抚顺县兰山乡五朱村	13322431593		
11计应	Z1117123	谢林峰	男		辽宁省抚顺市清原县双龙街	13322431594		
11计应	Z1117124	魏金鑫	男	20#618	辽宁省锦州市人和区新民乡	13322431595		

图 4 - 24　"学生自然信息表"设计效果

请在素材中对给定的 Excel 表格"班级学生成绩单.xlsx"进行格式设置与美化。排版具体要求如下：

（1）字体、字号设置。将标题行设为"宋体，12 号"，其他行为"宋体，10 号"。

（2）行高、列宽调整。标题行行高设为"36"，其他行行高设为"18"。

（3）单元格内折行。因为 D、E、F 三列标题较长，将 D、E、F 三列的标题用"Ctrl +回车"键进行单元格内折行操作。

（4）加边框。对整张表格加边框。

（5）套用表格格式。套用表格格式进行快速表格美化。

（6）条件格式。将不及格的学生成绩用红色显示。

（7）保护工作表。调整后的工作表不允许进行任何修改操作。

举一反三实例样本在"excel\任务一"目录下。

任务 4.2　制作顶岗实习情况统计表

任务目标

- 了解数据清单的概念。
- 掌握数据清单的建立方法。
- 熟练掌握数据的排序方法。
- 熟练掌握数据的筛选方法。
- 熟练掌握数据的分类汇总方法。
- 掌握工作表的页面设置方法。
- 掌握工作表的打印方法。

任务描述

为了将所学习的专业知识应用到实际工作中去，每个学生都有机会到合作企业去实习，老师将班级学生的实习情况统计表交由你整理和设计，你能从中统计出同学们在不同企业、不同岗位的实习数据吗？比如：不同合作企业的学生人数分布；不同岗位的学生人数分布；男、女生的实习平均工资；工资最高的前 5 人在什么企业什么岗位。

知识链接

（1）数据清单的建立。数据清单是包含相关数据的一系列工作表数据行。数据清单的第一行是列标题，其他行是具体的数据记录。

（2）数据的简单排序。针对数据清单中某一列，即一个排序关键字进行的升序、降序排列。

（3）数据的多重排序。针对数据清单中多个列，即多个排序关键字进行的排序，多重排序中的关键字有主次之分，次级关键字只在其上级关键字呈现相同值时才起作用。

（4）数据的自动筛选。筛选是从数据清单中查找和分析符合特定条件的记录数据的快捷方法，经过筛选的数据清单只显示满足条件的行，该条件由用户针对某列指定。自动筛选比较简单，通常是在数据清单的一个列中以给定列值为临界点自动筛选出符合的数据，筛选条件涉及多个列的，要进行多次自动筛选才能得到结果。

（5）数据的高级筛选。用户自己定义和编辑复杂的筛选条件，筛选结果根据所设定的筛选条件一次性得出。

（6）数据的分类汇总。分类汇总是指将数据清单按照某个字段进行分类，然后统计同一类记录的相关信息。在汇总过程中，可以对某些数值进行求和、求平均、计数等运算。

（7）页面设置。功能集中在"页面布局"选项卡的"页面设置"组，主要包括页边距、纸张大小和方向、分隔符、打印区域和打印标题的设置。

（8）打印设置。打印份数、打印范围、缩放打印、打印预览等相关的设置。

4.2.1 数据清单建立

数据清单是包含相关数据的一系列工作表数据行。数据清单的列是数据清单的字段，第一行是列的标题，称为字段名，其他每一行称为一条记录。

创建数据清单时应同时满足以下条件：

（1）数据清单第一行是字段名；

（2）每列应包含同一类型的数据，如文本型、数值型；

（3）清单区域内不能有空行或空列；

（4）如果数据列表有标题，应与其他行（如字段名行）至少间隔一个空行。

凡符合上述条件的工作表，Excel 就把它识别为数据清单，并支持对它进行编辑、排序、筛选等基本的数据管理操作。数据清单创建完毕，接下来的排序、筛选、汇总、合并计算等操作都以该数据清单为依据。

> **数据清单建立**
> ➤ 将工作表的第一行"A1：I1"区域"合并居中"输入标题。
> ➤ 建立数据清单的列标题。在第 3 行输入包含"班级、学号、姓名、性别、联系电话、实习单位、实习岗位、实习工资、指导教师"的列标题。
> ➤ 数据填充。将班级、学号、姓名、性别等已知数据信息利用任务一中所学习的技巧进行填充。排版打印不完整的数据清单表，交由同学填写。
> ➤ 录入数据清单数据记录。将手写数据录入电子版，并进行校对。

4.2.2 数据排序

为了便于数据进行管理与查阅，常常需要对数据清单中的数据按照字段的值进行排

序，用来排序的字段称为关键字。数据清单的排序分为简单排序和
多重排序两种方法。

4.2.2.1　简单排序

简单排序是依据一个字段对数据进行排序，方法有三种。

（1）在"开始"选项卡的"编辑"组中，单击"排序和筛选"
按钮，按需要选择"升序"或"降序"，如图 4 - 25 所示。

（2）选择"数据"选项卡下的"排序和筛选"组，单击"升
序"或"降序"按钮进行排序。

（3）右键单击需要排序的单元格，在弹出菜单中选择"排序"
选项，在弹出的子列表中选择需要的排序方式。

图 4 - 25　排序和筛选

按"实习单位"字段进行简单排序

➢　光标停留在"实习单位"字段。

➢　单击"数据"选项卡下"排序和筛选"组中的"升序"按钮完成按"实习单位"
字段升序排序过程。

➢　如图 4 - 26 所示，可以看到因为排序的字段为汉字构成的文本，Excel 默认按其全拼
的字母顺序排序。

13级计算机专业1班顶岗实习统计表

班级	学号	姓名	性别	联系电话	实习单位	实习岗位	实习工资	指导教师
13计维1	Z1319101	田晶	男	18302455229	东鹏	技术	1000	时老师
13计维1	Z1319105	李开先	男	18302432434	东鹏	技术	1500	时老师
13计维1	Z1319106	王永强	男	18302464639	东鹏	技术	1000	时老师
13计维1	Z1319107	赫一玮	男	18302496844	东鹏	技术	2000	时老师
13计维1	Z1319108	宿广智	男	18302529049	东鹏	销售	1500	时老师
13计维1	Z1319109	刘鹏轩	男	18302561254	东鹏	技术	1500	时老师
13计维1	Z1319112	王欢	女	18302593459	东鹏	销售	2000	时老师
13计维1	Z1319125	刘丹	女	18302625664	东鹏	销售	2000	时老师
13计维1	Z1319104	马识途	男	18302657869	蓝德	技术	1500	陈老师
13计维1	Z1319111	高娜	女	18302690074	蓝德	销售	1200	董老师
13计维1	Z1319115	王成	男	18302722279	蓝德	销售	1500	时老师
13计维1	Z1319117	韩兴华	女	18303076534	蓝德	销售	1200	陈老师
13计维1	Z1319102	王颖	女	18302754484	龙一	销售	1500	董老师
13计维1	Z1319103	王鑫	男	18302786689	龙一	销售	1500	董老师

图 4 - 26　按"实习单位"排序结果

4.2.2.2　多重排序

在数据列表中使用多重排序可以实现对多个字段数据进行同时排序。这多个字段也称
为多个关键字，通过设置主要关键字和次要关键字，来确定数据排序的优先级。

（1）单击数据清单中任意一个单元格。

（2）选择"数据"选项卡的"排序和筛选"组，单击"排序"按钮。或者选择"开
始"选项卡的"编辑"组，单击"排序和筛选"，在展开的下拉列表中选择"自定义排
序"命令，弹出"排序"对话框。

（3）在"排序"对话框中，确定"主要关键字"、"排序依据"、"次序"（升序丨降

序），如图 4 - 27 所示。

图 4 - 27 "排序"对话框

若用户还需要按其他字段进行排序，可单击"添加条件"按钮添加次要关键字，再选择次要关键字、排序依据及次序。

按"实习单位"和"实习工资"字段进行排序

➢ 光标停留在数据清单中，执行"数据"选项卡的"排序和筛选"组，单击"排序"按钮，打开"排序"对话框。
➢ 在对话框中进行如图 4 - 27 的设置，主要关键字为"实习单位"，按其"数值"的"升序"排列；单击"添加条件"按钮，增加次要关键字"实习工资"，按其"数值"的"降序"排列。
➢ 单击"确定"按钮可以得到如图 4 - 28 的排序结果。

班级	学号	姓名	性别	联系电话	实习单位	实习岗位	实习工资	指导教师
				13级计算机专业1班顶岗实习统计表				
13计维1	Z1319107	赫一玮	男	18302496844	东鹏	技术	2000	时老师
13计维1	Z1319112	王欢	女	18302593459	东鹏	销售	2000	时老师
13计维1	Z1319125	刘丹	女	18302625664	东鹏	销售	2000	时老师
13计维1	Z1319105	李开先	男	18302432434	东鹏	技术	1500	时老师
13计维1	Z1319108	宿广智	男	18302529049	东鹏	销售	1500	时老师
13计维1	Z1319109	刘鹏轩	男	18302561254	东鹏	技术	1500	时老师
13计维1	Z1319101	田晶	男	18302455229	东鹏	技术	1000	时老师
13计维1	Z1319106	王永强	男	18302464639	东鹏	技术	1000	时老师
13计维1	Z1319104	马识途	男	18302657869	蓝德	技术	1500	陈老师
13计维1	Z1319115	王成	男	18302722279	蓝德	销售	1500	时老师
13计维1	Z1319111	高娜	女	18302690074	蓝德	销售	1200	董老师
13计维1	Z1319117	韩兴华	女	18303076534	蓝德	销售	1200	陈老师
13计维1	Z1319126	鲁嘉荣	男	18303044329	龙一	销售	2000	董老师
13计维1	Z1319114	安彦蓁	女	18302851099	龙一	销售	1800	陈老师
13计维1	Z1319121	王聪	男	18302915509	龙一	销售	1800	陈老师
13计维1	Z1319102	王颖	女	18302754484	龙一	销售	1500	董老师
13计维1	Z1319103	王鑫	男	18302786689	龙一	销售	1500	董老师
13计维1	Z1319110	陈佳齐	男	18302818894	龙一	销售	1500	陈老师
13计维1	Z1319118	范瑾	男	18302883304	龙一	技术	1500	陈老师
13计维1	Z1319122	庞瑞明	男	18302947714	龙一	销售	1500	董老师
13计维1	Z1319123	刘忠伟	男	18302979919	龙一	销售	1500	董老师

图 4 - 28 多重排序结果

4.2.2.3　排序选项设置

在 Excel 中，用户可以设置按照大小、笔画或某种特定的顺序排序。在"排序"对话框中，单击"选项"按钮，弹出"排序选项"对话框。在该对话框中，设置是否区分大小写，选择排序的方向和方法，最后单击"确定"按钮，回到"排序"对话框。

4.2.3　数据筛选

数据筛选是一种用于查找数据清单中特定数据的快速方法。数据筛选就是将数据清单中符合特定条件的数据查找出来，并将不符合条件的数据暂时隐藏。Excel 2010 提供了自动筛选和高级筛选两种方法。

4.2.3.1　自动筛选

自动筛选可以是按简单条件在数据清单中快速筛选出满足指定条件的数据，一般又分为单一条件筛选和自定义筛选，筛选出的数据显示在原数据区域。其操作方法如下：

（1）在"开始"选项卡的"编辑"组中，单击"排序和筛选"按钮，在下拉菜单中，单击"筛选"按钮。

（2）在"数据"选项卡的"排序和筛选"组中，单击"筛选"按钮。

（3）选择数据目标区域中任意单元格，右击该单元格，在弹出的列表中选择"筛选"选项。

筛选出所有在"技术岗位"实习的同学

➢ 光标停留在数据清单中，在"数据"选项卡的"排序和筛选"组中，单击"筛选"按钮，可以看到数据清单中所有字段名列的右侧出现了下拉按钮。

➢ 点击"实习岗位"右侧的下拉按钮，弹出筛选命令列表如图 4 - 29 所示，去掉"销售"复选框中的"√"，单击"确定"按钮完成筛选。

图 4 - 29　按"实习岗位"筛选出"技术"岗的记录

在进行自动筛选的过程中，勾选"筛选值"这种方式表示的是筛选出等于勾选值的记录。除了这样的筛选方式外，还可以进行其他方式的筛选。对于数字类型的数据，可以进行数字筛选，筛选条件包括"等于，不等于，大于，大于或等于，小于……"等多种，如筛选出"工资最高的10名同学"记录，可以在"实习工资"字段的自动筛选情况下选择"10个最大值"。对于文本类型的数据，可以进行文本筛选，筛选条件包括"等于，不等于，开头是，结尾是，包含……"多种，如筛选出"所有姓刘的同学"记录，选择"开头是"，打开"自定义自动筛选方式"对话框，进行如图4-30所示的设置。对于日期类型的数据，可以进行日期筛选，筛选条件包括"等于，之前，之后，介于，明天……"多种。

图4-30 自定义自动筛选方式

使用多次自动筛选，可以选出同时满足多个筛选条件的记录，参与筛选的字段名后面出现漏斗标记，这些筛选条件之间是逻辑上"与"的关系，表示条件同时成立。

要取消自动筛选，只需要在"数据"选项卡的"排序和筛选"组，再次单击"筛选"按钮，筛选下拉三角消失，筛选被取消，显示所有数据。

4.2.3.2 高级筛选

如果要求筛选的数据是多个条件，而且这多个条件之间是"或"的关系，或者说筛选的结果需要放置到别的位置，就要考虑用高级筛选了。

使用高级筛选的关键是设置用户自定义的条件，这些条件必须放在一个称为条件区域的单元格区域中。条件区域一般与数据清单相隔一行或一列，与数据清单隔开。条件区域包括两部分：标题行和条件行。条件区域设置方法是：

（1）标题行是条件区域的第一行，输入待筛选数据所在的列标题（必须和数据清单中的字段名一致）。

（2）条件行从条件区域的第二行开始输入，可以有一行或多行。同一行的条件表示逻辑"与"关系，同时满足这些条件的记录才能显示；不同行的条件表示逻辑"或"关系，记录只要满足其中任一个条件就能显示。

高级筛选操作步骤是：

（1）建立条件区域。

（2）选择"数据"选项卡的"排序和筛选"组，单击"高级"按钮，弹出"高级筛选"对话框。

（3）在"高级筛选"对话框中设置"列表区域"、"条件区域"，单击"确定"按钮。

取消高级筛选，选择"数据"选项卡"排序和筛选"组，单击"清除"按钮，高级筛选被取消，显示所有数据。

筛选"技术岗位的男生和销售岗位的女生"记录

➤ 建立条件区域，条件区域要与数据清单区域有"空行"或"空列"的间隔，如图4-31所示。

■ 根据要求条件区域的标题行有"性别"和"实习岗位"两个；

■ "性别"等于"男"和"实习岗位"等于"技术"两者之间的关系是逻辑的"与"，应该放在同一行；

■ "性别"等于"女"和"实习岗位"等于"销售"两者之间的关系是逻辑的"与"，应该放在同一行；

■ 而"技术岗位的男生"和"销售岗位的女生"两者之间是逻辑上"或"的关系，因此分布在不同行。

➤ 在"数据"选项卡的"排序和筛选"组，单击"高级"按钮，弹出"高级筛选"对话框。在"高级筛选"对话框中设置"列表区域"和"条件区域"。

➤ 单击"确定"按钮，得到高级筛选结果。

机专业1班顶岗实习统计表

联系电话	实习单位	实习岗位	实习工资	指导教师		性别	实习岗位
18302496844	东鹏	技术	2000	时老师			
18302593459	东鹏	销售	2000	时老师			
18302625664	东鹏	销售	2000	时老师			
18302432434	东鹏	技术	1500	时老师			
18302529049	东鹏	销售	1500	时老师		性别	实习岗位
18302561254	东鹏	技术	1500	时老师		男	技术
18302455229	东鹏	技术	1000	时老师		女	销售
18302464639	东鹏	技术	1000	时老师			
18302657869	蓝德	技术	1500	陈老师			
18302722279	蓝德	销售	1500	陈老师			
18302690074	蓝德	销售	1200	董老师			
18303076534	蓝德	销售	1200	陈老师			

图4-31　条件区域

4.2.4　分类汇总

分类汇总其实就是对数据进行分类统计，也可能称它为分组计算。分类汇总可以使数据变得清晰易懂。分类汇总建立在已排序的基础上，即在执行分类汇总之前，首先要对分类字段进行排序，把同类数据排列在一起。

（1）数据分类汇总的概念。分类汇总是指将数据清单按照某个字段进行分类，然后统计同一类记录的相关信息。在汇总过程中，可以对某些数值进行求和、求平均、计数等运算。

（2）分类汇总过程：

1）将数据清单按照分类的字段进行排序。

2）单击数据清单中的任一单元格。在"数据"选项卡的"分级显示"组，单击"分类汇总"按钮，弹出"分类汇总"对话框。

3）在"分类汇总"对话框中进行"分类字段"、"汇总方式"、"选定汇总项"等相应选项设置。

分类汇总统计"不同合作企业的学生人数分布"

➤ 将数据清单按照"实习单位"字段进行排序。

➤ 单击数据清单中的任一单元格。在"数据"选项卡的"分级显示"组，单击"分类汇总"按钮，弹出"分类汇总"对话框。

➤ 如图4-32所示，在"分类汇总"对话框中设置"分类字段"为"实习单位"、"汇总方式"为"计数"、"选定汇总项"也为"实习单位"，其他项目设置不变。

➤ 单击"确定"按钮，得到分类汇总统计结果。

图4-32 "分类汇总"对话框

（3）查看分类汇总项。对数据进行分类汇总后，在工作表左端自动产生分级显示控制符，工作表内的数据包括具体的数据记录，各分类的数据汇总和整个表格数据的汇总三个层次。单击汇总表左上角的" 1 2 3 "按钮可查看各层次数据情况，图4-33所示为"2级"展开分类汇总结果的状态，显示结果中包括了小计和合计项目。

	A	B	C	D	E	F	G	H	I
2									
3	班级	学号	姓名	性别	联系电话	实习单位	实习岗位	实习工资	指导教师
12					东鹏 计数	8			
17					蓝德 计数	4			
28					龙一 计数	10			
33					人寿 计数	4			
34					总计数	26			
35									

图4-33 "2级"展开的分类汇总

（4）删除分类汇总。在"分类汇总"对话框中，单击"全部删除"命令按钮，即可将已经设置好的分类汇总全部删除。

4.2.5　页面设置

页面设置可以改变纸张大小、方向，设置页边距等。在"页面布局"选项卡的"页面设置"组中，有"页边距"、"纸张方向"、"纸张大小"、"打印区域"等各种命令按钮，可选择需要的命令按钮进行相应设置。设置方式与 Word 2010 页面设置基本相同。

（1）打印区域设置。对于 Excel 2010 的工作特点来说，其工作表往往收录了大量的数据信息，而这些数据信息不一定都需要打印出来，因而需要设置打印区域。

打印区域设置时，首先要用鼠标在工作表内选中需要打印的区域范围，然后单击"页面布局"选项卡"页面设置"组中的"打印区域"按钮，选择"设置打印区域"命令即可完成打印区域的设置。打印预览时，打印区域以外的内容将不会显示。

（2）重复打印标题。工作表中的记录比较多，打印时往往需要跨页，此时需要在每一页打印显示标题行；或者工作表的列比较多，打印时形成了跨页，此时需要在每一页打印显示标题列。

重复标题打印设置，首先单击"页面布局"选项卡"页面设置"组中的"打印标题"命令按钮，弹出如图4-34所示的"页面设置"对话框，在其"工作表"选项卡"打印标题"设置"顶端标题行"区域。点击该文本框后面的"区域折叠"按钮"![按钮]"，在工作表的行标上拖动，将第1行至第3行设置为行标题。

图4-34　打印标题行

（3）插入分隔符。对于数据很多的工作表，在打印时一页打不完，Excel 2010 将自动形成分页，但有时因为有特殊打印需要，需要在工作表中手动设置分页。Excel 2010 提供了插入分页符的功能，可以在水平或垂直方向上插入分页符。

插入分页符的具体方法，选择所要插入分页符的列或行所在的任意单元格，单击"页面布局"选项卡"页面设置"组中的"分隔符"命令按钮，在展开的命令列表中选择"插入分页符"命令，将在光标停留单元格的左侧和上方插入垂直和水平分页符。

如果要删除手动插入的分页符，可选择水平分页符虚线下方或垂直单元格虚线右侧的单元格，然后单击"页面布局"选项卡"页面设置"组中的"分隔符"命令按钮，在展开的命令列表中选择"删除分页符"命令，即可删除分页符。

4.2.6 打印设置

Excel 2010 打印预览和打印功能在同一个界面中。单击"文件"选项卡的"打印"命令，显示"打印预览和打印"界面。

使用 Ctrl + P 组合键，也可显示"打印预览和打印"界面。

按"实习单位"打印学生记录

➤ 将数据清单按照"实习单位"字段进行排序。

➤ 将工作表"13 计维 1"有数据的地方选中，执行"页面布局"选项卡"页面设置"组中的"打印区域"按钮中的"设置打印区域"命令，将该区域设置为打印区域。

➤ 打印标题设置，将第 1 行至第 3 行设置为行标题。

➤ 插入分隔符，将光标停留在要分页的位置右下方单元格处，按实习单位的不同进行分页符的手动插入。

➤ 执行"文件"选项卡上的"打印"命令。如图 4 - 35 所示，在打印预览中可以看到工作表的打印区域被分成了 4 页，每页都有标题行显示。

13级计算机专业1班顶岗实习统计表

班级	学号	姓名	性别	联系电话	实习单位	实习岗位	实习工资	指导教师
13计维1	Z1319101	田晶	男	18302455229	东鹏	技术	1000	时老师
13计维1	Z1319105	李开先	男	18302432434	东鹏	技术	1500	时老师
13计维1	Z1319106	王永强	男	18302464639	东鹏	技术	1000	时老师
13计维1	Z1319107	赫一玮	男	18302496844	东鹏	技术	2000	时老师
13计维1	Z1319108	宿广智	男	18302529049	东鹏	销售	1500	时老师
13计维1	Z1319109	刘鹏轩	男	18302561254	东鹏	技术	1500	时老师
13计维1	Z1319112	王欢	女	18302593459	东鹏	销售	2000	时老师
13计维1	Z1319125	刘丹	女	18302625664	东鹏	销售	2000	时老师

13级计算机专业1班顶岗实习统计表

班级	学号	姓名	性别	联系电话	实习单位	实习岗位	实习工资	指导教师
13计维1	Z1319102	王颖	女	18302754484	龙一	销售	1500	董老师
13计维1	Z1319103	王鑫	男	18302786689	龙一	销售	1500	董老师
13计维1	Z1319110	陈佳齐	男	18302818894	龙一	销售	1500	董老师
13计维1	Z1319114	安彦蓁	女	18302851099	龙一	销售	1800	陈老师
13计维1	Z1319118	范瑾	男	18302883304	龙一	技术	1500	陈老师
13计维1	Z1319121	王聪	男	18302915509	龙一	销售	1800	陈老师
13计维1	Z1319122	庞瑞明	男	18302947714	龙一	销售	1500	董老师
13计维1	Z1319123	刘忠伟	男	18302979919	龙一	销售	1500	董老师
13计维1	Z1319124	蒙帮烈	男	18303012124	龙一	销售	1200	陈老师
13计维1	Z1319126	鲁嘉荣	男	18303044329	龙一	销售	2000	董老师

图 4 - 35 分页打印

设计效果

本任务设计效果如图 4 - 36 ~ 图 4 - 38 所示。

13级计算机专业1班顶岗实习统计表

	班级	学号	姓名	性别	联系电话	实习单位	实习岗位	实习工资	指导教师
4	13计维1	Z1319107	赫一玮	男	18302496844	东鹏	技术	2000	时老师
5	13计维1	Z1319105	李开先	男	18302432434	东鹏	技术	1500	时老师
6	13计维1	Z1319109	刘鹏轩	男	18302561254	东鹏	技术	1500	时老师
7	13计维1	Z1319101	田晶	男	18302455229	东鹏	技术	1000	时老师
8	13计维1	Z1319106	王永强	男	18302464639	东鹏	技术	1000	时老师
9	13计维1	Z1319104	马识途	男	18302657869	蓝德	技术	1500	陈老师
10	13计维1	Z1319118	范瑾	男	18302883304	龙一	技术	1500	陈老师
11							技术　计数	7	
12	13计维1	Z1319112	王欢	女	18302593459	东鹏	销售	2000	时老师
13	13计维1	Z1319125	刘丹	女	18302625664	东鹏	销售	2000	时老师
14	13计维1	Z1319108	宿广智	男	18302529049	东鹏	销售	1500	时老师
15	13计维1	Z1319115	王成	男	18302722279	蓝德	销售	1500	董老师
16	13计维1	Z1319111	高娜	女	18302690074	蓝德	销售	1200	董老师
17	13计维1	Z1319117	韩兴华	女	18303076534	蓝德	销售	1200	陈老师
18	13计维1	Z1319126	鲁嘉荣	男	18303044329	龙一	销售	2000	董老师
19	13计维1	Z1319114	安彦蓁	女	18302851099	龙一	销售	1800	陈老师
20	13计维1	Z1319121	王聪	男	18302915509	龙一	销售	1800	陈老师
21	13计维1	Z1319102	王颖	男	18302754484	龙一	销售	1500	董老师
22	13计维1	Z1319103	王鑫	男	18302786689	龙一	销售	1500	董老师
23	13计维1	Z1319110	陈佳齐	男	18302818894	龙一	销售	1500	董老师
24	13计维1	Z1319122	庞瑞明	男	18302947714	龙一	销售	1500	董老师
25	13计维1	Z1319123	刘忠伟	男	18302979919	龙一	销售	1500	董老师
26	13计维1	Z1319124	蒙帮烈	男	18303012124	龙一	销售	1200	陈老师
27	13计维1	Z1319113	徐宁	男	18303108739	人寿	销售	1500	董老师
28	13计维1	Z1319120	王雅雪	女	18303205354	人寿	销售	1500	陈老师
29	13计维1	Z1319116	韩哲哲	女	18303140944	人寿	销售	1200	董老师
30	13计维1	Z1319119	项立凡	男	18303173149	人寿	销售	1200	董老师
31							销售　计数	19	
32							总计数	26	

图 4 - 36　不同岗位的学生人数分布

13级计算机专业1班顶岗实习统计表

	班级	学号	姓名	性别	联系电话	实习单位	实习岗位	实习工资	指导教师
22				男　平均值					1483.333	
31				女　平均值					1550	
32				总计平均值					1503.846	

图 4 - 37　男、女生的实习平均工资

13级计算机专业1班顶岗实习统计表

	班级 ▾	学号 ▾	姓名 ▾	性▾	联系电话 ▾	实习单位 ▾	实习岗位 ▾	实习工资 ▾	指导教师 ▾
24	13计维1	Z1319114	安彦蓁	女	18302851099	龙一	销售	1800	陈老师
25	13计维1	Z1319121	王聪	男	18302915509	龙一	销售	1800	陈老师
26	13计维1	Z1319107	赫一玮	男	18302496844	东鹏	技术	2000	时老师
27	13计维1	Z1319112	王欢	女	18302593459	东鹏	销售	2000	时老师
28	13计维1	Z1319125	刘丹	女	18302625664	东鹏	销售	2000	时老师
29	13计维1	Z1319126	鲁嘉荣	男	18303044329	龙一	销售	2000	董老师

图 4 - 38　工资最高的前 6 人

举一反三

将任务一举一反三练习中的工作簿"班级学生成绩单.xlsx"的"计维"、"动画"、"电气"三张工作表进行整合,对比分析各班级学生的计算机基础成绩。

(1)将工作表"计维"拖拽复制为"计维(2)"。

(2)重命名该工作表为"成绩汇总表"。

(3)在"成绩汇总表"插入"班级"列,并进行相应的"班级"数据填充。

(4)将工作表"动画"、"电气"的数据进行复制,选择性粘贴到"成绩汇总表"。

(5)在"成绩汇总表"按"班级"的降序和"学号"的升序进行排序。

(6)在"成绩汇总表"筛选出"总分"不及格的学生名单,并将该名单在工作表的右侧显示。

(7)在"成绩汇总表"按"班级"进行分类汇总,统计对比各班级"平时成绩"和"总成绩"的平均分。

(8)在"成绩汇总表"按"班级"进行打印,每页显示表头标题行。

任务4.3 计算"计算机应用技术"课程班级综合成绩表

任务目标

- 理解单元格地址的引用方式。
- 熟练掌握公式的输入和计算方法。
- 熟练掌握 Excel 提供的常用函数的功能及用法。
- 熟练掌握利用函数创建简单公式。
- 掌握公式的复制方法。
- 掌握合并计算的方法。

任务描述

学院进行考试改革以来,为了使课程的考核更加合理,提高学生对平时学习的重要性认识,提高了平时成绩在期末考试成绩中所占的比重。本学期"计算机应用技术"课程也进行了相应的考试改革,平时成绩的考核分为上机实训成绩,设计作业成绩和出勤表现成绩三个部分,其中上机实训成绩占总成绩的20%,设计作业成绩占总成绩的20%,出勤表现成绩占总成绩的10%,期末考试占总成绩的50%。作为学习委员的你,请帮助老师完成"班级综合成绩表"的计算和排版工作。

知识链接

(1)单元格的引用,用户可以根据单元格的地址引用单元格,单元格地址的不同表示方式决定了单元格的引用方式。

（2）公式是在工作表中对数据进行分析与计算的等式。公式由前导符"="及参与运算的单元格和运算符构成，应用公式的单元格在数据更新时，能够自动计算出新的结果。

（3）Excel中的运算符构成。Excel包含算术运算符、比较运算符、文本运算符和引用运算符4种类型。

（4）函数是一些预定义的特殊公式，通过给函数赋予一些称为参数的特定数值来按特定程序执行计算。Excel提供了大量的内置函数以供调用，掌握这些函数的用法可以简化数据的计算，减少工作量。

（5）合并计算。合并计算就是将多张工作表中相同区域的数据组合计算到统一的一张工作表中。

4.3.1 公式的构成

想要在数据处理过程中能够灵活应用公式，用户首先要对公式的基础知识做简单的了解。

4.3.1.1 公式包含的元素

公式以"="开始，由运算符、常量、单元格引用，函数等元素组成。

4.3.1.2 公式的运算符

Excel包含算术运算符、比较运算符、文本运算符和引用运算符4种类型。

（1）算术运算符。该类运算符能够完成基本的数学运算，如加、减、乘、除等。它们能够连接数字并产生计算结果。表4-2列出了所有的算术运算符。

表4-2 算术运算符

算术运算符	含 义	示 例	算术运算符	含 义	示 例
+	加号	$2+3=5$	/	除号	$3/2=1.5$
-	减号	$3-2=1$	%	百分比	$3\%=0.03$
*	乘号	$2*3=6$	^	乘方	$2^3=8$

（2）比较运算符。该类运算符能够比较两个数值的大小关系，其返回值为TRUE或者FALSE。表4-3列出了所有的比较运算符。

表4-3 比较运算符

比较运算符	含 义	示 例	比较运算符	含 义	示 例
>	大于	A1 > B1	< =	小于等于	A1 < = B1
> =	大于等于	A1 > = B1	< >	不等于	A1 < > B1
<	小于	A1 < B1	=	等于	A1 = B1

（3）文本运算符。文本运算符只包含一个连字符 &，该字符能够将两个文本连接起来合并成一个文本，例如："中国" & "台湾"将产生文本"中国台湾"。

（4）引用运算符。引用运算符常可以将单元格区域合并计算，常用在函数的参数中，见表 4-4。

表 4-4　引用运算符

引用运算符	含　义	示　例
:	区域运算符，对两个引用之间，包括两个引用在内的所有单元格进行引用	SUM（A1：C4）
，	联合运算符，将多个引用合并为一个引用	SUM（A1：C4，C3：E8）
空格	交叉运算符，表示几个单元格区域所重叠的那些单元格	SUM（A1：C4　C3：E8）

在使用公式进行混合运算时必须要知道运算符的优先级关系以确定运算的顺序。表 4-5 按从高到低的顺序列出了 Excel 中各种运算符的优先级关系，对于优先级关系相同的运算顺序从左向右。

表 4-5　运算符的优先级

运　算　符	说　明	运　算　符	说　明
区域（:）、联合（,）、交叉（空格）	引用运算符	* 和/	乘和除
-	负号	+ 和 -	加和减
%	百分号	&	文本运算符
^	乘方	>>=　<<=　<>　=	比较运算符

4.3.2　公式的输入与复制

（1）公式的输入。公式的输入可以在编辑栏中进行，也可以在单元格中进行。首先选定要输入公式的单元格，输入" = "后继续输入公式的其他部分，随后按 Enter 键即可完成。公式输入完毕，默认情况下，单元格中将显示计算的结果，编辑框中显示公式本身。

（2）复制公式。在工作表数据计算过程中，很多时候很多单元格的运算方法即公式是相同的，如果每一个公式都直接输入，那就大大增加了工作人员的工作量，Excel 可以利用复制公式的方法在多处运行同一个公式，方法如下。

1）单击选择包含已经编辑公式的单元格，在"开始"选项卡下的"剪贴板"中，选择"复制"。

2）如需要复制公式和其他所有设置，单击要复制到的目标单元格区域，在"开始"选项卡下的"剪切板"中，选择"粘贴"；如果只复制公式，则单击"选择性粘贴"命令，在弹出的"选择性粘贴"对话框中选择"公式"。

3）公式的复制操作最常用的方法是使用填充柄，还可以使用快速填充工具进行快速复制单元格公式。

计算"平时成绩"

➤ 打开工作簿"计算机应用技术课程班级综合成绩表计算前.xlsx",切换到"10 计维平时成绩"工作表,准备进行平时成绩的计算。

➤ 选中"F2"单元格,在编辑栏中输入公式前导符"=",鼠标单击"C2"单元格,该单元格的地址显示在编辑栏中,当然也可以直接在编辑栏输入其地址"C2";接下来输入"+",用同样的方法完成公式"=C2+D2+E2"的输入,如图 4-39所示。

➤ 单击编辑栏上的"输入"按钮"✓",完成公式的编辑。在"F2"单元格中可以看到公式的计算结果。

➤ 选中"F2"单元格,将鼠标移动到该单元格的右下角,光标变成黑色十字形状时,向下拖拽直到最后一名学生。

➤ 可以看到每个学生的平时成绩都计算完成了。

图 4-39　"计算机平时成绩公式"的输入

4.3.3　单元格的引用

在公式和函数中使用单元格地址或单元格名字来表示单元格中的数据。公式的运算值随着被引用单元格的数据变化而发生变化。单元格引用就是指对工作表上的单元格或单元格区域进行引用。在计算公式中可以引用本工作表中任何单元格区域的数据,也可引用其他工作表或者其他工作簿中任何单元格区域的数据。Excel 提供了三种不同的引用类型,相对引用、绝对引用和混合引用。

(1)相对引用。相对引用是单元格地址默认的引用方式。相对引用是指当公式复制时,公式中单元格地址引用随公式所在单元格位置的变化而改变。

相对引用的格式是"列标行号",如"A1"、"B2"等。

如图 4-40所示,任意单击一个学生的"平时成绩",可以看到复制的公式采用了单元格相对引用的形式，鼠标纵向拖拽复制，并没有改变原公式的列关系，只有行标发生了相对的变化。

	F6		fx	=C6+D6+E6				
	A	B	C	D	E	F	G	H	I
1	考号	姓名	上机成绩	设计作业	出勤表现	平时			
2	Z1019101	陈冠中	13	13	10	36			
3	Z1019102	张斌	15	13	10	38			
4	Z1019103	李诗萌	14	13	10	37			
5	Z1019104	王鹏玺	14	12	10	36			
6	Z1019105	陶哲宇	15	12	7	34			
7	Z1019106	姜峰	15	13	10	38			
8	Z1019108	纪春	15	11	10	36			

10计维平时成绩 / 10计维考试成绩 / 10计维汇总

图 4-40 公式的复制 - 相对引用

（2）绝对引用。绝对引用是指把公式复制和移动到新位置时，公式中引用的单元格地址保持不变。设置绝对引用需在行标和列标前面加美元符号$，如"$A$1"、"$B$2"等。

（3）混合引用。混合引用是指在一个单元格地址引用中，既包含绝对地址引用又包含相对地址引用。一个地址是绝对引用，一个地址是相对引用，如$A1、B$2 等。当公式复制时，公式的相对地址部分随位置变化而改变，而绝对地址部分不变。

（4）引用同一工作簿中其他工作表的单元格。在同一工作簿中，可以引用其他工作表的单元格。如当前工作表是"Sheet1"，要在单元格"A1"中引用"Sheet2"工作表单元格区"B1"中数据，则可在单元格"A1"中输入公式"＝Sheet2!B1"。

（5）引用其他工作簿中工作表的单元格。在 Excel 计算时也可以引用其他工作簿中单元格的数据或公式。如果要在当前工作簿"Book1"中工作表"Sheet1"的单元格"A1"中引用工作簿"Book2"中工作表"Sheet1"的单元格"B2"的数据，可以选中"Book1"的工作表"Sheet1"的单元格"A1"，输入公式"＝［Book2.xlsx］Sheet1!B2"。

引用"平时成绩"列

➤ 切换到"10 计维汇总成绩"工作表，选中"H2"单元格，该生的平时成绩应由"10 计维平时成绩"工作表上的"F2"单元格得到。

➤ 在编辑栏中输入公式前导符"＝"，切换至"10 计维平时成绩"工作表，选中"F2"单元格，单击编辑栏的输入按钮确认。

➤ 如图 4-41 所示，Excel 2010 自动返回至"10 计维汇总成绩"工作表，可以看到"H2"单元格生成了公式"＝'10 计维平时成绩'!F2"。

➤ 向下拖拽复制"H2"单元格，可以看到每个学生的平时成绩都引用到当前工作表了。这里也发生了相对引用。

	H2		f_x	='10计维平时成绩'!F2				
	A	B	C	D	E	F	G	H
1	考号	姓名	选择题	Windows 操作	Word 操作	Excel 操作	考试	平时
2	Z1019101	陈冠中	53	10	13	12		36
3	Z1019102	张斌	40	10	13	13		38
4	Z1019103	李诗萌	38	4	13	11		37
5	Z1019104	王鹏玺	40	10	14	13		36
6	Z1019105	陶哲宇	50	10	15	12		34
7	Z1019106	姜峰	53	10	14	14		38
8	Z1019108	纪春	40	10	15	14		36

10计维考试成绩　10计维汇总成绩

就绪　　　　　　　　　　　　　　　100%

图 4-41　引用"10 计维平时成绩"工作表的"平时"列

4.3.4　输入函数

函数是随 Excel 附带的预定义或内置公式,它们使用一些称为参数的特定数值按特定的顺序或结构进行计算。用户可以直接用它们对某个区域内的数值进行一系列运算,如分析和处理日期值和时间值、确定单元格中的数据类型、计算平均值和运算文本数据等。函数既可作为独立的公式单独使用,也可以用于另一个公式中或另一个函数内。

（1）函数的语法结构。Excel 函数包括函数名和参数两个部分,其语法格式为:函数名（参数1,参数2,…）。其中,函数名用来指明函数要执行的功能和运算;参数是函数运算必需的条件,可以是数字、文本、逻辑值、单元格引用、函数等,各个参数之间用逗号隔开。如果函数的参数是文本类型的,该参数要用双引号引起来。在 Excel 2010 中,函数分为:财务函数、日期与时间函数、数学与三角函数、统计函数、查找与引用函数、数据库函数、逻辑函数等。

（2）直接输入函数。对于比较熟悉的函数可以采用直接输入的方式。首先选定单元格,输入等号" ="后直接输入函数、参数即可,如输入" = SUM(C1：D2)"后按"回车"键完成输入过程。

（3）插入函数。当用户不太了解函数格式和参数设置的相关信息时,可使用编辑栏左侧"插入函数"按钮" f_x ",或选择"公式"选项卡"函数库"组进行插入函数的操作。

插入函数计算"考试成绩"列
- ➢ 切换到"10 计维考试成绩"工作表,选中"G2"单元格,该生的期末考试成绩是由"选择题"、"Windows 操作"、"Word 操作"、"Excel 操作"4 部分构成。
- ➢ 在编辑栏中输入公式前导符" =",单击编辑栏左侧"插入函数"按钮" f_x ",弹出如图 4-42 所示的"插入函数"对话框,选择求和函数"SUM"后"确定"。
- ➢ 如图 4-43 所示,在弹出的"函数参数"对话框设置 SUM 函数的参数。鼠标拖拽选中区域"C2：F2"。
- ➢ 向下拖拽复制"G2"单元格,可以看到每个学生的考试成绩都计算完毕了。

图 4 – 42 "插入函数"对话框

图 4 – 43 函数参数设置

4.3.5 常用函数的使用

由于 Excel 的函数相当多,因此本书仅介绍几种比较常用函数的使用方法,其他更多的函数可以从 Excel 的在线帮助功能中了解更详细的信息。下面简单介绍一些常用的函数。

4.3.5.1　求和函数

功能：返回某一单元格区域中所有数字之和。

语法：SUM（number1，number2，……）

说明：

（1）number1，number2，……为 1 到 30 个需要求和的参数，每个参数都是一个单元格或一个连续的区域；

（2）直接键入到参数表中的数字、逻辑值及数字的文本表达式将被计算。如果参数为错误值或不能转换成数字的文本，将会导致错误。

4.3.5.2　求平均值函数

功能：对所有参数求其平均值。

语法：AVERAGE（number1，number2，……）

说明：number1，number2，……为 1 到 30 个求平均值的参数。与 SUM 函数的参数要求相同。

4.3.5.3　求最大值函数

功能：求所有参数中最大的数值，忽略逻辑值及文本。

语法：MAX（number1，number2，……）

说明：number1，number2，……是要从中找出最大值的 1 到 30 个数字参数。与 SUM 函数的参数要求相同。

4.3.5.4　求最小值函数

功能：求所有参数中最小的数值。

语法：MIN（number1，number2，……）

说明：number1，number2，……是要从中找出最小值的 1 到 30 个数字参数。与 SUM 函数的参数要求相同。

4.3.5.5　条件函数

功能：判断一个条件是否满足，如果满足返回一个值，如果不满足则返回另一个值。

语法：IF（logical_test，value_if_true，value_if_false）

说明：logical_test 是一个表达式，如果该表达式的值为真，返回值为 value_if_true，否则返回 value_if_false。

4.3.5.6　四舍五入函数

功能：按指定位数四舍五入某个数字。

语法：ROUND（number，num_digits）

说明：

（1）number 是需要四舍五入的数字（数字本身或数字存放的单元格名称）；

（2）num_digits 为指定的位数，number 按此位数进行处理。

注意：如果 num_digits 大于 0，则四舍五入到指定的小数位；如果 num_digits 等于 0，则四舍五入到最接近的整数；如果 num_digits 小于 0，则在小数点左侧按指定位数四舍五入。

4.3.5.7　条件求和

功能：对满足条件的单元格求和。

语法：SUMIF（range，criteria，sum_range）

说明：

（1）range 为用于条件判断的单元格区域；

（2）criteria 为确定哪些单元格将被相加求和的条件；

（3）sum_range 为需要求和的实际单元格。只有当 range 中的相应单元格满足条件时，才对 sum_range 中的单元格求和。如果省略 sum_range，则直接对 range 中的单元格求和。

4.3.5.8　条件计数函数

功能：计算区域中满足给定条件的单元格的个数。

语法：COUNTIF（range，criteria）

说明：

（1）range 为需要计算其中满足条件的单元格数目的单元格区域；

（2）criteria 为确定哪些单元格将被计算在内的条件，其形式可以为数字、表达式或文本。

4.3.5.9　排位函数

功能：返回一个数值在一组数值中的排位（如果数据清单已经排过序了，则数值的排位就是它当前的位置）。

语法：RANK（number，ref，order）

说明：

（1）number 是需要计算其排位的一个数字；

（2）ref 是包含一组数字的数组或引用（其中的非数值型参数将被忽略）；

（3）order 为一数字，指明排位的方式。如果 order 为 0 或省略，则按降序排列的数据清单进行排位；如果 order 不为零，ref 当作按升序排列的数据清单进行排位。

完成工作表"10 计维汇总成绩"计算

➢ 切换到"10 计维汇总成绩"工作表，选中"G2"单元格，将"10 计维考试成绩"中的"G2"单元格引用过来，得到公式"='10 计维考试成绩'!G2"。

➢ 拖拽复制"G2"，填充所有学生的"考试"列。

➢ 进行总分计算。学生的总分由"考试成绩 * 比例系数 + 平时成绩"得到。选中"I2"单元格，在编辑栏中输入公式前导符"="，输入公式"=G2*\$M\$2+H2"，如图 4-44 所示，"M2"单元格是本次的比例系数，为了在复制公式的过程中不发生相对变化，这里采用了绝对引用的方式。"回车"确认公式输入。

➢ 向下拖拽复制"I2"单元格，可以看到每个学生的总成绩都计算完毕了。

➢ 调整第 I 列小数位数。点击"开始"选项卡"数字"组中的"减少小数位数"按钮" "，将"总分"保留"1"位小数。

➢ 计算班级平均分。选中"C31"单元格，在编辑栏中输入公式前导符"="，"插入函数"按钮" "，在"插入函数"对话框中选择求平均值函数"AVERAGE"，并设定其参数为区域"C2：C30"。

➢ 如图 4-45 所示，向右侧拖拽复制"C31"单元格，可以看到每个项目的平均分都计算完毕了。调整保留 2 位小数。

图 4-44   计算总分-绝对引用

图 4-45   计算机班级平均分

4.3.6   合并计算

在工作簿中，有时为了记录数据往往会创建许多格式相同的工作表，比如"1 月、2 月、3 月"等按月记录的数据，"2014 年、2015 年"等按年记录的数据，为了对这些数据汇总计算分析，Excel 2010 提供了合并计算的功能。合并计算只能计算分布在各个工作表中对应位置的数值信息，对于文本则忽略，因此，在合并计算之间，最好先在一张新工作表中复制创建工作表的标题、表头等格式信息，并预留出等待合并计算结果的数据区域。合并计算的步骤如下：

（1）选择"数据"选项卡下"数据工具"组中的"合并计算"按钮，弹出"合并计算"对话框。

（2）在对话框中，"函数"下拉列表中可以进行合并计算函数的选择，默认为"求和"，也可以根据需要选择计数、求平均值等。

（3）在对话框中，单击"引用位置"后"折叠"按钮，可以进行求和区域的选择。点击该折叠按钮，在需要合并计算的工作表中选择数据区域，然后单击"添加"按钮，将数据区域添加到"所有引用位置"中，经过多次操作，将所有参与合并计算的工作表区域都添加到"所有引用位置"列表中。

（4）勾选"创建指向源数据的链接"，单击"确定"按钮完成合并计算。

值得注意的是要合并计算的每个区域都必须分别置于单独的工作表中，不能将任何区域放在需要放置合并的工作表中。

本任务的设计效果如图4－46所示。

	考号	姓名	选择题	Windows编辑	Word操作	Excel操作	考试	平时	总分			平时	考试
2	Z1019101	陈程中	53	10	13	12	88	36	83.8			0.4	0.6
3	Z1019102	张冰	40	10	13	13	76	33	83.6				
4	Z1019103	李净哲	38	4	13	11	66	37	76.6				
5	Z1019104	高朝曼	40	10	14	13	77	36	82.2				
6	Z1019105	陶哲宇	50	10	15	12	87	34	86.2				
7	Z1019106	姜峰	53	10	14	14	91	33	92.8				
8	Z1019108	诚泰	40	10	15	14	79	36	83.4				
9	Z1019109	崇宁	45	10	14	12	81	32	80.6				
10	Z1019110	金引红	54	10	14	11	89	31	84.4				
11	Z1019111	曹庆东	34	3	14	12	63	28	73.3				
12	Z1019112	刘明哲	41	4	15	0	60	28	64				
13	Z1019113	胡禧棠	33	3	14	11	61	36	72.6				
14	Z1019114	康欣	45	10	15	13	84	39	89.4				
15	Z1019115	李亮	20	6	13	6	45	24	51				
16	Z1019117	李想	30	10	15	10	65	39	73				
17	Z1019118	徐占新	45	10	15	13	86	33	59.5				
18	Z1019119	张暗	33	10	14	13	70	33	78				
19	Z1019120	张譬堂	43	3	14	14	74	36	80.4				
20	Z1019121	伦晋	57	10	13	11	91	23	77.6				
21	Z1019123	张格武	36	10	15	13	74	37	81.4				
22	Z1019124	孟植	33	6	15	11	67	33	73.2				
23	Z1019125	蒋宪	45	6	15	10	79	35	82.4				
24	Z1019126	吴立柳	42	6	15	13	79	26	73.4				
25	Z1019127	张晓琪	45	10	12	10	77	25	71.2				
26	Z1019128	肖范	45	10	15	13	83	36	86.8				
27	Z1019130	董子壮	56	7	13	10	86	35	89.8				
28	Z1019131	路窗卷	29	10	14	13	66	30	69.6				
29	Z1019132	刘浩	57	10	15	12	94	33	89.4				
30	Z1019133	徐小龙	37	10	14	14	75	35	80				
31	班级平均分		42.21	8.41	14.03	11.66	76.31	33.83	79.61				

图4－46　班级综合成绩单

举一反三

上大学之后，我们每个月的开销由自己决定，再也不由父母做主了，大家是不是有一种自由的感觉呢，但是有的同学不能合理的安排自己的收支情况，财务危机频发。为了更好的计划开支，现在请同学们自己设计一个"学年收支统计表"，这个工作簿由"上学年"和"下学年"两张工作表构成，上学年的工作表样本如图 4 - 47 所示，请你根据自己的情况进行修改，并完成"下学年"工作表的计算任务。具体要求如下：

（1）合理调整工作表中"A"列的收支项目，并根据自己的情况进行填写。

（2）利用函数计算各个收支项目的学期总计。

（3）利用函数计算每个月的收入情况。

（4）利用函数计算每个月的支出情况。

（5）利用公式计算每个月的节余情况。

（6）利用函数计算学期平均月支出和节余情况。

（7）在"下学期"工作表中增加"上学期节余"项目，将上学期的节余引入。

（8）合并计算，将"上学期"和"下学期"工作表中的数据合并计算到"全年汇总"工作表中。

	三月	四月	五月	六月	七月	学期总计
2015上学年个人收支统计表						
父母资助	1500	1500	1500	1500	1500	7500
勤工俭学	300	200	260	320	0	1080
奖学金	1250					1250
上学期节余						
每月收入	3050	1700	1760	1820	1500	9830
电话费	75	102	83	66	70	396
上网费	30	30	30	30	30	150
伙食费	850	800	820	850	500	3820
服装	300	200	350	120	230	1200
朋友聚会	100	50	115	150	100	515
其它花费	100	220	160	200	450	1130
每月支出	1455	1402	1558	1416	1380	7211
节余	1595	298	202	404	120	2619
					月平均支出	1442.2
					月平均节余	523.8

图 4 - 47 "举一反三"实例预览图

任务4.4 调查统计分析

任务目标

- 了解图表的类型及组成图表的元素。
- 熟练掌握图表的创建方法。
- 熟练掌握图表的编辑和美化方法。
- 掌握数据透视表的创建方法。
- 掌握数据透视图的创建方法。

任务描述

旅游专业的学生得到一份近两年春节期间上海入境旅游的数据，请你根据所给定的数据资料进行分析，以图表的形式展示出人员来源构成的数量对比、与去年同期数据的对比等分析结果。

知识链接

（1）图表的定义，图表泛指可直观展示统计信息属性，对信息的直观生动感受起关键作用的图形结构。是一种很好地将对象属性数据直观、形象地"可视化"的手段。

（2）图表的数据源。图表是对数据信息的直观展示，因而图表必须以数据源作为支撑。

（3）图表编辑。创建图表后，可以修改图表的任何一个元素以满足用户的需要，包括图表的样式设计、图表的布局和格式。

（4）数据透视表。数据透视表是一种可以对大量数据快速汇总和建立交叉列表的交互式表格。它是建立在数据清单基础上的一种视图，通过设置自动生成，方便用户对数据清单进行数据分析的呈现。

（5）数据透视图。数据透视图是数据透视表的图形化表示工具。使数据透视表中的数据信息表现得更加形象直观。因为数据透视图是建立在数据透视表基础之上的，因而数据透视图的展现随数据透视表而变化，并且伴有筛选等功能。

任务实施

4.4.1 了解图表各元素

为了使用户在以后的工作中能够灵活应用图表，需要很好地了解图表的类型和结构。下面分别予以介绍。

4.4.1.1 图表的类型

Excel 提供了许多种图表类型，常见的图表类型有饼图、柱形图、折线图、条形图等，不同类型的图表展现数据的优势也不一样，所以用户可以根据需要采用显示数据最有意义的图表类型来。下面是几种常用的图表类型。

（1）柱形图。柱形图用来显示不同时间内数据的变化情况，或者用于对各项数据进行比较，是最普通的商用图表种类。柱形图中的分类位于横轴，数值位于纵轴。

（2）折线图。折线图用于显示某个时期内的数据在相等时间间隔内的变化趋势。折线图与面积图相似，但它更强调变化率，而不是变化量。

（3）饼图。饼图用于显示数据系列中每一项占该系列数值总和的比例关系，它通常只包含一个数据系列，用于强调重要的元素，这对突出某个很重要的项目中的数据是十分有用的。

（4）面积图。面积图强调数量随时间而变化的程度，也可以用于引起人们对总值趋势的注意。

（5）条形图。条形图用于比较不连续的无关对象的差别情况，它淡化数值项随时间的变化，突出数值项之间的比较。条形图中的分类位于纵轴，数值位于横轴。

4.4.1.2　图表组成元素

图表由图表区、绘图区、图例、坐标轴、数据系列等几个部分组成，各组成部分功能如下。

（1）图表区：用于存放图表各个组成部分的区域。

（2）绘图区：用于显示数据系列的变化。

（3）图表标题：用以说明图表的标题名称。

（4）坐标轴：用于显示数据系统的名称和其对应的值。

（5）数据系列：用图形的方式表示数据的变化。

（6）图例：显示每个数据系列代表的名称。

4.4.2　创建图表

图表有内嵌图表和独立图表两种。内嵌图表是指图表与数据源放置在同一张工作表中；独立图表是指图表和数据源不在同一张工作表，而是单独存放。

4.4.2.1　创建图表

（1）选定生成图表的数据区域。该区域一定是数据清单的一部分，不包括表标题。

（2）选择"插入"选项卡的"图表"组，该组中显示 Excel 提供的图表类型。在该组中单击某一图表类型按钮，在展开的子图表列表选择所需子类型，即可在当前工作表中生成一个嵌入式图表。

创建图表

➢ 打开"任务 4\旅游调查 . xlsx"工作簿，可以看到该工作簿中有"2015 年"和"2014 年"两张工作表，记录了"春节前后上海市接待过夜入境旅游者人数"。

➢ 选择数据区域。如图 4 - 48 所示，不要选择表标题，将数据清单部分的"A5：D8"区域选中，作为图表的数据支撑。

➢ 切换到工作表"2015 年"。如图 4 - 49 所示，点击"插入"选项卡下"图表"组的"柱形图"按钮，在展开的子图表类型中选择"三维簇状柱形图"。

➢ 生成默认图表，如图 4 - 50 所示。

上海旅游统计资料			
春节前后本市接待过夜入境旅游者人数（人次）			
月份 来源	1月	2月	3月
外国人	281092	236139	326383
中国香港同胞	25742	24897	30108
中国澳门同胞	726	1565	1900
中国台湾同胞	22449	19895	25710
总计	330009	282496	384101

图 4-48　选择数据源

图 4-49　插入"三维簇状柱形图"

图 4-50　生成图表

4.4.2.2　修改图表

图表创建好后，单击图表对象，功能区选项卡会显示出"图表工具"，包含"设计"、"布局"和"格式"3 个选项卡，各选项卡又包含多个组和按钮，可以对图表进行修改和编辑。

（1）切换行/列。在"图表工具－设计"选项卡中单击"数据"组中"切换行/列"，可切换图表的"分类轴"和"系列"。新生成的图表默认按数据源的"列标题"生成"系列"，"行标题"生成"分类轴"。图表的展示方式不同显示出的对比角度也不同，用户可以根据需要去切换对比关系，图 4-51 为切换"行/列"后的图表。

（2）更改数据源。如果在建立图表的第一步没有预先选择数据源（生成空白图表），或者在图表生成时候对图表的对比效果不满意，都可以重新进行数据源的选择调整。在"图表工具－设计"选项卡中单击"数据"组中的"选择数据"按钮，弹出"选择数据源"对话框，如图 4-52 所示，使用鼠标拖动选择新的数据区域，松开鼠标后，在"图标数据区域"栏中会显示选择的结果，单击"确定"按钮。另外，在该对话框中点击"切换行/列"按钮也可以实现"分类轴"和"系列"之间的转换。

图 4 – 51　切换行/列

图 4 – 52　"选择数据源"对话框

（3）改变图表位置。

1）图表在当前工作表中移动位置。单击选中图表，按下鼠标左键不放，拖动图表到所需要的位置，释放鼠标，图表即被移到虚线框所示的目标位置。

2）图表作为独立图表。图表是默认生成到当前工作表的，如果要将图表作为独立的工作表进行存放。单击选中图表，在"图表工具 – 设计"选项卡中的"位置"组，单击"移动图表"按钮，弹出"移动图表"对话框，如图 4 – 53 所示。在这里选择"新工作表"，单击"确定"按钮，在当前工作表的前方生成独立图表"Chart1"。

3）图表移动到其他工作表中。在"移动图表"对话框中，单击"对象位于"选项后面的下拉列表，列表中将会显示当前工作簿的所有工作表，选择一个工作表，作为图表新的存放位置。

（4）改变图表的大小。选中图表，把鼠标移到图表右上角，出现斜双向箭头且显示"图表区"提示文字时，按住鼠标左键拖动，即可放大或缩小图表。

图4-53　"移动图表"对话框

（5）更改图表类型。选择图表，单击"图表工具-设计"选项卡"类型"组中的"更改图标表型"，打开"更改图表类型"对话框，如图4-54所示。在弹出的对话框中单击"折线图"，并选择其子类型，将其作为更新的图表类型，单击"确定"按钮。

图4-54　"更改图表类型"对话框

（6）图表布局样式。选择图表，单击"图表工具-设计"选项卡"图表布局"组中的下拉列表，从中选择一种图表布局样式可以更改图表的整体布局。图表布局指的是组成元素，包括图表、图表标题、图例，模拟运算表、垂直轴标题等之间的位置关系，以及网格线、高低点连线、数据标签等的标注与设置。关于图表布局细节的调整还要在"图表工具-布局"选项卡进行。

（7）更改图表样式。选择图表，单击"图表工具–设计"选项卡"图表样式"组中的下拉列表，从中选择一种图表样式更改图表的整体外观样式。关于图表样式细节的调整还要在"图表工具–格式"选项卡进行。

4.4.3　编辑图表

图表创建后用户还可以对图表中的"标签"、"坐标轴"、"背景"等图表元素的布局进行细节的设计与调整，这些调整可以在图4–55所示的"图表工具–布局"选项卡完成。

图4–55　"图表工具–布局"选项卡

（1）插入组。如果要在图表中使用图片、文本框和形状等元素，可以使用"图表工具–布局"选项卡"插入"组完成。自由的完善图表布局设计。

（2）标签组。标签组用来在图表中添加图表标题、坐标轴标题、图例、数据标签、模拟运算表，更改各种标签在图表中的位置。

（3）坐标轴。用来显示和隐藏坐标轴及网格线，调整坐标轴的刻度、位置，调整网格线的间距。

（4）背景。对于二维图表来说，进行绘图区背景的设置，对于三维图表来说图表背景墙、图表基底、三维旋转的设置都要通过该背景选项组来完成。

编辑图表

➤ 打开"任务4\旅游调查.xlsx"工作簿，进入刚刚创建的独立图表"Chart1"。

➤ 添加图表标题。在"图表工具–布局"选项卡"标签"组选择"图表标题"命令，在展开的命令列表中选择"图表上方"，可以看到在Chart1上方生成了"图表标题"文本框，修改图表标题为"2015年1、2、3月上海入境人数变化趋势图"。

➤ 观察图表中生成的变化趋势折线，因为数据系列"外国人"和其他数据系列的人数差距较大，使得其他系列的趋势曲线变化不明显，如图4–56所示，在绘图区选择"外国人"系列，单击右键，在弹出的快捷菜单中选择命令"设置数据系列格式"。在弹出的对话框中设置"系列选项"，选择系列绘制在"次坐标轴"。如图4–57所示，可以看到调整后的图表拥有主次两个坐标轴，其中"港澳台"入境人数变化绘制在主坐标轴，"外国人"入境人数变化生成在右侧的次坐标轴，这样的设置使得图表中曲线变化更明晰。

➤ 添加数据标签。因为"外国人"系列生成在次坐标轴，为了方便区别，给该系列添加数据标签，在"图表工具–布局"选项卡"标签"组选择"数据标签"命令，在展开的命令列表中选择"上方"，在数据点的上方添加数据标签，如图4–57所示。

图 4-56 选中图表中的"外国人"系列

图 4-57 为系列添加"次坐标"轴和"数据标签"

4.4.4 图表格式化

图表创建后用户还可以通过如图 4-58 所示的"图表工具-格式"选项卡对图表进行格式化操作。主要包括图表区域的形状样式、文本样式及各元素之间的排列关系等。

图 4-58 "图表工具-格式"选项卡

（1）图表背景。选择图表的绘图区，在"图表工具-格式"选项卡上"形状样式"列表中选择一种样式，更换当前的图表背景，如果对样式列表中所提供的不满意，用户还可通过"形状填充"、"形状轮廓"和"形状效果"去进一步调整。

（2）艺术字样式。图中的文字都可以套用艺术字样式，比如选择图表标题，在"艺术字样式"列表中选择一种艺术字样式，美化当前的标题文字。如果对样式列表中所提供的不满意，用户还可通过"文本填充"、"文本轮廓"和"文本效果"去进一步调整。

4.4.5 进一步数据分析

分析 2015 年上海入境人员构成比例

➤ 打开"excel\任务 4\旅游调查 . xlsx"工作簿，进入工作表"2015 年"。

➤ 选择数据区域"A4：B8"，点击"插入"选项卡下"图表"组的"饼图"按钮，在展开的子图表类型中选择"复合条饼图"生成默认图表。

➤ 复合条饼图不但可以反映数据所占的比例关系，还可以将饼图中所占比例较小的部分在条图中放大堆积显示，使数据更便于观察。

➤ 添加图表标题和数据标签。在"图表工具-布局"选项卡"标签"组中的相应命令为图表添加标题"2015 年 1 月上海入境人员比例"，数据标签居中显示，如图 4-59 所示。

2015年1月上海入境人员比例

图 4 - 59 饼图

用复合图表进行同期对比分析

➢ 打开 "excel\任务 4\旅游调查.xlsx" 工作簿，进入工作表 "对比分析"。

➢ 公式计算同比增长。在 "C5" 单元格输入公式 "= B5/'2014 年'! B9 - 1"，计算 1 月份同比增长率，2、3 月份计算公式类似。

➢ 选择数据区域 "A4：C7"，点击 "插入" 选项卡下 "图表" 组的 "柱形图" 按钮，在展开的子图表类型中选择 "二维簇状柱形图" 生成默认图表。因为要和二维折线图构成复合图表，因而这里的柱形图也要选择二维的。

➢ 建立次坐标轴。在生成的图表区域中，可以看到 "同比增长" 系列的柱形很难观察到其高度，通过比例放大显示，选中这个系列。右键单击在快捷菜单中选择 "设置数据系列格式" 命令，在弹出的对话框中将该系列生成在次坐标轴。

➢ 添加图表标题和数据标签。在 "图表工具 - 布局" 选项卡 "标签" 组中的相应命令为图表添加标题 "2015 年上海入境人数与 2014 年同期对比"，为系列 "同比增长" 添加数据标签，如图 4 - 60 所示。

➢ 从该图中不但能看出 2015 年 1 ~ 3 月份的入境人数对比，还可以看出每个月相对于上年同期的增长率变化。

图 4 - 60 复合统计图

4.4.6 创建数据透视表

（1）了解数据透视表。数据透视表是一种交互的、交叉制表的 Excel 报表，用于对多种来源（包括 Excel 的外部数据）的数据进行汇总和分析，可以深入分析数值数据，并回答一些包含在数据中的实际问题，是数据分析和决策的重要技术。

（2）创建数据透视表。要创建数据透视表，必须定义其源数据，在工作簿中指定位置并设置字段布局。

在"数据透视表工具–设计"选项卡上可以进行数据透视表样式和布局的设计。在"数据透视表工具–选项"选项卡，可以进行改变透视表的数据源，更改数值计算的方式等操作。

创建数据透视表

➤ 打开"excel\任务 2\实习统计表 . xlsx"工作簿，进入工作表"13 计维 2"。

➤ 单击数据源"13 计维 2"中的任意一个单元格，单击"插入"选项卡下的表格组中的"数据透视表"按钮，在下拉选项中选择"数据透视表"，在弹出的"创建数据透视表"对话框中选择要分析的数据，如图 4 – 61 所示，默认的选择是将整张工作表作为源数据。

➤ 在对话框中"选择放置数据透视表的位置"中选择放置数据透视表的位置，默认的选择是将数据透视表作为新的工作表，可以保持此选项不变，即生成一张空的数据透视表。

➤ 在生成空白数据透视表的同时打开"数据透视表字段列表"任务窗格。在任务窗格的"选择要添加到报表的字段"列表框中选择相应字段的对应复选框，即可创建出带有数据的数据透视表，在本例中选择"姓名"、"性别"、"实习单位"、"指导教师"，如图 4 – 62 所示。

➤ 将选中的字段分别拖拽到"列标签"、"行标签"和"数值"区间，并按"性别"进行筛选。这里"数值"标签采用了计数的计算方式。可以得到各个实习单位不同指导教师的学生人数分配情况。

➤ 如图 4 – 63 所示，得到了带有"性别"筛选的数据透视表，在该透视表中，可以分别根据行标签"实习单位"和列标签"指导教师"筛选数据进行透视表的展示。

图 4 – 61　"创建数据透视表"对话框

图 4-62　"数据透视表字段列表"窗格　　　　图 4-63　"数据透视表"和"数据透视图"

4.4.7　创建数据透视图

4.4.7.1　数据透视图

数据透视图是数据透视表的图形化表示工具，它能准确地显示相应数据透视表中的数据，使得数据透视表中的信息以图形的方式更加直观、更加形象地展现在用户面前。

4.4.7.2　创建数据透视图

创建数据透视图的方式主要有三种。

（1）在刚创建的数据透视表中选择任意单元格，然后单击"数据透视表工具"中"选项"选项卡"工具"组中的"数据透视图"按钮，用这种方法，创建如图 4-63 所示的数据透视图。

（2）数据透视表创建完成后单击"插入"选项卡，在图表组中也可以选取相应的图表类型创建数据透视图。

（3）如果还没有创建数据透视表，单击数据源数据中的任一单元格，单击"插入"选项卡"表格"组中的"数据透视表"按钮，在弹出的下拉菜单中选择"数据透视图"，Excel 将同时创建一张新的数据透视表和一张新的数据透视图。

4.4.7.3　编辑数据透视图

（1）更改图表类型：选中数据透视图，选择"设计"工具栏选项卡的"更改图表类型"按钮，在弹出的对话框中选择需要的第二个图形类型，单击"确定"按钮，即可更改数据透视图的类型。

（2）更改布局和图表样式：选中数据透视图，选择"设计"工具栏选项卡下的"图表布局"按钮，可以更改数据透视图的布局；单击"图表样式"按钮，还可以快速更改数据透视图的显示样式。

设计效果

本任务的设计效果如图 4 - 64 ~ 图 4 - 66 所示。

上海旅游统计资料			
春节前后本市接待过夜入境旅游者人数（人次）			
月份 来源	1月	2月	3月
外国人	281092	236139	326383
中国香港同胞	25742	24897	30108
中国澳门同胞	726	1565	1900
中国台湾同胞	22449	19895	25710
总计	330009	282496	384101

上海旅游统计资料			
春节前后本市接待过夜入境旅游者人数（人次）			
月份 来源	1月	2月	3月
外国人	173828	230786	263248
中国香港同胞	23686	22007	31226
中国澳门同胞	957	951	1171
中国台湾同胞	15938	25723	26025
总计	214409	279467	321670

图 4 - 64 工作表"2015 年"

图 4 - 65 工作表"2014 年"

上海旅游统计资料		
本市接待过夜入境旅游者人数同期对比		
	入境总人数	同比增长
2015年1月	330009	0.54
2015年2月	282496	0.01
2015年3月	384101	0.19

图 4 - 66 工作表"同期对比"

举一反三

学前专业的同学利用假期进行了关于学前儿童英语学习方法的问卷调查，并将问卷调查的数据用 Excel 录入和保存，现在请你帮忙分析一下这些数据，看看从中能够得出什么结论。

（1）打开工作簿"幼儿英语学习问卷调查数据.xlsx"，该工作簿有三张工作表，根据问卷来源不同分别收录了来自"英语辅导班"、"幼儿园"及两者综合的问卷数据。数据清单一共 11 列，分别对应了 Word 文档"幼儿英语学习调查问卷.docx"的 1 ~ 11 的问卷题目。清单中的每一行记录了一张问卷的调查结果。

（2）分析清单中的数据，建立图表直观地反映问卷调查中各问题的现实情况。比如"幼儿园英语教学现状"，图4-67是来自参加辅导班的学生家长的问卷数据，饼图展示了参加学前英语辅导的家长对幼儿园英语教学的看法。

图4-67 调查问卷分析

（3）完成其他的类似分析，图表的创建、布局调整及修饰工作。

 综合训练

本项目通过4个实训任务由浅入深地讲述了工作簿和工作表的基本操作，数据清单的排序、筛选、分类汇总，公式和函数在数据计算中的应用，统计图、透视表等数据分析工具的应用从内容上基本满足了日常数据计算和数值分析。

现在请你根据项目中所学到的知识技能完成一项 Excel 2010 应用的综合训练任务，基础数据在教程"excel"目录的"综合实例.xlsx"工作簿中提供，任务要求具体如下：

（1）根据所给班级学生考试成绩和平时成绩数据计算该班学生的总成绩。

（2）设计成绩单，并进行美化工作。

（3）分析班级学生成绩数据并在图4-68所示的"试卷分析"工作表中完成考试成绩的分析工作。

			考试成绩分析					
专 业		年 级		班 级		人 数		人
考核科目		考核形式	考试	考核用时	100分钟	考核时间		
考核方式	闭卷	题型构成						
	平均分	最高分	最低分	及格人数	及格率	不及格人数	不及格率	
	分数段	人数		百分比		备注		
卷面成绩统计	90-100分							
	80-89分							
	70-79分							
	60-69分							
	50-59分							
	40-49分							
	30-39分							
	0-29分							

图4-68 "试卷分析"表

（4）生成如图 4 - 69 所示的"考试成绩分析"图，并进行布局和美化。

图 4 - 69　"考试成绩分析"图

项目5 PowerPoint 2010演示文稿制作

PowerPoint 2010 是 Microsoft 公司开发的 Office 2010 办公软件的组件之一。使用 Power-Point 可以制作幻灯片，例如在做计划、报告和产品演示时将其制作成幻灯片，这样可以在向观众播放幻灯片的同时，配以丰富翔实的讲解，使之更加生动形象。

 教学目标

- 熟练掌握演示文稿的新建、保存等基本操作。
- 熟练掌握幻灯片的创建、编辑、排版操作。
- 熟练掌握多媒体素材在幻灯片中的应用。
- 熟练掌握幻灯片主题套用、背景设置和母版应用等美化操作。
- 掌握幻灯片切换、自定义动画、链接和动作按钮的应用。
- 掌握幻灯片的放映、打印方法。

 项目实施

任务 5.1 设计制作学院简介

任务目标

- 熟练掌握演示文稿的新建、保存等基本操作。
- 熟练掌握幻灯片的插入和删除方法。
- 掌握 PowerPoint 2010 不同视图的应用。
- 熟练掌握在幻灯片中应用表格、图表与 SmartArt 图形。
- 熟练掌握在幻灯片中应用插入图片、剪贴画、媒体剪辑。

任务描述

为了让更多的人了解我们学院，学院希望在校园网站上添加一些有关学院的宣传资料，并号召同学们参与进来，请你用 PowerPoint 2010 为学院的宣传设计制作一个演示文稿，包括学院概况、组织机构、专业介绍等内容。

（1）演示文稿的建立。演示文稿是指 PowerPoint 的文件，2010 版默认的后缀是". pptx"。建立演示文稿的方法有很多种，一般是先确定存储的位置（文件夹），并在该文件夹中单击右键，在快捷菜单的新建命令中选择"PowerPoint 演示文稿"。

（2）演示文稿的保存。确定演示文稿的保存格式、名称和位置。

（3）演示文稿的视图。为了方便演示文稿的编辑、查看、浏览，PowerPoint 2010 提供了不同的视图。

（4）幻灯片的基本操作。幻灯片是演示文稿中的一页，在幻灯片编排的过程中进行的新建、移动、复制、删除以及版式确定、分组等操作。

（5）文本的编辑与排版。文本作为幻灯片设计中重要的元素，通常置于文本框中，文本的字体、段落排版，样式套用是幻灯片编辑的重要部分。

（6）项目符号与编号。幻灯片默认版式中的文本内容区都设置了项目符号，可以通过"Tab"键来控制列表的级别。

（7）在幻灯片中应用表格、图表、SmartArt 图形。

（8）在幻灯片中插入图片、剪贴画、形状。

（9）在幻灯片中插入声音、视频等元素，并控制其播放。

5.1.1　PowerPoint 2010 的主界面

选"开始"上"所有程序"中"Microsoft Office"下的"Microsoft Office PowerPoint 2010"菜单项即可打开 PowerPoint 2010 工作窗口。如图 5 - 1 所示，它的操作界面和上一版本的操作界面相比变化不大，只是"Office"按钮换成了"文件"选项卡。使老用户使用起来更方便。

（1）"文件"选项卡。如图 5 - 2 所示，这是 2010 版本新增的一个名为 Microsoft Office Backstage 视图的组件。它取代了以前版本"Office"按钮和"文件"菜单。用户单击此按钮可以看到一些基本命令，如："新建"、"打开"、"打印"、"保存"等。

（2）快速访问工具栏。快速访问工具栏延续了上一个版本的功能，在该工具栏中包含了"保存"、"撤销"和"恢复"等多个常用按钮。单击快速访问工具栏右侧的下拉箭头，用户可以从弹出的下拉列表中根据自己的需要添加或者删除相应的按钮。

（3）标题栏。标题栏位于操作界面最上方，用于显示程序名称和文档标题。

（4）控制按钮区。包括"最小化"、"最大化"、"关闭"按钮，用户可以通过单击相应的按钮实现窗口的最小化、最大化、关闭等操作。

（5）选项卡和功能区。在系统默认的情况下，PowerPoint 2010 包含"开始"、"插入"、"设计"、"切换"、"动画"、"幻灯片放映"、"审阅"、"视图"以及"加载项"等 9 个选项卡，单击不同的选项卡标签可切换到相应的选项卡中。每个选项卡都对应着一个相

图 5-1 PowerPoint 2010 主界面

图 5-2 "文件"选项卡

应的功能区，而功能区又由许多选项组构成，每一个组中包含了许多功能相关的按钮，用户可以通过单击这些组中的按钮对文档进行编辑操作。

（6）帮助按钮。单击选项卡右侧的"Microsoft Office PowerPoint 帮助"按钮弹出"帮助"窗口，用户可以在此窗口中直接查看或者搜索需要的帮助信息。

（7）显示比例按钮。用于显示文档内容的显示比例。用户可以单击按钮"显示比例"对话框，然后在该对话框中精确的调整显示比例，当然也可以通过拖拽其右侧的滑块来快速地进行显示比例的调整。

（8）视图按钮组。单击不同的视图按钮可以切换到相应的视图状态中，系统默认情况下显示的是"普通视图"状态。

（9）工作区。工作区是 PowerPoint 主要的操作区域，主要用于幻灯片的编辑与显示。

（10）状态栏。状态栏位于 PowerPoint 操作界面的最下方，用于显示幻灯片的相关信息。

（11）"幻灯片/大纲"任务窗格。"幻灯片/大纲"任务窗格中主要包含两个选项卡，分别是"幻灯片"选项卡和"大纲"选项卡，用户利用这两个选项卡可以将演示文稿在"幻灯片"模式和"大纲"模式之间进行转换。

（12）"备注"窗格。"备注"窗格位于工作区的下方，用户可以从中输入关于幻灯片的各种注释及文字说明。

5.1.2 演示文稿的基本操作

5.1.2.1 演示文稿的创建

在使用 PowerPoint 2010 设计演示文稿时，最初的操作就是演示文稿的创建。切换到"文件"选项卡，选择"新建"命令按钮，可以看到如图 5-3 所示的"新建演示文稿"对话框，该对话框分成左右两部分，左侧是"可用模板和主题"的选项提供区域，右侧是模板预览区域和"创建"按钮。在"可用模板和主题"的选项提供区域中选择任意一项，经预览区域预览满意后单击"创建"按钮即可实现演示文稿的创建工作。

根据所选择的模板和主题不同，用户可以采用多种不同的方式进行演示文稿的创建。如图 5-3 所示，为新建对话框的"可用模板和主题"的选项提供区域。该区域分成了上下两栏，下面一栏将来自于 Office 网络的模板分类显示，必须在联网状态下才能使用；上面一栏最常用的就是进行空白演示文稿的创建，用快捷键 Ctrl + N 可以快速地创建空白演示文稿，其他选项下面分别介绍：

（1）"最近打开的模板"根据最近打开过的本机的演示文稿创建新的演示文稿。

（2）"样本模板"安装 PowerPoint 2010 后自带的模板。如图 5-4 所示在样本模板中选择"PowerPoint 2010 简介"，然后点击"创建"得到新演示文稿。

（3）"主题"是 PowerPoint 2007 之后出现的概念，它包含了演示文稿整体设计相关的背景、配色方案、字体方案等信息。

（4）"我的模板"调用事先存储过的模板文件来创建一个新的演示文稿。模板文件格式为".potx"，可以来自网络下载，也可以由用户自行创建。但要存储在固定路径下，该路径为"C：\Users\Administrator\AppData\Roaming\Microsoft\Templates"。

（5）"根据现有内容新建"该选项可以打开任意一个已有的演示文稿，并以其为新文稿的创建依据。

图5-3　"新建"可用的模板和主题

图5-4　从样本模板新建

5.1.2.2　保存演示文稿

演示文稿创建好之后，必须将其保存到磁盘文件中，这样才能把已经完成的设置保存下来。PowerPoint 2010 与 Word 2010 的保存方法相同，最简单的方法是直接在快速访问工具栏中单击"保存"按钮，或按快捷键"Ctrl + S"。如果是第一次保存，会弹出"另存为"对话框，设置文件的保存位置和文件名，再单击"保存"按钮即可。PowerPoint 2010 演示文稿文件的扩展名为".pptx"。如果保存时在保存类型下拉列表中选择".potx"，即可将现有文档保存为模板文件。

5.1.2.3 关闭与打开演示文稿

演示文稿保存完毕后,可以通过以下方法进行文档的关闭操作:

(1) 单击窗口右上角的"关闭"按钮 ▉ **✕** ▉。

(2) 双击标题栏左侧的图标 P 。

(3) 单击"文件"选项卡上的"关闭"命令按钮。

(4) 使用 Alt + F4 功能键。

如果需要再次打开该演示文稿,最简单的方法是在保存文件的文件夹中双击该 Power-point 文件。当然,用户也可以单击"文件"选项卡上的"打开"命令按钮,在弹出的"打开"对话框中选择要打开的文件,再单击对话框上的"打开"按钮,完成已有文档的打开操作。

5.1.3 演示文稿的视图

Powerpoint 2010 主要提供了普通视图、幻灯片浏览视图、备注页视图、阅读视图 4 种视图方式。各种视图方式的功能如下:

(1) 普通视图。普通视图是 PowerPoint 2010 默认的视图,也是使用最多的视图,该视图主要有 3 个窗格,左侧窗格显示幻灯片的缩略列表或者大纲,右边的上半部分显示当前幻灯片的编辑状态,下半部分窗格显示幻灯片的备注。因而在普通视图下,可以同时观察到演示文稿中某张幻灯片的显示效果、大纲级别和备注内容,并且使整个幻灯片的输入和编辑工作都在一个视图中。

(2) 幻灯片浏览视图。在幻灯片浏览视图下,演示文稿中的幻灯片以缩略图的形式显示,如图 5 - 5 所示。这样可以方便观察和调整演示文稿的整体显示效果,也可以很方便的重新排列各张幻灯片,特别是在添加、删除、复制幻灯片操作时,在该视图下更加便捷。需要注意的是幻灯片浏览视图下不能编辑幻灯片中的具体内容。

(3) 备注页视图。备注页视图用于对照幻灯片查看和编辑备注页内容,方便演讲者预览备注页的打印外观。备注页中的备注内容在幻灯片放映时是看不到的,只供讲演者打印,作为演讲前的准备。

(4) 阅读视图。阅读视图是将幻灯片在一个适应屏幕大小的窗口中进行放映。类似于幻灯片的放映,但可以看到标题栏和状态栏。

用户可以根据需要采用如下两种方法之一在不同的视图之间进行切换。

1) 单击"视图"选项卡中的"演示文稿视图"选项组中的视图图标。

2) 单击窗口下方的"视图切换"按钮组中的按钮。

新建并保存演示文稿

➢ 打开 PowerPoint 2010,在"文件"选项卡下单击"新建"命令,在展开的列表中选择"主题",出现如图 5 - 5 所示的主题列表,选择其中的"波形"主题,单击"确定按钮"完成新演示文稿的创建。

➢ 点击"快速访问"工具栏上的"保存"按钮,将演示文稿保存到"ppt/任务一"中,并命名为"沈阳大学应用技术学院简介·pptx"。

图 5 – 5　根据"主题"创建新文稿

5.1.4　幻灯片的基本操作

如果演示文稿的创建是来源于模板或现有内容，那么接下来用户可以在原有的模板上进行幻灯片的修改，但如果演示文稿的创建来源于主题，或者就是空白演示文稿，那用户的编辑操作就要从头开始了。不论哪种情况都离不开幻灯片的新建、插入、删除、移动的基本操作。

5.1.4.1　新建/插入幻灯片

在"开始"选项卡的"幻灯片"选项组中，单击"新建幻灯片"按钮，在弹出的列表中选择需要的幻灯片版式，这里选择"标题和内容"选项，如图 5 – 6 所示，这时会在当前幻灯片的后面插入一张新的幻灯片。

在左侧的任务窗格中选择要插入幻灯片的位置之后，单击右键，在弹出的快捷菜单中选择"新建幻灯片"命令，也可以插入新幻灯片，但不能在插入前选择版式，只能在插入后再对版式进行调整。

5.1.4.2　移动幻灯片

用户可以在普通视图方式和幻灯片浏览视图方式中进行移动幻灯片的操作。

在普通视图方式下，从左侧任务窗格的"幻灯片"选项卡中单击要移动的幻灯片，例如编号为"6"的幻灯片，并按下鼠标左键进行拖动，找到目标位置，这时会看到目标位置出现一个横线，如图 5 – 7 所示，表示可以将幻灯片移动到该位置。释放鼠标左键，即可将幻灯片移动过来了。

在幻灯片浏览视图中移动幻灯片，首先将演示文稿切换到该视图下，找到要移动的幻灯片，按住鼠标左键进行拖动，找到目标位置，这时会看到目标位置出现一条竖线，如图

图 5-6 新建幻灯片

图 5-7 "普通视图"下移动幻灯片

5-8 所示，释放鼠标左键，完成幻灯片的移动。

在需要大范围调整幻灯片位置的时候，应用幻灯片浏览视图将更方便。

图 5 - 8　"幻灯片浏览视图"下移动幻灯片

5.1.4.3　复制幻灯片

在演示文稿的制作过程中，总有些幻灯片的版式内容相近，设计者往往不希望重新再设计一次雷同的幻灯片，而是选择以原有的幻灯片为基础进行复制修改。幻灯片的复制方法有很多。但首先都是要单击鼠标左键选中要复制的幻灯片。复制和粘贴的过程可以通过下面几种方法完成：

（1）使用"开始"选项卡中"剪贴板"选项组中的"复制"、"粘贴"按钮。

（2）使用右键快捷菜单中的"复制幻灯片"命令进行复制，在目标位置使用"粘贴选项"中"保留原格式"命令按钮进行粘贴。

（3）使用快捷键 Ctrl + C 和 Ctrl + V，这种方式最快捷。

（4）在幻灯片浏览视图下，按住 Ctrl 键拖动鼠标，鼠标指针旁边出现小加号，将要复制的幻灯片拖拽到目标位置释放鼠标左键，完成复制操作。

5.1.4.4　删除幻灯片

在幻灯片设计的过程中，往往要对幻灯片进行精简，不需要的幻灯片通过如下方法进行删除。

在普通视图下选择不需要的幻灯片，点击"开始"选项卡"幻灯片"选项组中的"删除"按钮。当然也可以通过快捷菜单中的"删除幻灯片"命令来完成。但最便捷的方法就是选中要删除的幻灯片后按键盘上的"delete"键。

在进行幻灯片选中操作的时候，可以使用鼠标左键和"Ctrl"键配合，用以选中不连续的多张幻灯片，或者和"Shift"键配合，用以选中连续的多张幻灯片，将这些幻灯片一块进行复制、移动、删除等操作。

5.1.4.5 幻灯片分节

如果演示文稿中幻灯片的数量比较多，在编辑和浏览的过程中会出现困难，这时可以根据幻灯片的内容安排进行分节，每节由内容相关的多张幻灯片构成，如图 5 - 9 所示，不需要编辑的节可以进行折叠，更有利于演示文稿内容的组织与编排。

图 5 - 9 幻灯片分节

5.1.4.6 重设幻灯片版式

如果对新建幻灯片时选择的幻灯片版式不满意，可以通过"开始"选项卡"幻灯片"选项组中的"版式"按钮重新设定幻灯片的版式。如果对编辑中的幻灯片的效果不满意还可以点击"重设"按钮，恢复该幻灯片新建时的默认状态。

5.1.5 设置文本和段落格式

文本是幻灯片重要的组成部分，与 Word 不同，在 PowerPoint 中文本必须在文本框中书写。文本框有时来源于幻灯片创建时的模板，模板中的文本框已经有了预定的文本格式，这些格式如果不符合用户的要求，也可以在此基础上进行调整。当然，用户也可以通过"插入"选项卡"文本"选项组"文本框"按钮进行横排或竖排文本框的插入，如图5-10所示，自己插入的文本框往往要进行格式的调整。

图5-10 插入文本框

（1）文本框大小、方向、位置的调整。用鼠标左键单击文本框，可以看到文本框四周显示的空白控制点和一个绿色的控制柄，将鼠标放在控制点上，鼠标会变为两端有方向的箭头，表示沿着该方向拖动调整控制点可以对文本框的大小进行调整，将鼠标放在控制柄上，鼠标会变为旋转的箭头，表示拖动控制柄，可以对文本框进行旋转。将鼠标移动到文本框的边框线上，鼠标变为上下左右箭头的时候，拖动鼠标左键可以改变文本框的位置。

（2）在"开始"选项卡中调整"字体"与"段落"格式。如图5-11所示，单击文本框边框选中文本框或者拖动鼠标左键选中文本框中的文字后，可以点击"开始"选项卡，利用"字体"和"段落"选项组中的按钮，对文本框中的文字进行字体和段落的排版，如果需要进一步设置，也可以点击选项组右下角的"对话框启动器"按钮，在弹出的对话框中进行详细的字体、段落设置，方法和Word中的相同，这里不再赘述。

图 5-11 "字体"、"段落"选项组

在演示文稿中录入文字

➢ 切换到"沈阳大学应用技术学院简介.pptx"继续进行设计,第一页幻灯片是演示文稿的标题页,在该页有"主标题"和"副标题"两个文本框占位符,在"主标题"文本框输入标题"沈阳大学应用技术学院简介"。

➢ 选中"主标题"文本框,在"开始"选项卡"字体"组,将其字号调整为"48"。

➢ 选中"副标题"文本框,按"Delete"键将其删除。

➢ 在幻灯片的第二页输入目录内容"学院概况、机构设置、专业简介、师资队伍"。点击"开始"选项卡,"幻灯片"组中的"新建幻灯片"命令,继续插入"标题和内容"版式的幻灯片。

➢ 完成后续幻灯片中标题和内容文字的录入,如图 5-12 所示。

图 5-12 文字录入后的文稿

5.1.6 插入表格、图表与 SmartArt 图形

5.1.6.1 插入表格

单击"插入"选项卡"表格"选项组中的"表格"按钮,如图 5-13 所示,可以在幻灯片中的空白位置插入表格。插入表格的方法和 Word 中一样,可以通过图中所示的鼠标拖拽的形式选择对多 8 行 10 列的表格,也可以通过"插入表格"命令进入"插入表格"对话

框，进行更多行列的设置，还可以手动绘制表格。该列表中最后一个命令"Excel 电子表格"将 Excel 中的工作表插入到幻灯片中，并使幻灯片的编辑暂时进入到 Excel 的编辑环境。

图 5-13 插入表格

如图 5-14 所示，通过点击插入表格按钮，也可以进入到"插入表格"对话框，进行表格的设置和插入。

图 5-14 "插入表格"对话框

5.1.6.2 表格布局和样式的调整

在幻灯片中插入表格后，单击选中该表格，在"加载项"选项卡后面会动态地生成"表格工具－设计"和"布局"两个选项卡。如图5－15所示，在"设计"选项卡中，可以通过"表格样式"选项组，对表格的填充、边框以及阴影、凹凸等立体效果进行设置。如果配合"表格样式选项"组中的6个复选框就可以对表格中的标题行、奇偶行、汇总行以及标题列、奇偶列、汇总列有针对性的进行不同样式的设置，用以凸显表格中不同部分内容。通过"艺术字样式"选项组可以对表格中的文字样式进行设置。

图5－15 "表格工具－设计"选项卡

在"布局"选项卡中可以对表格的构造进行调整，比如插入行或列，拆分或合并单元格，调整单元格中内容的对齐方式，调整表格的行间距列间距等，其操作与Word 2010相同，这里就不进一步说明了。

在演示文稿中插入表格

➤ 切换到"沈阳大学应用技术学院简介 . pptx"继续进行设计。

➤ 幻灯片中的文字不宜过多，要讲述的文本内容尽量转换成其他的形式直观的展示。如幻灯片"师资队伍"部分，有很多数据需要展示，数据的展示应用表格和图表更直观。

➤ 插入表格。执行"插入"选项卡上的"表格"命令，拖拽插入"4行、5列"的表格。可以看到新插入的表格套用了主题中的表格样式。

➤ 调整表格布局，合并单元格。选中表格中第一列前两个单元格，执行"表格工具－布局"选项卡"合并"组的"合并单元格"命令。用同样的方法将第一列后两个单元格也合并。

➤ 在表格中录入文字，调整文字的对齐方式。点击"表格工具－布局"选项卡"对齐方式"组的"水平"和"垂直"居中命令按钮，将文字居中对齐。调整标题字体。

➤ 调整表格样式。在原有主题样式的基础上，切换到"表格工具－设计"选项卡修改部分单元格的底纹色彩。

➤ 删除原文本框，并将表格拖拽至幻灯片中合适位置，如图5－16所示。

图 5 – 16　更改"师资队伍"幻灯片

5.1.6.3　插入图表

在演示文稿的展示过程中，为了更形象的用数据说明问题，往往要进行图表的绘制，单击"插入"选项卡，选择"插图"选项组中的"图表"按钮可以在幻灯片中插入图表。首先要选择图表的类型，然后在弹出的 Excel 窗口中编辑数据，建立图表的数据表，图表会随着所编辑数据的变化而变化，数据编辑完成后可关闭 Excel 窗口。

5.1.6.4　图表的编辑与调整

选中新建立的图表，可以看到"加载项"选项卡后面动态出现了"图表工具"选项卡组，其中有"设计"、"布局"、"格式"三个选项卡，其中"设计"选项卡，可以在建立图并表之后，对图表的类型，图表的支撑数据进行重新调整。

"布局"选项卡用来调整图表中各项的内容及分布，如给新建的图表加上标题的操作。在"布局"选项卡中还可以调整坐标轴刻度单位的调整、网格线的显示、图例的位置分布，还可以建立复合图表。"格式"选项卡，用来对图表的各部分进行美化和填充。具体有关图表的设计，可以参见 Excel 部分项目 4 中任务 4.4 的内容。

在演示文稿中插入图表

➤ 切换到"沈阳大学应用技术学院简介 . pptx"中"师资队伍"幻灯片页，继续进行设计，将表格中的数据更直观地用图表展示。

➤ 插入图表。执行"插入"选项卡"插图"组中的"图表"命令，弹出"插入图表"对话框，在其中选择图表类型为"柱形图"中的"簇状柱形图"。

➤ 录入图表源。插入图表后将出现图表支撑数据录入的 Excel 窗口，如图 5 – 17 所示，参照表格中的数据，修改完善图表的数据区域。

➤ 如图 5 – 18 所示，新生成的图表已经套用了主题样式，将其拖拽至适当位置。

	A	B	C	D	E
1		教授，博士	副教授，博士在读	讲师，硕士	助教，学士
2	职称结构	7	19	19	2
3	学历结构	3	3	26	15
4					

图 5－17 图表支撑数据

图 5－18 "插入图表"后的幻灯片

5.1.6.5 插入 SmartArt 图形

SmartArt 图形是信息和观点的视觉表示形式。用户可以通过从多种不同布局中选择来创建 SmartArt 图形，从而快速、轻松、有效地传达信息。特别是在演示文稿的设计过程中，需要简短有力、直观有效地说明问题时，经常使用 SmartArt 图形。PowerPoint 2010 中的 SmartArt 包括 8 种类型，分别介绍如下：

（1）列表型：显示非有序信息或分组信息，主要用于强调信息的重要性。

（2）流程型：表示任务流程的顺序或步骤。

（3）循环型：表示阶段、任务或事件的连续序列，主要用于强调重复过程。

（4）层次结构型：用于显示组织中的分层信息或上下级关系，最广泛地应用于组织结构图。

（5）关系型：用于表示两个或多个项目之间的关系，或者多个信息集合之间的关系。

（6）矩阵型：用于以象限的方式显示部分与整体的关系。

（7）棱锥图型：用于显示比例关系、互连关系或层次关系，最大的部分置于底部，向上渐窄。

（8）图片型：主要应用于包含图片的信息列表。

在幻灯片中创建 SmartArt 图形，首先单击"插入"选项卡上的"插入 SmartArt 图形"按钮或者在幻灯片版式的"内容"占位符中单击插入"SmartArt 图形"按钮，可以弹出"选择 SmartArt 图形"对话框；然后在该对话框中选择将要应用的 SmartArt 图形的类型，如图 5 – 19 所示，这里选择"列表"类别中的"垂直曲形列表"，单击确定按钮。

图 5 – 19 "选择 SmartArt 图形"对话框

在 SmartArt 图形上给的文本输入位置中输入文字信息，如果生成的图形不满足需要还可以在"SmartArt 工具 – 设计"选项卡中进行调整。

在演示文稿中插入 SmartArt 图形 – 专业简介

➤ 切换到"沈阳大学应用技术学院简介 . pptx"中"专业简介"幻灯片页，继续进行设计，在其中插入 SmartArt 图形。

➤ 插入 SmartArt 图形。执行"插入"选项卡"插图"组中的"SmartArt 图形"命令，插入如图 5 – 19 所示图形。

➤ 在图形中"文本"占位符处输入文字。将学院所有的专业名称依次录入，默认的列表中只有三项，不够的项目可以通过执行"SmartArt 图形工具 – 设计"选项卡"创建图形"组的"添加形状"命令来添加项目。如图 5 – 20 所示，选择"在后面添加形状"命令可以在当前项目的后面添加同级的项目。

➤ 新增加的项目如图 5 – 21 所示，继续增加直到所有专业名称录入结束。

➤ 调整 SmartArt 图形的样式。执行"SmartArt 图形工具 – 设计"选项卡上"SmartArt 样式"组的"更改颜色"命令，在展开的列表中选择"彩色 1"，可以整体更改当前 SmartArt 图形的颜色样式，如果单独的更改图形中的一部分，则需要在"Smart-Art 图形工具 – 格式"选项卡中完成。

➤ 设计完成的"专业简介"幻灯片如图 5 – 22 所示。

图 5 – 20 "添加形状"命令列表   图 5 – 21 增加的项目

在演示文稿中插入 SmartArt 图形 – 机构设置

➢ 切换到"沈阳大学应用技术学院简介.pptx"中"机构设置"幻灯片页，继续进行设计，在其中插入 SmartArt 图形。这次选择一种"层次结构"插入。

➢ 在图形中"文本"占位符处输入文字。将学院所有的部门依次录入，这里要注意部门之间的从属关系，默认的列表中不够的项目可以通过执行"SmartArt 图形工具 – 设计"选项卡"创建图形"组的"添加形状"命令来添加项目。

➢ 对于同级的项目可以选择"在后面添加形状"或者"在前面添加形状"命令。对于不同级的项目可以选择在"在上方添加形状"或者"在下方添加形状"命令。

➢ 设计完成的"机构设置"幻灯片如图 5 – 23 所示。

图 5 – 22 "专业简介"幻灯片页   图 5 – 23 "机构设置"幻灯片

5.1.6.6 将文本转化为 SmartArt 图形

前面所讲述的在幻灯片中以"插入"的方式创建新 SmartArt 图形，在实际应用过程中并不方便，因为 SmartArt 图形样本中往往只给定 3 项内容的图形，这往往是不够的，因而先创建文字列表，再进行 SmartArt 图形转化更方便。首先，编辑项目列表，输入文字信息，然后将光标停留在文字信息所在的文本框内，执行"开始"选项卡"段落"选项组中的"转换为 SmartArt 图形"命令，在列表中选择适合的 SmartArt 图形类型，并可以进行效果的预览。

将文本转换为 SmartArt 图形

➢ 切换到"沈阳大学应用技术学院简介 . pptx"中第二页幻灯片页，继续进行设计，将文本框中的项目列表转换为 SmartArt 图形。

➢ 选中该页内容文本框，如图 5-24 所示，执行"开始"选项卡"段落"组中的"转换为 SmartArt 图形"命令，在展开的列表中选择一种合适的图形结构。

➢ 设计完成的幻灯片见设计效果部分。

图 5-24　文本转化为 SmartArt 图形

5.1.7　插入图片、剪贴画、媒体剪辑

为了丰富演示文稿的内容，在幻灯片中应用图形图像、剪贴画、音频、视频等媒体元素是必不可少的，下面将详细的介绍如何在幻灯片中应用 PowerPoint 的这些功能。

（1）插入图片、插入剪贴画、插入形状。用户可以通过"插入"选项卡中的"图像"和"插图"选项组相关命令按钮完成图片、剪贴画和图形的插入，具体方法与在 Word 2010 中相同，这里就不再赘述。

（2）在"开始"选项卡中调整"绘图"样式。选中要调整的文本框，在"开始"选项卡的"绘图"选项组中，如图 5 - 25 所示，可以通过"快速样式"下拉列表选择一个样式，通过这个样式可以快速改变文本框的填充、轮廓以及其他显示效果。

图 5 - 25　"绘图"选项组

如果"快速样式"中的效果，不能满足设计需要，用户还可以通过"形状填充"、"形状轮廓"、"形状效果"三个下拉选项，对该三项内容进行新的排列组合，如图 5 - 26 所示，为文本框选择了一个外发光的效果。

当然，如果用户对于形状格式分开编辑不满意，还可以点击该选项组右下角的"对话框启动器"按钮，进入到"设置形状格式"对话框进行统一的编辑调整。

（3）在"绘图工具 - 格式"选项卡中调整样式。选中文本框，然后可以看到"加载项"选项卡的后面动态地出现了"绘图工具 - 格式"选项卡，进入该选项卡，可以看到"形状样式"和"艺术字样式"选项组，其中"形状样式"选项组同"开始"选项卡中"绘图"选项组拥有一样的选项。"艺术字样式"选项组如图 5 - 27 所示，利用该选项组，可以对文本框中文字的样式进行调整，进入"快速样式"下拉列表，可以选择一个预设的文本样式，帮助用户快速实现文本样式的设置，如果对预设的样式不满意，用户同样可以从"文本填充"、"文本轮廓"、"文本效果"三方面进行文本样式的艺术化调整，当然也可以点击"对话框启动器"按钮进入"设置文本效果格式"对话框，对文本效果进行更高级别的自定义调整。

图 5-26 "形状效果"调整

图 5-27 "艺术字样式"选项组

在幻灯片中插入图片

➢ 切换到"沈阳大学应用技术学院简介 . pptx"中第一页幻灯片，完善设计，在其中插入图片使画面更丰满。

➢ 插入图片，执行"插入"选项卡"图像"组的"图片"命令，在"ppt/任务一"文件夹中浏览图片，并选择插入。

➢ 调整图片大小，将其拖拽至合适的位置。

➢ 用同样的方法在其他幻灯片页中插入合适的图片。

➢ 对部分图片套用样式。在"图片工具 - 格式"选项卡"图片样式"组的样式列表中进行图片样式的选择。

➢ 在"专业介绍"页插入"沈阳大学 logo"图片，在"图片工具 - 格式"选项卡"调整"组"删除背景"命令中去除"logo"的背景，使其背景透明化。

➢ 设计好的页面见设计效果部分。

5.1.8　插入音频与视频

音频和视频也是演示文稿设计中不可缺少的元素，因为插入视频和声音的方法类似，这里以插入视频为例。首先，在演示文稿中选择要插入视频或音频的幻灯片，对于视频来说，占用幻灯片的区域较大，往往需要插入一页新幻灯片。

然后，单击"插入"选项卡"媒体"选项组中的"视频"按钮，如图 5 – 28 所示，在展开的命令列表中选择"文件中的视频"命令，打开"插入视频文件"对话框，经过文件夹浏览，找到要插入的视频文件，单击"插入"按钮，完成视频的插入。除了"来自文件"的视频外，还可以选择"来自网站的视频"或"剪贴画视频"。

图 5 – 28　插入"视频"命令列表

在幻灯片中调整视频窗口的大小至合适，这里调整成与幻灯片大小相同。在"视频工具 - 格式"选项卡中选择一种"视频样式"来美化视频窗口的外观。在"视频工具 – 播放"选项卡中调整视频的播放选项，如果要在播放幻灯片页的同时播放视频，则可调整视频的开始方式为"自动"；如需忽略视频原有的声音，则可调整视频音量为"静音"。

在幻灯片中插入视频

➢ 切换到"沈阳大学应用技术学院简介 . pptx"中最后一页幻灯片。在其后方插入一张"空白"版式的新幻灯片。

➢ 插入视频，执行"插入"选项卡"媒体"组的"视频"命令，在"ppt/任务一"文件夹中选择视频文件"沈阳大学校歌《灿烂的星光》MV. avi"后，点击"插入"按钮完成插入。

➢ 调整视频窗口大小，并将其拖拽至合适的位置。

➢ 美化视频窗口外观。在"视频工具－格式"选项卡"视频样式"列表中选择视频样式"映像圆角矩形"。

➢ 控制视频播放。在播放幻灯片页的同时播放视频，在"视频工具－播放"选项卡的"视频选项"组中调整视频的开始方式为"自动"。

➢ 如图 5 - 29 所示为完善后的幻灯片。

图 5 - 29   调整"视频工具－播放"设置

设计效果

本任务设计效果如图 5 – 30 所示。

图 5 – 30　"任务 5.1"设计效果图

举一反三

　　大学生创业大赛就要开始了，关于比赛的资料小于同学已经做了精心的准备，但是比赛过程中需要用 PowerPoint 2010 展示和讲述，请你帮忙一起设计一份演示文稿。

　　（1）创建演示文稿"大学生创业大赛 . pptx"保存在"ppt/任务一"目录下。

　　（2）在演示文稿中插入幻灯片页，并录入文字内容。

　　（3）在幻灯片中插入表格。

　　（4）在幻灯片中插入图表。

　　（5）在幻灯片用插入 SmartArt 图形。

　　（6）在幻灯片中插入图片。

　　（7）在幻灯片中插入音频。

任务 5.2 教案母版设计

任务目标

- 掌握在 PowerPoint 2010 中为幻灯片更换背景。
- 熟练掌握给演示文稿套用主题。
- 理解母版的概念。
- 熟练掌握幻灯片母版的设计方法。
- 掌握演示文稿的页面设置方法。

任务描述

机械班的同学觉得 C 语言的学习枯燥乏味，学委建议帮助老师改进一下教学课件，但教学用演示文稿，需要一个彰显计算机科学技术的模板，学委一直没有找到合适的，请你帮助他设计一个新颖的模板。

知识链接

（1）为幻灯片添加背景效果。幻灯片的背景可以使用纯色、渐变色、图片、图案、纹理进行填充，也可以直接套用背景样式。

（2）演示文稿主题。前面的任务 5.1 中在创建演示文稿时可以通过主题创建，同样如果在设计幻灯片的过程中发现原来的主题不适合，还可以重新套用主题。

（3）幻灯片母版。幻灯片母版，是存储有关应用的设计模板信息的幻灯片，包括字形、占位符大小和位置、背景设计和配色方案。在设计幻灯片时可通过在母版上放置各页幻灯片的公共元素来简化幻灯片的设计。

（4）页面设置。根据投影屏幕的纵宽比例，在设计幻灯片之前需要调整演示文稿的页面设置，包括幻灯片的方向和幻灯片的大小调整。

任务实施

5.2.1 添加背景效果

不但幻灯片中插入的图形，图表，表格等元素可以进行填充效果的设定，幻灯片本身也可进行背景的填充。

在幻灯片的空白处单击，然后切换到"设计"选项卡，单击"背景"按钮组中的"背景样式"下拉列表，如图 5 - 31 所示，从中选择需要的背景样式。如果所列出的背景样式不能满足设计的需要，用户还可以自定义背景样式。

图 5-31 幻灯片背景样式

在"背景样式"列表的下方点击"设置背景格式"命令，弹出"设置背景格式"对话框，如图5-32所示，用户可以对幻灯片的背景设置纯色填充、渐变填充、图片或纹理填充、图案填充几种不同的填充方式。

图 5-32 纯色填充

（1）纯色填充。选择纯色填充可以为幻灯片设置纯色的背景，在"设置背景格式"对话框中，用户可以选择一种填充颜色，并且可以指定该填充颜色的透明度。"隐藏背景图形"复选框用来决定是否显示该页幻灯片继承的来自母版的图形、图片背景。

（2）渐变填充。选择渐变填充可以为幻灯片设置渐变色的背景，即可以使幻灯片背景设置成为多种颜色间的逐渐混合变化。如图 5－33 所示，渐变的设置有些复杂，"预设颜色"选项提供了软件预先设计好的渐变样式，用户可以根据需要进行选择，如果对这些样式不满意，还可以自行设定。

图 5－33　渐变填充

"类型"选项中列出了渐变的类型有"线性"、"射线"、"矩形"、"路径"、"标题的阴影"5 种，不同的类型决定了不同的渐变方式。"线性渐变"，是渐变光圈沿着某一具体的方向变化，这个方向可以使用"方向"和"角度"两个选项进行调整；"射线渐变"是沿着从圆心到圆周的径向方向变化，"矩形渐变"是沿着从矩形中心向矩形边缘的方向变化，这两种渐变"方向"选项可以选择具体的渐变方向；"路径渐变"和"标题的阴影"只有一种渐变方向，不能进行"方向"和"角度"的调整。

"渐变光圈"选项决定了渐变颜色的过渡，该选项上有多个色标，每个色标都可以从颜色、位置、亮度和透明度四个方面进行调整，色标的数目可以根据 🔲 🔲 两个按钮进行增减。通过调整"渐变光圈"用户可以设计出色彩丰富的渐变，当然在"预设颜色"的基础上进行调整，会更方便。

（3）图片或纹理填充。选择图片或纹理填充可以为幻灯片设置图片背景。图片可以使用系统自带的纹理图片，也可以使用来自于文件、剪贴板或者是剪贴画的图片文件。"将图片平铺为纹理"复选框及其下面的选项或伸展选项，可以帮助调整与幻灯片纵横比例不匹配的图片。"透明度"选项，用来调整背景图的透明度。

在"设置背景格式"对话框中，如果填充方式选择了"图片或纹理填充"，那么左侧的"图片更正"、"图片颜色"和"艺术效果"三个选项是可以设置的，"图片更正"和"图片颜色"选项对背景图片进行模糊、锐化、对比度、亮度、饱和度和色彩进行进一步调整，"艺术效果"选项，可以对背景图片进行既定模式的艺术加工，以实现一些图像处理软件才能达到的效果。

（4）图案填充。选择图案填充可以为幻灯片设置图案背景。在列表中选择一种图案，设置该图案的前景色、背景色即可完成设置。

设定好填充格式后，单击"关闭"按钮即可应用新背景，单击"重置背景"取消新背景的设置。单击"全部应用"将在整篇演示文稿中应用新背景。

5.2.2 应用主题

通过应用文档主题可以快速全面的美化演示文稿。主题是指一组统一的设计元素，主要包括颜色方案、字体方案和效果设置方案。

5.2.2.1 自动套用主题

在"设计"选项卡的"主题"组中，单击"其他"按钮，从弹出的下拉列表中选择"流畅"主题样式，如图 5-34 所示。可以看到整篇演示文稿的变化。如果在选中的主题样式上右击鼠标，可以将该主题单独应用到当前幻灯片，还可以将该主题设置为默认的主题。

图 5-34　自动套用主题

5.2.2.2 自定义主题

在"设计"选项卡的"主题"组中，单击"颜色"按钮，从弹出的列表中选择主题颜色。如果右击"主题颜色"列表中的选项，可以弹出快捷菜单，从而可以决定将该主题颜色应用于整篇文档还是当前幻灯片。

如果选择"新建主题颜色"命令，会弹出"新建主题颜色"对话框，如图 5－35 所示，在这里调整各部分的主题颜色，并为新建的主题颜色命名，单击"保存"按钮保存所完成的设置。自定义的主题颜色将出现在主题颜色列表中，方便今后设计使用。

图 5－35　自定义主题颜色

在"设计"选项卡的"主题"组中，单击"字体"按钮，从弹出的列表中选择主题字体，可以将所选的主题字体应用于整篇演示文稿。点击列表下方的"新建主题字体"命令，弹出"新建主题字体"对话框，在该对话框中可以自定义设置主题字体，包括西文的标题字体、正文字体，中文的标题字体、正文字体四个部分，对话框的右侧可以对选择的结果进行预览，新建好的主题字体经过命名保存将会显示在"字体"列表中，以备下次使用。

在"设计"选项卡的"主题"组中，单击"效果"按钮，从弹出的列表中选择主题效果，可以将所选的主题效果应用于整篇演示文稿。主题效果是指应用于幻灯片中元素的视觉属性的集合，是一组线条和一组填充效果。当幻灯片中包含的对象为图形、图表、SmartArt 图形等时，通过使用主题效果库，可以快速更改幻灯片中这些对象的外观，使其看起来更加专业、美观。

当用户自定义主题颜色、主题字体或主题效果后，若想将当前演示文稿中的主题用于其他文档，则可以将其另存为主题，方便日后使用。保存当前演示文稿主题的方法：直接从"主题"下拉列表中单击"保存当前主题"命令，即可弹出"保存当前主题"对话框，设置好保存名称即可进行保存。

5.2.3 设计幻灯片母版

虽然用户可以进行主题字体、主题颜色、主题效果的自定义，但这对于主题的自定义来说还不够，为了使演示文稿具有统一的外观，就要考虑到每张幻灯片都要出现的文本或图形、文本的位置、项目编号的样式等，这些预定格式的设置需要幻灯片母版来完成。

5.2.3.1 母版的类型

在"视图"选项卡，"母版视图"选项组中可以看到母版的类型主要有三种，分别是幻灯片母版、讲义母版和备注母版。

（1）幻灯片母版。幻灯片母版，是这三种母版中最常使用的母版，它存储了演示文稿中多张幻灯片的公共效果，这些效果包括文本和对象在幻灯片上的初始位置、文本和对象占位符的大小、文本样式、背景、颜色主题、效果和动画。在幻灯片母版中根据不同幻灯片版式的应用，一般包含多张母版页（至少两张），这些母版页可以保存成一个模板文件（.potx），以备多次使用。

（2）讲义母版。讲义母版，在 PowerPoint 中提供了讲义的制作方式，用户可以将幻灯片的内容以多张幻灯片为一页的方式打印成听众文件，直接发给听众使用，而不需要自行将幻灯片缩小再合起来打印。讲义模板用于控制讲义的格式，还可以在讲义母版的空白处加入图片、文字说明等内容。

（3）备注母版。备注母版，在前面介绍的备注视图下，可以为幻灯片书写备注，备注的最主要功能是进一步提示某张幻灯片的内容，给演讲者在对照幻灯片演讲时提供方便。演讲者可以事先将补充的内容放在备注中，备注页可以单独打印出来，备注模板就是预先设置的备注页格式，使打印出的备注有统一外观。

5.2.3.2 幻灯片母版设计

如果说新建一个空白演示文稿，相当于在一个白纸本上开始设计，那么应用了主题后的空白演示文稿就相当于一个彩色的日记本。而幻灯片的母版设计就相当于用户自己设计一个彩色的日记本。设计这个日记本的过程可以参考已有的主题，在已有主题母版下修改，也可以从头到尾的自行设计，给用户很大的空间去发挥自己的设计才能。

（1）在原有主题的基础上设计母版。

幻灯片母版设计 – 修改主题

➢ 打开需要编辑母版的演示文稿，该演示文稿使用了"华丽"主题，然后切换到"视图"选项卡的"母版视图"组中，单击"幻灯片母版"按钮，进入到幻灯片母版视图，如图 5 – 36 所示。

➢ 幻灯片母版视图的左侧任务窗口，列出了该母版视图下所有的母版版式页，最上面的一页是主要母版页，其他母版页面都继承了该页的内容，可在该页母版的基础上进行适应各版式的调整。

➢ 点击左侧导航窗口中的"主要母版页"，对该母版页进行编辑，在其右上方上插入"ppt/任务 2/sdlogo. png"图片，并在右下方插入一些线条和形状进行修饰，如图 5 – 37 所示。

➢ 点击左侧导航窗口中的"标题母版页"，对该母版页进行编辑，在其下方插入类似"主要母版页"的形状（可以采用复制的方法，再进行一些简单的修改），和"主要母版页"的设计相互呼应，如图 5 – 38 所示。

➢ 设计好后关闭母版视图。可以看到该母版出现在"设计"选项卡中的"主题"列表中，通过执行该列表中的"保存当前主题"命令，将修改后的主题保存到"ppt/任务 2"目录下。

➢ 使用该主题时，通过主题列表中的"浏览主题"命令将保存的主题调入，就可以利用其进行幻灯片的设计了。

图 5 – 36　幻灯片母版视图

图 5-37 主要母版页

图 5-38 标题母版页

（2）DIY 幻灯片母版。

幻灯片母版设计 - DIY

➤ 新建空白演示文稿文件，切换到"视图"选项卡的"母版视图"组中，单击"幻灯片母版"按钮，进入到幻灯片母版视图。

➤ 设计"主要母版页"。插入"ppt/任务 2/代码.jpg"图片，拖拽图片四周的控制点将其调整为符合幻灯片背景的大小，并复制一份；调用"图片工具-格式"选项卡"调整"组中的"颜色"命令，将其中一份调整成灰色；调用"图片工具-格式"选项卡"大小"组中的"裁剪"命令，将另一份右侧裁剪掉；调整的过程中注意两张图片接缝的连续性。

➤ 设计"标题母版页"。插入"ppt/任务 2/代码.jpg"等四张图片，调整其大小和位置，通过调用"图片工具-格式"选项卡下"图片样式"组中的"图片边框"命令设置每张图片的边框为白色，并适当加宽。

➤ 插入艺术字，内容为"C language programing"，然后在"绘图工具-格式"选项卡"文本效果"组中"转换"命令下的"弯曲"列表进行选择，做适当的扭曲。

➤ 图 5-39 和图 5-40 所示为 DIY 母版设计效果。点击"幻灯片母版"选项卡下的"关闭母版视图"按钮，退出幻灯片母版视图。

图 5-39 DIY 主要母版页

图 5-40 DIY 标题母版页

5.2.4　幻灯片的页面设置

在实际应用的过程中，因为放映幻灯片的投影屏幕纵宽比例不同，在设计幻灯片之前需要调整演示文稿的页面设置，包括幻灯片的方向和幻灯片的大小调整。在"设计"选项卡"页面设置"组中有两个命令可以进行幻灯片页面设置的修改。

"幻灯片方向"命令，通过"纵向"或"横向"的选择来调整幻灯片的方向。

"页面设置"命令，点击该命令弹出"页面设置"对话框，在这个对话框中可以调整幻灯片的纵横比，默认幻灯片的纵横比是"4∶3"，宽屏展示可以选择"16∶9"。另外用户还可通过具体数值的设置自定义幻灯片大小。

设计效果

本任务的设计效果如图 5–41 和图 5–42 所示。

图 5–41　修改母版效果

图 5–42　自定义母版效果

举一反三

学前教育专业的小赵同学在校外的一个儿童培训机构做兼职工作，该机构开设了一门儿童历史学习课程，请你根据所给资料的内容，设计一个生动活泼的演示文稿模板。

（1）素材收集。查找一些历史人物的卡通形象并做适当的处理。

（2）新建演示文稿切换到幻灯片母版视图。

（3）设计幻灯片主要母版视图，其他母版视图继承至该视图。

（4）设计幻灯片标题母版视图。在母版设计过程中运用图形、图片、艺术字等元素。

（5）保存所设计的母版。

（6）套用设计的母版。

任务 5.3　让幻灯片动起来

任务目标

- 熟练掌握幻灯片切换效果设置。
- 熟练掌握简单的自定义动画设计方法。
- 掌握多个对象自定义动画的时序性调整方法。
- 掌握超链接和动作按钮的使用方法。
- 掌握幻灯片的放映方法。
- 了解演示文稿的打包方法。

任务描述

任务 5.1 中的"应用技术学院简介"演示文稿设计完成后，老师觉得不够生动，演示起来也不够方便，请你为它添加切换和动画效果，并在适当的地方添加链接和动作按钮。使其在播放过程中连贯、切换方便。

知识链接

（1）幻灯片的切换。从一页幻灯片播放转到另一页幻灯片时所显示的过渡效果，包括如何触发切换、切换时所使用的动画、所使用的声音、切换过程所持续的时间等设置。

（2）自定义动画。手动为幻灯片中的对象进行动画的设置，如果说幻灯片是个舞台，幻灯片中的每个对象都是演员，那么作为设计者的你就是导演，你要安排你的"演员们"何时上场、如何互动、何时退场。

（3）幻灯片的放映。播放展示幻灯片的方法及其控制播放的设置。包括设置放映幻灯片的范围，排演计时等。

（4）超链接。PowerPoint 中的超链接是指从幻灯片中的一个对象到一个目标的连接关系，这个目标可以是另一个幻灯片页，也可以是一个电子邮件地址，一个文件。超链接帮助幻灯片之间、幻灯片和文件之间完成跳转。

（5）动作按钮。以图形按钮的形式，进行了一些超链接预设，帮助完成幻灯片之间、幻灯片和其他文件之间的跳转。

（6）演示文稿的打包。将演示文稿及其链接的文件收集在一起存放，防止因某些文件的分散丢失影响幻灯片的播放效果。

5.3.1　幻灯片切换动画

幻灯片的切换动画又称幻灯片间动画，即翻页动画，是指幻灯片在放映时，更换幻灯片时的动画效果。幻灯片切换动画的设计在图 5-43 所示的"切换"选项卡上完成。

图 5-43　"切换"选项卡

幻灯片切换动画的设计方法如下：

（1）在幻灯片浏览视图或普通视图下，选定要应用切换效果的幻灯片。

（2）单击"切换"选项卡的"切换到此幻灯片"组，在出现的幻灯片切换效果列表框中选择需要的切换效果，如图 5-44 所示。要查看更多切换效果，则可单击"其他"按钮。在选择切换效果时，当鼠标指针在其中的某种样式上停留 1s 时，就会实时启动该动画效果的预览，播放一次动画效果，这样将有助于选出满意的动画。

（3）选择好一种切换效果后，可以对该种切换效果设置"效果选项"，以改变切换效果的方向、形式等。

（4）如果想将某些比较特殊的幻灯片设置为另外的动画效果，则选中要设置的幻灯片，按照同样的设置方式选择一种其他的动画样式即可。

（5）选择完动画样式之后，还可以在"切换到此幻灯片"组中的"切换速度"下拉列表中选择合适的速度（慢速、中速、快速）；在"切换声音"下拉列表中选择一种切换幻灯片时伴随的声音效果，当鼠标指针移动到声音选项上并停留 1s 时，就会播放一次，以让我们决定此声音是否适合。例如，我们在文档的封面幻灯片中设置"鼓掌"声音效果，为导航页设置"风铃"声音效果，为每节的首页幻灯片设置"箭头"声音效果。

（6）在"换片方式"下有两种可供选择的复选项："单击鼠标时"表示讲解完某一张幻灯片时只有单击鼠标右键，才会切换到下一张幻灯片，如果不单击，则该幻灯片一直保留在屏幕中，而不切换到下一张幻灯片。"设置自动换片时间"复选项表示在后面所设置的时间过后（时间单位为秒），就会自动切换到下一张幻灯片。这里的两个复选项并不冲突，可同时设置，表示如果换片时间未到可单击鼠标手动切换。

（7）设置完毕，单击"全部应用"按钮，则演示文稿中所有幻灯片之间的切换过渡都将用刚才所设定的效果。这样就一次性地设置了所有幻灯片的效果。

加切换动画

➢ 打开"ppt/任务一"中的"沈阳大学应用技术学院简介.pptx"。

➢ 添加切换动画。选中任意一页幻灯片，在"切换"选项卡中进行如图5-44所示的设置。

➢ 切换效果：翻转。

➢ 切换声音：风铃。

➢ 持续时间：1.2s。

➢ 换片方式：单击鼠标时。

➢ 点击"全部应用"命令按钮，在所有幻灯片页应用所设置的切换效果。

图5-44 设置切换动画

5.3.2 自定义动画

自定义动画也称幻灯片内动画，是指幻灯片内部各个对象的动画；关于自定义动画的设置可以在图5-45所示的"动画"选项卡中完成。

图5-45 "动画"选项卡

5.3.2.1 为对象添加动画效果

选择要添加动画效果的对象，单击"动画"选项卡"动画"组，在动画效果列表中选择一种合适的动画效果，如图 5-46 所示，对象的动画效果包括"进入"、"强调"、"退出"、"动作路径"四个方面。关于这四方面的说明如下：

图 5-46　添加动画

（1）进入：用于定义对象以何种方式出现。即定义对象进入屏幕时的动画效果。

（2）强调：定义已出现在屏幕上的对象的动画效果，引起观众注意。

（3）退出：定义已出现在屏幕上的对象如何消失。即对象退出屏幕时的动画效果。

（4）动作路径：让对象沿着指定的路径运动。

单击该列表下方的"更多进入效果"、"更多强调效果"、"更多退出效果"或"其他动作路径"命令可查看更多的动画效果。将弹出更多的动画效果选项。当为对象设置好动画效果后，对象的左上方将显示一个数字，该数字是动画出现的先后顺序。

如果需要进一步控制动画的播放，用户可以在"动画"选项卡上对添加的动画进行相关的设置。如动画的开始方式、速度和变化方向等属性。

（1）效果选项。动画的效果选项，可以控制动画的方向、形状、序列等。为对象添加一种动画效果后，可立即设置该动画的效果选项，单击"动画"选项卡"动画"组"效果选项"，在弹出下拉菜单中选择需要的效果选项即可。

（2）设置动画何时开始播放。单击"动画"选项卡"计时"组，在"开始"下拉列表中选择动画的开始方式，主要包括：

1）单击时：表示鼠标在幻灯片上单击时开始播放动画。

2）与上一动画同时：表示上一对象的动画效果开始播放的同时自动播放该对象的动画效果。

3）上一动画之后：表示上一对象的动画效果播放结束后自动播放该对象的动画效果。

（3）设置动画的持续时间。动画的持续时间决定了动画的播放速度，每种动画都有它的默认播放速度，一般为"中速 2 秒"。用户可以在"动画"选项卡"计时"组"持续时间"后面的数值框中调整表示时间的数值，该数值以秒为单位。

（4）设置动画延迟播放。对于给对象添加的动画如果希望经过触发后不立即播放，则可以设置其延迟时间，令其推迟播放。用户可以在"动画"选项卡"计时"组"延迟"后面的数值框用来输入延迟的具体时间值，以秒为单位。

（5）动画窗格。"动画窗格"是当前幻灯片所设置的所有动画的列表。对于幻灯片页上动画比较多、应用动画的对象也比较多，情况比较复杂的情况下，"动画窗格"为调整动画关系提供了方便。用户可以在"动画"选项卡"高级动画"组中单击"动画窗格"命令展开动画窗格，如图 5 - 47 所示，在动画窗格上可以看到刚刚添加的动画。

（6）显示高级日程表。在"动画窗格"的动画列表上点击鼠标右键，在弹出的菜单中选择"显示高级日程表"命令，可以看到用淡黄色矩形条展示的"动画列表"中各项的开始时间、持续时间和终止时间，该时间值可以参照显示在"动画窗格"下方的时间轴来确定。

5.3.2.2　为所有幻灯片页添加相同的动画

在幻灯片动画设置过程中，可以通过在幻灯片母版上添加动画，来使相同版式的幻灯片统一的动起来，这种添加动画的方法既方便又能使演示文稿的整体风格统一。

图 5-47　"动画"窗格

为幻灯片母版添加动画

➢ 打开"ppt/任务 1"中的"沈阳大学应用技术学院简介. pptx",点击"视图"选项卡"母版视图"组"幻灯片母版"命令按钮,切换到幻灯片母版视图。

➢ 在左侧的窗格上选择"主要幻灯片页母版",并且选中该幻灯片的内容占位符文本框。

➢ 如图 5-48 所示,切换到"动画"选项卡,在"动画"选项卡中点击"高级动画"组"添加动画"按钮,在弹出的动画效果列表中选择"进入"动画效果中的"展开"效果。

➢ 点击"幻灯片母版"上的"关闭母版视图"按钮。回到幻灯片编辑状态,单击"F5"放映幻灯片,可以看到每页幻灯片上"内容版"的动画效果。

图 5-48　为幻灯片母版添加动画

为图片对象动作路径

➢ 打开"ppt/任务 1"中的"沈阳大学应用技术学院简介.pptx",选中首页幻灯片中的图片组,因为图片组中的图片较多,幻灯片播放时不能完全看到,希望设置流动的图片,既能完全预览图片,又吸引观众。

➢ 为图片组合对象添加动画。选中该对象,在"动画"选项卡中点击"高级动画"组"添加动画"按钮,在弹出的动画效果列表中选择"动作路径"动画效果中的"直线"效果。

➢ 调整效果选项。在"动画"组,调整动作路径的效果选项为"右"。可以看到该图片组对象上出现了自左向右的箭头,该箭头绿色的一端表示动作的开始位置,红色的一端表示动作的终止位置。

➢ 调整播放效果。进行播放预览,发现动画移动的范围较小、速度较快,需要调整,如图 5-49 所示,鼠标拖拽箭头两端的控制点向左右沿直线拉伸到幻灯片外部,增加图片组的运动范围。并且在"计时"组调整该动画的"持续时间"时间为"5s"。

➢ 注意动作路径的长度需多次调整,使该图片组在播放时"藏头缩尾"。

图 5-49　添加"动作路径"动画

5.3.2.3　为一个对象添加多种动画效果

对于每一个对象都可以添加多种动画效果,比如对于一个对象添加了"进入"动画、"强调"动画和"退出"动画,对于该对象来说,它以某种动作"进入"幻灯片,在幻灯片内完成了"强调"动作然后"退出"幻灯片,对于设计者来说要安排好多个动画之间的衔接关系。

为图片对象添加多个动画

➢ 打开"ppt/任务 1"中的"沈阳大学应用技术学院简介.pptx",切换到专业介绍的幻灯片页,该页的图片遮挡了文字,让图片动起来,使图片和文字互不影响。

➢ 为图片对象添加动画。选中该对象,在"动画"选项卡中点击"高级动画"组"添加动画"按钮,在弹出的动画效果列表中选择"进入"动画效果中的"飞入"效果。继续单击"添加动画"按钮,在该对象上继续添加"强调"动画"脉冲"及"退出"动画"飞出"。

➢ 添加了多个动画效果的对象左上角将有多个数字。

➢ 如图 5-50 所示,单击"动画"选项卡上的"动画窗格"按钮,展开动画窗格,可以看到该对象的动画列表。

➢ 修改动画效果。在"动画窗格"列表上选择该对象的"进入"动画,通过"动画"选项卡"动画"组上的"效果选项"改变该动画的"飞入"方向为"自左上部";用同样的方法将"退出"动画的"效果选项"设置为"到右上部"。

图 5-50　添加多个动画

合并多个动画

➢ 继续该页幻灯片的动画设计。对于刚刚添加的动画，每个动画都是通过鼠标单击触发启动的，这种方式很不合理。

➢ 修改动画的"开始"设置。在"动画窗格"列表上选择该对象的"强调"动画，通过"动画"选项卡"计时"组上的"开始"方式修改为"上一动画之后"可以看到时间轴上"高级日程表"的变化；用同样的方法将"退出"动画的"开始"设置选项进行同样的设置。

➢ 经过这样的设置，三个动画的编号变成了一个，表示现在该图片对象只有一个连续动作的动画效果。

➢ 点击"播放"按钮预览当前幻灯片动画，发现一个问题：图片在幻灯片上停留的时间过短，影响观众的接受效果。

➢ 调整"延迟"设置。在"动画窗格"列表上选择该对象的"强调"动画，通过"动画"选项卡"计时"组上的"延迟"数字框设定，该项动画延迟"2s"。可以看到时间轴上"高级日程表"的新变化。

➢ 如图 5-51 所示，该图片对象的动画设置完成，重新预览播放动画。

图 5-51 合并多个动画

5.3.2.4 调整动画播放顺序

为幻灯片上的各个对象添加动画效果后，默认添加动画的顺序即是播放动画的顺序，从对象左上角的数字上也可以看出动画播放的先后顺序。

调整动画的播放顺序。

方法一：单击对象左上角的数字，再单击"动画"选项卡"计时"组"向前移动"或"向后移动"命令按钮，每单击一次该动画排位向前或向后移动一位，不断单击，直到对象左上角的数字变到期望的数字为止。

方法二：单击"动画"选项卡"高级动画"组"动画窗格"按钮，在弹出的动画窗格中选中一个动画项，单击下方的"上移"按钮或"下移"按钮来调整动画顺序。

调整动画的播放顺序

➤ 打开"ppt/任务 1"中的"沈阳大学应用技术学院简介.pptx"，切换到师资队伍的幻灯片页，该页主要有三个对象，分别为图片、图表和表格。

➤ 为图片对象添加与"专业介绍"幻灯片页类似的动画。

➤ 为图表添加"强调动画"，效果为"跷跷板"。

➤ 为表格添加"进入动画"，效果为"形状"。

➤ 如图 5-52 所示，可以看到该页幻灯片的"动画窗格"列表十分混乱。预览播放后，发现动画之间存在明显的顺序问题。

➤ 修改动画播放顺序。在动画窗格上，选择编号为"1"图片对象的动画，点击动画窗格下方的"向后移动"命令按钮，将其移动到最后。

➤ 在幻灯片上修改图片对象的叠放层次。选中图片元素，右键单击，执行快捷菜单中的"置于顶层"命令。

➤ 再次预览动画，效果好了很多，但留给观看者阅读数据和图表的时间不够。

➤ 如图 5-53 所示，将图片对象的动画设置"延迟"，时间为 3s。该页幻灯片动画设置完毕。

图 5 – 52　多对象多动画的幻灯片

图 5 – 53　调整播放顺序后的幻灯片

5.3.2.5　删除动画效果

删除动画的方法是：单击对象左上角的数字，直接按下键盘上的 Delete 键。也可以在

"动画窗格"中选中要删除的动画项,再按下键盘上的 Delete 键。

5.3.3 链接与动作按钮

PowerPoint 提供了功能强大的超链接功能,使用它可以在幻灯片与幻灯片之间、幻灯片与其他外界文件或程序之间以及幻灯片与网络之间自由地转换。

5.3.3.1 创建超链接

在 PowerPoint 中我们可以使用以下三种方法来创建超链接。

(1)利用快捷菜单中的"超链接"命令创建超链接。

选中用于创建超链接的对象,单击鼠标右键,在弹出的快捷菜单中选择"超链接"命令,系统将弹出"插入超链接"对话框,并在其中设置超链接要跳转到的位置,单击"确定"按钮即可,如图 5 – 54 所示。超链接的位置包括:

1)现有文件或网页:链接到当前文件之外的文件或网站等,可以通过查找范围后面的"浏览网站"或"浏览文件"按钮进行链接文件的定位。

2)本文档中的位置:将当前演示文稿的幻灯片页作为链接目标进行定位。

3)新建文档:链接的同时创建链接目标文件,并确定该文件所创建的位置。

4)电子邮件地址:以电子邮件地址作为链接的目标,触发该链接后将打开带有收件人地址的电子邮件客户端。

图 5 – 54 "插入超链接"对话框

(2)利用"插入"选项卡"链接"组中的"超链接"按钮创建超链接。选中用于创建超链接的对象,执行"插入"选项卡"链接"组中的"超链接"命令,同样弹出"插入超链接"对话框,在其中设置超链接要跳转到的位置,单击"确定"按钮即可。

(3)利用"插入"选项卡"链接"组中的"动作"按钮创建超链接。PowerPoint 还提供了一种单纯为实现各种跳转而设置的"动作"按钮,这些按钮也可以完成超链接的功能。对动作按钮应用超链接的方法如下:

1)在"插入"选项卡,"插图"组的"形状"列表中的最后一组是"动作按钮"。

选择一种动作按钮，在幻灯片恰当的地方绘制。

2）绘制好之后松开鼠标，则相应的动作按钮出现在所选的位置上，同时系统弹出"动作设置"对话框。

3）在对话框中有两个选项卡"单击鼠标"与"鼠标移过"，通常选择默认的"鼠标单击"，单击"超级链接到"选项，打开超链接选项下拉菜单，根据实际情况进行选择，然后单击"确定"按钮即可。若要将超链接的范围扩大到其他演示文稿或 PowerPoint 以外的文件中去，则只需要在选项中选择"其他 PowerPoint 演示文稿…"或"其他文件…"选项即可。

5.3.3.2　取消超链接

在创建了超链接的对象上点击右键展开快捷菜单，可以看到一组有关超级链接的命令"编辑超链接"、"打开超链接"、"复制超链接"和"取消超链接"。选择其中的"取消超链接"命令即可去掉该对象上原来添加的超链接。"编辑超链接"用来修改超链接的目标位置。

设置超级链接

➤ 打开"ppt/任务 1"中的"沈阳大学应用技术学院简介·pptx"，切换到第二页幻灯片，在此我们为本演示文稿的四项主要内容添加超链接，链接的目标是本演示文稿内部。

➤ 首先，选中该 SmartArt 图形的第一项，执行"插入"选项卡"链接"组中的"超链接"命令，弹出"插入超链接"对话框。

➤ 如图 5 - 55 所示，设置超链接要跳转到的位置为"本文档中的位置"，在列表中选择"3 学院概况"，单击"确定"按钮完成设置。

➤ 用同样的方法将其他三项进行设置。在 SmartArt 图形上进行选择时要注意，不是选择文字，也不是选择整个 SmartArt 图形，而是选择图形中的项目。

➤ 切换到"专业简介"目录页，用同样的方法，将该页的 SmartArt 图形项目与相关专业介绍进行链接。

图 5 - 55　链接到本文档

设置动作按钮

➤ 切换到"学前教育专业介绍"幻灯片页，执行"插入"选项卡"插图"组中的"形状"命令，在展开的列表中"动作按钮"类别中选择小房子图标的"第一张"按钮。

➤ 在幻灯片页的右下角绘制出该按钮，并进行如图 5－56 的设置。在弹出的"动作设置"对话框中选择"超链接到"选项，展开列表，选择"幻灯片…"更换目标位置为"专业介绍"目录页。单击确定按钮完成设置。

➤ 选中该动作按钮对象，在"绘图工具－格式"选项卡"大小"组中调整按钮的宽和高。并拖拽其到合适的位置。

➤ 通过"绘图工具－格式"选项卡"形状样式"组中样式的选择和设定美化该动作按钮的外观。

图 5－56　"动作按钮"的绘制与设置

5.3.4　演示文稿的放映

幻灯片设计好之后就可以进行演示文稿的放映了，在放映之前，可根据使用者的具体要求，设置演示文稿的放映方式，关于放映的设置在如图 5－57 所示的幻灯片放映选项卡中进行。

图 5－57　"幻灯片放映"选项卡

5.3.4.1　设置放映方式

操作方法为：执行"幻灯片放映"选项卡"设置"组下的"设置幻灯片放映"按钮，打开"设置放映方式"对话框，如图 5 – 58 所示。

图 5 – 58　"设置放映方式"对话框

（1）设置放映类型。演讲者放映（全屏幕）、观众自行浏览（窗口）、在展台浏览（全屏幕）三个可选项，其中默认为演讲者放映方式。

（2）指定放映范围。默认为"全部"，即所有未被隐藏的幻灯片都参与播放。用户也可以选择其中的连续页进行播放，或者自定义播放哪些页。自定义的设置在"开始放映幻灯片组"的"自定义幻灯片放映"命令中进行。

（3）设置放映选项。有三个复选项，可以决定在放映时是否加动画或录制的旁白，还可以设定是否循环播放。

（4）指定换片方式。"手动"表示采用单击鼠标或按空格键等人工方式进行幻灯片的切换；"如果存在排练时间，则使用它"表示按照预先设定好的时间自动换片。要预先设置幻灯片的自动换片时间，可以事先进行排练计时或直接在"切换"选项卡"计时"组中设置自动换片时间。

5.3.4.2　排练计时

为了采用"在展台浏览（全屏幕）"放映模式，使演示文稿自动放映，应事先设置幻灯片的自动换片时间或使用排练计时。进行排练计时的操作步骤为：

（1）单击"幻灯片放映"选项卡"设置"组"排练计时"按钮，进入放映模式，并弹出"录制"工具栏，可以看到上面的计时信息。

（2）单击鼠标或按键盘上的空格键等，控制对象动画播放进度及幻灯片的切换。

（3）当用户控制所有幻灯片播放完毕后，系统会自动弹出一个对话框，提示播放演示文稿所需的总时间，用户可以根据情况选择"是"或者"否"按钮。

5.3.4.3 幻灯片的放映方法

（1）单击窗口右下角的"幻灯片放映"按钮"豆"可从当前幻灯片开始放映。

（2）单击"幻灯片放映"选项卡"开始放映幻灯片"组中4种放映方式的一种。

（3）Shift + F5：从当前幻灯片开始播放。

（4）F5：从第1张幻灯片开始播放。

5.3.4.4 控制放映

在系统默认的放映方式下，即"演讲者放映（全屏幕）"放映方式下，除了可以使用滚轮向上、向下滚动鼠标外，放映控制方法如下：

（1）到下一个画面：单击鼠标左键、空格键、回车键、"N"键、"PgDn"键、"↓"键或"→"键。

（2）到上一个画面："P"键、"PgUp"键、"↑"键或"←"键。

（3）取消放映：ESC 键。

5.3.5 演示文稿的打包

打包指的是将一个或多个演示文稿，包括它们所链接的音频、视频和其他文件等组合在一起，形成一个文件夹，放置在磁盘上。具体操作方法如下：

（1）单击"文件"选项卡"保存及发送"、"文件类型"、"将演示文稿打包成 CD"命令，并在右侧单击"打包成 CD"按钮，弹出"打包成 CD"对话框。

（2）"添加"按钮：单击该按钮可添加其他一同打包的 PowerPoint 演示文稿或 Word 文档、文本文件等。

（3）"删除"按钮：单击该按钮可将"要复制的文件"列表框中选中的文件删除。

（4）"选项"按钮：单击该按钮打开"选项"对话框。在该对话框中可以指定打包时是否包含"链接的文件"和"嵌入的 TrueType"字体。链接的文件主要包括以链接方式插入到演示文稿中的音频文件、视频文件、Microsoft Office Excel 工作表、Microsoft Office Excel 图表、Microsoft Office Word 文档等，以及某些超链接的目标文件。值得注意的是，选中"链接的文件"后，链接文件是不会显示在"要复制的文件"列表框中的。

设计效果

本任务设计效果如图 5 - 59 所示。

举一反三

学前专业的同学们迎来了顶岗实习期，同学们纷纷为自己在幼儿园的教学工作做准备，小王同学打算给小朋友们讲一节"好习惯养成"的生活课，演示文稿的素材已经准备好了，幻灯片也编辑的差不多了，文件存放在"ppt/任务三/举一反三－小朋友的好习惯. pptx"请你帮她再调整调整吧。

图 5-59　定义动画后的幻灯片

（1）演示文稿的受众是学前班的小朋友，文字表述过多会影响课程内容的传达，因而要尽量以图像替代文字进行说明。

（2）字体、字号要统一，对同一级别的标题或内容文字要设置统一的风格。

（3）素材的分辨率和大小调整，对于插入的图片不能随便修改其纵横比。

（4）给幻灯片设置切换动画。

（5）给幻灯片页中的图片加自定义动画，注意调整其播放次序、开始方式、持续时间和延迟时间。

（6）给幻灯片配音频，设置音频的播放持续整篇演示文稿。

（7）给幻灯片加动作按钮，方便进行幻灯片页之间的跳转。

（8）设定其排演计时，并在幻灯片播放的过程中应用。

（9）将演示文稿和音频文件一同打包。

　综合训练

本项目通过 3 个实训任务由浅入深地讲述了演示文稿设计软件的应用方法，使大家通过演练能够设计出内容丰富、风格统一、动感变化的演示文稿，给大家未来的工作学习带

来方便。

现在请你根据项目中所学到的知识技能完成一项 PowerPoint 2010 应用的综合训练任务。你所在的班集体要参加学院的优秀班级评比，评比的重要环节就是由班长作为代表用 PowerPoint 进行班级取得的成绩和集体精神风貌的展示。作为班级活跃的一分子，你一定能帮助班长完成这份重要的演示文稿设计。

（1）收集班级的图片资料素材，整理相关的成果资料。

（2）设计突出班级个性风格的幻灯片母版。

（3）根据评比给定的时间限制，规划幻灯片的内容。

（4）设计幻灯片页。运用图形、图片、音频、视频等多种元素充分展示班级风貌。

（5）设定幻灯片切换动画。

（6）有针对性的设置自定义动画。

（7）与演讲者一同进行排演计时，规划幻灯片的播放。

（8）给演示文稿打包，并复制到其他电脑进行播放测试。

项目6　畅游Internet与病毒防护

随着信息时代的来临，互联网以惊人的速度发展着，21世纪的大学生无时无刻不享受着网络所带来的快捷迅速的生活。漫步网络，这里有着丰富的免费资源、有着随时随地可以了解的全球资讯。网络拉近了人与人之间的距离。人们也越来越离不开网络。本项目将会通过3个任务来介绍畅游Internet的相关问题，如何接入Internet，如何利用Internet以及联网计算机必须要解决的病毒防护问题。

教学目标

- 了解常见的网络设备。
- 掌握计算机接入Internet的方法。
- 掌握网络信息检索的方法。
- 了解计算机病毒的本质。
- 了解计算机病毒的分类。
- 掌握计算机病毒防护方法。

 项目实施

任务6.1　接入互联网

任务目标

- 掌握计算机网络的相关概念。
- 了解Internet的功能。
- 了解常用的计算机联网方式。
- 了解常见的计算机网络设备。
- 掌握接入Internet的方法。

任务描述

小周一上大学就带来了笔记本电脑，离不开网络的他自然要想办法接入Internet，另外小周的每个月的手机上网流量也不够，寝室同学也存在同样的问题，如果寝室开通无线网就好了。可是该怎么做呢？

知识链接

（1）计算机网络的相关概念。计算机网络就是一些相互连接的、以共享资源为目的的、自治的计算机的集合。

（2）Internet 的功能。Internet 即国际互联网，它的主要功能有信息和资源的获取与发布、交流通讯、电子商务、网上办公、云端服务等。

（3）网络通信的介质。分为有线介质和无线介质两大类。有线介质包括双绞线、同轴电缆和光纤。无线通信的形式有无线电波、微波、蓝牙、红外线和激光等。

（4）网络硬件设备。和完成本次任务相关的主要有网卡、集线器、交换机、路由器。

（5）接入 Internet 的相关概念。TCP/IP 协议、IP 地址、子网掩码、域名。

（6）接入 Internet 的方式。主要包括有线方式和无线方式两种。有线方式有 ADSL 接入、光纤接入和通过局域网接入等。无线方式主要有无线局域网、无线个人局域网、移动宽带或无线广域网等。

任务实施

6.1.1　网络的定义与功能

6.1.1.1　计算机网络定义

计算机网络，是指将地理位置不同且具有独立功能的多台计算机系统，通过通信设备和线路相互连接起来，并配以功能完善的网络软件以及网络协议，实现网络上资源共享与通信的系统。简单点说，计算机网络就是一些相互连接的、以共享资源为目的的、自治的计算机的集合。

6.1.1.2　计算机网络分类

（1）按照网络的规模和覆盖范围划分。按照网络的规模和覆盖范围不同，计算机网络可以分为：局域网（local area network，LAN），一般限定在较小的区域内，小于 10km 的范围，通常采用有线的方式连接起来；城域网（metropolitan area network，MAN），规模局限在一座城市的范围内，10～100km 的区域；广域网（wide area network，WAN），网络跨越国界、洲界，甚至全球范围，Internet 就是最大的广域网。

（2）按照传输介质划分。按照传输介质的不同，计算机网络可以分为有线网和无线网。有线网的传输介质采用的是双绞线、同轴电缆和光纤等有线传输媒体；无线的传输介质采用的是卫星、无线电、红外线、激光以及微波等无线传输介质。

6.1.1.3　Internet 定义

Internet，即互联网，又称因特网，是网络与网络之间所串连成的庞大网络，这些网络以一组通用的协定相连，形成逻辑上的单一巨大网络。在这基础上发展出覆盖全世界的全球性互联网络称"互联网"，即是"互相连接一起的网络"。

6.1.1.4　Internet 功能

（1）信息和资源的获取与发布。书库、图书馆、杂志期刊、报纸，政府、公司、学校信息和各种不同的社会信息。

（2）通讯。即时通讯、电邮、微信。

（3）网上交际。聊天、交友、网络游戏、facebook、微博、空间、博客、论坛。

（4）电子商务。网上购物、网上商品销售、网上拍卖、网上货币支付等。

（5）网络电话。IP电话服务、视频电话。

（6）网上事务处理。办公自动化、视频会议。

（7）Internet 的其他应用。远程教育、远程医疗、远程主机登录、远程文件传输。

（8）云端化服务。网盘、笔记、资源、计算。

6.1.2　联网传输介质

6.1.2.1　有线介质

（1）双绞线：如图6-1所示，其特点是比较经济、安装方便、但易受干扰，传输率较低，传输距离比同轴电缆要短，应用于局域网中。

（2）同轴电缆：俗称细缆，如图6-2所示，同轴电缆网络经济实用，但是由于传输率和抗干扰能力一般，传输距离较短，扩展性不好等局限性，现在逐渐淘汰。

图6-1　双绞线　　　　　　　　图6-2　同轴电缆

（3）光纤电缆：如图6-3所示，光纤的特点是传输距离长、传输效率高、抗干扰性强，是高安全性网络的理想选择。

图6-3　光纤电缆

6.1.2.2　无线介质

无线通信的形式有无线电波、微波、蓝牙、红外线和激光等。

无线电波是指在自由空间（包括空气和真空传播的射频频段的电磁波），其频率一般为300MHz以下，波长大于1m。

微波是指频率为300MHz～300GHz的电磁波，波长在1mm～1m之间，是无线电波中一个有限频带的简称。微波通信具有良好的抗灾性能，对水灾、风灾以及地震等自然灾害，微波通信一般都不受影响。但微波经空中传送，易受干扰，在同一微波电路上不能使用相同频率于同一方向，因此微波电路必须在无线电管理部门的严格管理之下进行建设。

蓝牙（Bluetooth）：是一种无线技术标准，使用2.4～2.485GHz的ISM波段的UHF无线电波，可实现固定设备、移动设备和楼宇个人域网之间的短距离数据交换。

红外线（Infrared）是波长介乎微波与可见光之间的电磁波，波长在760nm～1mm之间，比红光长的非可见光。红外线用于传输的优点是不容易被人发现和截获，保密性强；几乎不会受到电气、天电、人为干扰，抗干扰性强。缺点是它必须在直视距离内通信，且传播受天气的影响。

激光是一种新型光源，具有亮度高、方向性强、单色性好、相干性强等特征。激光通信的优点是通信容量大，保密性强，设备结构轻便、经济。缺点是通信距离限于视距（数公里至数十公里范围），易受气候影响，瞄准困难。

6.1.3 联网常见硬件

6.1.3.1 网卡

计算机与外界局域网的连接是通过主机箱内插入一块网络接口板。网络接口板又称为通信适配器或网络适配器或网络接口卡，简称网卡。网卡的外观如图6-4所示。

6.1.3.2 集线器

如图6-5所示，集线器（Hub）的主要功能是对接收到的信号进行再生整形放大，以扩大网络的传输距离，同时把所有节点集中在以它为中心的节点上。集线器独占全部带宽。

6.1.3.3 交换机

如图6-6所示，交换机是多端口设备。交换机能够对任意两个端口进行临时连接。交换机仅将信息帧从一个端口传送到目标节点所在的其他端口，而不会向所有其他的端口广播。

图6-4 网卡　　　　图6-5 网络集线器　　　　图6-6 交换机

集线器和交换机的外观相似，它们都是数据传输的枢纽。但不同点是，集线器上的所有端口争用一个共享信道的带宽，因此随着网络节点数量的增加，数据传输量的增大，每节点的可用带宽将随之减少。交换机上的所有端口均有独享的信道带宽，以保证每个端口上数据的快速有效传输。集线器采用广播的形式传输数据，即向所有端口传送数据。交换机为用户提供的是独占的、点对点的连接，数据包只被发送到目的端口，而不会向所有端口发送。

6.1.3.4 路由器

如图6-7所示，路由器是互联网络的枢纽，用于连接多个逻辑上分开的网络，逻辑网络是代表一个单独的网络或者一个子网。当数据从一个子网传输到另一个子网时，可通过路由器的路由功能来完成。

图6-7　路由器

6.1.4　TCP/IP 协议

TCP/IP 协议（transmission control protocol/internet protocol，传输控制协议/互联网络协议）是 Internet 最基本的协议。在 Internet 没有形成之前，世界各地已经建立了很多小型网络，但这些网络存在不同的网络结构和数据传输规则，要将它们连接起来互相通信，就好比要让使用不同语言的人们交流一样，需要建立一种大家都听得懂的语言，而 TCP/IP 就能实现这个功能，它就好比 Internet 上的"世界语"。

6.1.5　IP 地址

IP 地址就是给每个连接在 Internet 上的主机分配的一个 32bit 地址（根据互联网协议的第四版 IPv4）。每个 IP 地址长 32bit，就是 4 个字节。IP 地址经常被写成十进制的形式，每字节对应一个 0~255 的十进制整数，中间使用符号"."分开不同的字节，这种表示法叫做"点分十进制表示法"。因此通常 IP 地址格式为×××.×××.×××.×××。一个网络中的主机 IP 地址是唯一的。

6.1.6　子网掩码

子网掩码又叫网络掩码、地址掩码等，它是一种用来指明一个 IP 地址的主机所在的子网。子网掩码将某个 IP 地址划分成网络地址和主机地址两部分。子网掩码由 1 和 0 组成，且 1 和 0 分别连续。子网掩码的长度也是 32 位，左边是网络位，用二进制数字"1"表示，1 的数目等于网络位的长度；右边是主机位，用二进制数字"0"表示，0 的数目等于主机位的长度。

6.1.7　域名

域名（doamin name）的实质就是用一组由字符组成的名字代替 IP 地址，域名与标识计算机的 IP 地址一一对应，故域名在互联网上是唯一的，域名的一般形式为：主机名.网络名.机构名（二级域名）.地理域名（一级域名）。如：沈阳大学的域名是：www.syu.edu.cn。其地理域名是 cn，表示这台主机在中国这个域；edu 表示该主机为教育领域的；syu 是沈阳大学的网名；www 表示该主机是 Web 服务器。

6.1.8　接入 Internet 的方式

6.1.8.1　有线

（1）ADSL。ADSL（asymmetric digital subscriber Line，非对称数字用户环路）是一种

新的数据传输方式。它因为上行和下行带宽不对称，因此称为非对称数字用户线环路。用户需要使用一个 ADSL 终端（因为和传统的调制解调器类似，所以也被称为"猫"）来连接电话线路。由于 ADSL 使用高频信号，所以在两端还都要使用 ADSL 信号分离器将 ADSL 数据信号和普通音频电话信号分离出来，避免打电话的时候出现噪音干扰。

通常的 ADSL 终端有一个电话 Line – In，一个以太网口，有些终端集成了 ADSL 信号分离器，还提供一个连接电话的 Phone 接口，其硬件连接如图 6 – 8 所示。

图 6 – 8　ADSL 硬件连接图

（2）光纤接入。光纤接入是指局端与用户之间完全以光纤作为传输媒体。光纤接入可以分为有源光接入和无源光接入。光纤用户网的主要技术是光波传输技术。因此根据光纤深入用户群的程度，可将光纤接入网分为 FTTC（光纤到路边）、FTTZ（光纤到小区）、FTTB（光纤到大楼）、FTTO（光纤到办公室）和 FTTH（光纤到户），它们统称为 FTT×。FTT×不是具体的接入技术，而是光纤在接入网中的推进程度或使用策略。

（3）LAN 接入方式。LAN 方式接入是利用以太网技术，采用"光缆 + 双绞线"的方式对社区进行综合布线。具体实施方案是：从社区机房敷设光缆至住户单元楼，楼内布线采用双绞线敷设至用户家里，双绞线总长度一般不超过 100m，用户家里的计算机通过网线接入墙上的五类模块就可以实现上网。社区机房的出口是通过光缆或其他介质接入城域网。

6.1.8.2　无线

（1）无线局域网（WLAN）。无线局域网络英文全名为 Wireless Local Area Networks，简写为 WLAN。它是相当便利的数据传输系统，它利用射频的技术，使用电磁波，取代旧式的双绞铜线所构成的局域网络，在空中进行通信连接，使得无线局域网络拥有简单的存取架构。从家庭到企业再到 Internet 接入热点，WLAN 的应用广泛。WiFi 是无线保真（Wireless Fidelity）的缩写，是无线局域网一种技术。由于其传输距离近（100m 左右）需要可视无遮挡，家庭、会议室等局部地方使用较多。称为"热点"的位置提供接入点，可以与笔记本电脑或掌上电脑的无线网卡通讯。

（2）无线个人局域网（WPAN）。无线个人局域网通英文全名为 Wireless Personal Area Network Communication Technologies，简写为 WPAN。它是一种主要基于蓝牙（Bluetooth）技术的个人局域网，是为了实现活动半径小、业务类型丰富、面向特定群体、无线无缝的连接而提出的新兴无线通信网络技术。通常用于与距中心位置较近的兼容设备互联。WPAN 的范围一般是 10m。

蓝牙技术是一个开放性的、短距离无线通信技术标准，是 WPAN 联网标准。该技术面向的是移动设备间的小范围连接，因而本质上说它是一种代替线缆的技术。蓝牙的无线覆盖范围视干扰、传输障碍（如墙体和建筑材料）及其他因素而定。某些设备具有内置蓝牙兼容性。

（3）移动宽带或无线广域网（WWAN）。无线广域网英文全名为 Wireless Wide Area Network，简写为 WWAN。需使用移动电话信号，移动宽带网络的提供和维护一般依靠特定移动电话（蜂窝）服务提供商。用户即使远离其他网络接入形式也能保持连接。只要可以获得服务提供商蜂窝电话服务的地方，就能获得该提供商提供的无线广域网连接性，但接入费用往往需要另付。

6.1.9 接入 Internet 的方法

6.1.9.1 校园网有线接入

一般在学校里面，同学们要连接到 Internet 网络有两种方式：通过校园网（正式名称应是教育网，一般称为内网）或者通过铁通网络 ADSL 方式（通常称为外网）接入。这两种网络有不同的连接方式，下面分别做说明。

（1）通过校园网接入 Internet。电脑要联网必须先连接好网线，如沈阳大学学生宿舍中已经预埋设好了网线在墙中。一般墙上有四个网口，以及一个移动进线接口。4 个插孔就是接入校园网的接口，可以通过此接口接入学校的网络再连接到教育网或者公网。可以直接用网线将电脑和这个端口用网线连接来上网。可是小周寝室有 8 位同学，怎么使所有的同学都能上网呢？这时候就需要选购一台交换机了。一台普通的五口交换机就够用了。对于使用者来说，这五个口是一样的，如果有一个接口比较特别，标明是 Uplink 的话，把这个接口和墙上的接口用网线连接。其他 4 个接口，可以用网线连接到各台电脑上。

到此为止硬件的连接就完成了。通过一卡通缴费，获取用户名和密码，然后使用校园网客户端（如"锐捷"）进行认证登录，就可以正常通过校园网登入 Internet 了。

（2）通过外网接入 Internet。这一部分同家里 ADSL 安装宽带的设置相同，移动会提供 ADSL Modem（猫），缴费后的用户名和口令，并帮助完成硬件的连接。如果要和寝室的其他人共享带宽，分担费用，就需要购买一台路由器最好直接买无线路由器，路由器和交换机的外观差不多，但两者是不同的网络设备。

注意路由器的背面，它提供 4 个一样的接口（标注有 1~4，是路由的 LAN 口）和一个特别的接口（WAN 口）；那个特别的接口就连接到 ADSL Modem（猫）的 LAN 口上；那墙上的移动接入孔自然是用一根网线连接到猫的 LNE 口（移动工作人员已经接好，不用动）。

接下来是路由器的设置，在此以较常见的 TP-Link 系列路由器为例说明。

1）接通路由器的电源，打开浏览器，根据路由器说明书的提示，输入 192.168.1.1 或 192.168.0.1。

2）输入路由器用户名、密码，一般是 admin。

3）如图 6-9 所示，进入控制页面的 Web 设置，输入移动缴费后提供的宽带账号和密码，拨号方式设置为自动，以后打开电源，路由器就会自动拨号。

4）选择 DHCP 服务器。开启 DHCP 服务，并将参数里 ADSL 宽带的 DNS 服务器地址也添加上——确认。

5）最后设置自动获取 IP。打开"控制面板\网络和 Internet\网络和共享中心"点击

"本地连接"，打开其属性，进入其中的 TCP/IP 属性设置，选择自动获取 IP 和自动获取 DNS 服务器地址。

图 6-9　路由设置

6.1.9.2　校园网无线设置

上面的路由如果是无线路由，就可以进行无线上网了。当然，最好设置无线密码，在左侧选择"无线设置"下的"无线安全设置"，右侧选择最下面的"WPA-PSK/WPA2-PSK"项，设置密码（可以只改密码，其他均设为默认），保存。

另外，如果不使用无线路由，在电脑已经连上网的情况下，也可下载使用 360 免费 WiFi 或猎豹 WiFi 等功能软件构建无线网络，进行无线网络连接。但是要注意的是，这种构建需要一个前提，那就是电脑必须要有无线网卡。

> **小周同学寝室上网方案**
> ➤ 接入校园网。
> ■ 硬件准备：网线、交换机。
> ■ 软件设置：一卡通购买，通过锐捷校园网客户端登录。
> ➤ 使用 360 免费 WiFi，获取网络热点。

走读生小李的家里早就安装了联通宽带，但最近因为小区网络改造，已经由 ADSL 接入方式改为光纤接入，硬件设备也更换为"光/电转换设备（俗称光猫）"，工作人员帮助小李完成了线路的连接，小李需要重新进行"宽带连接"的设置么？小李购买了无线路由，但不知道如何进行硬件连接和网络设置，你能给他提供一些建议么？

家庭无线网硬件连接如图 6 – 10 所示。

图 6 – 10　光纤入户接入无线网络连接

家庭无线网路由设置：

（1）根据所购买的无线路由说明书进行设置，这里以 TP – LINK 的 TL – WR885N 为例，打开浏览器，在地址栏输入"192.168.1.1"或者"http：//tplogin.cn/"进入路由设置页面。

（2）第一次登录时需要输入给定的用户名和密码（在路由器的底部标示，一般为 admin）登录后点击左侧的"设置向导"连接，可以看到如图 6 – 11 所示的界面。

图 6 – 11　登录无线路由设置页面

（3）如图 6 - 12 所示，路由器会自动检测上网方式。输入运营商提供的宽带账号、宽带密码。点击"下一步"。

图 6 - 12 设置上网方式

（4）如图 6 - 13 所示，填写账号密码。路由器会自动检测上网方式。输入运营商提供的宽带账号、宽带密码。点击"下一步"。

图 6 - 13 填写账号密码

（5）如图 6 - 14 所示，设置无线信息。在无线名称中设置信号名称（WiFi 名称），并设置不小于 8 位的无线密码。点击"下一步"。

图 6 - 14 无线用户名密码设置

（6）单击"完成"，结束设置。

（7）查看主机状态，如图 6 - 15 所示。

图 6 - 15　查看主机状态

（8）查看客户端列表。

任务 6.2　网上信息检索

任务目标

- 了解网络信息检索的概念。
- 了解浏览器的概念和常见浏览器类型。
- 了解搜索引擎的概念和常用搜索引擎。
- 掌握百度搜索引擎的使用方法。
- 掌握大学图书馆的文献检索方法。

任务描述

在 Excel 的任务四中，学前专业的小赵回收了下发的关于学前儿童英语学习现状的调查问卷，而且在同学的帮助下完成了问卷的统计和分析。但是对于问卷结果产生的个人因素和社会因素，小赵分析的还不够透彻，她希望能够借助网络收集一下相关的资料，但检索的结果总是差强人意，她该怎么办呢？

（1）网络信息检索。网络资源虽然丰富，但是分布在大量的不同的服务器上，想要快速准确地查找到自己关注的信息，必须利用科学的方法，信息检索就是这个科学的查找过程。通常我们利用网络接口软件来实现网络信息的检索。

（2）浏览器。浏览器是安装在本地计算机上的一种软件，它帮助计算机用户实现对网络上页面文件的解释和显示。使用户能够阅读网上的图文信息。常见的浏览器有 IE 浏览器、360 浏览器、火狐浏览器、猎豹浏览器、傲游浏览器等。

（3）搜索引擎。搜索引擎是指根据一定的策略、运用特定的计算机程序搜集互联网上的信息，在对信息进行组织和处理后，将处理后的信息显示给用户，是为用户提供检索服务的系统。搜索引擎包括全文索引、目录索引、元搜索引擎等。

（4）百度搜索引擎。百度是一种全文索引类的搜索引擎，在国内 80％ 以上的用户都使用百度。

（5）百度引擎的搜索技巧。包括检索词的选用方法，检索词的布尔运算，精确匹配检索，百度搜索工具的使用，百度特色搜索的使用，强制搜索表达式等方面的内容。

（6）图书馆电子文献资源的检索。利用图书馆网站提供的基本检索工具和高级检索工具，进行关键词之间的布尔运算完成检索。

6.2.1 网络信息检索

网络信息检索一般是指因特网检索，是通过网络接口软件实现信息检索，如百度和谷歌等。用户可以在一个终端查询个地址上传到网络的信息资源。这一类网络检索系统都是基于互联网的分布式特点开发和应用的，即数据是分布式存储的，大量的数据可以分散存储在不同的服务器上；用户是分布式检索的，任何地方的终端用户都可以访问存储数据。数据是分布式处理的，任何数据都可以在网上的任何地方进行处理。

6.2.2 浏览器

浏览器是指可以显示网页服务器或者文件系统的 HTML 文件（标准通用标记语言的一个应用）内容，并让用户与这些文件交互的一种软件。它用来显示在万维网或局域网等内的文字、图像及其他信息。

国内网民计算机上常见的网页浏览器有 IE 浏览器、火狐浏览器、QQ 浏览器、Google Chrome、百度浏览器、搜狗浏览器、猎豹浏览器、360 浏览器、UC 浏览器、傲游浏览器、世界之窗浏览器等，浏览器是最经常使用到的客户端程序。

6.2.3 搜索引擎

搜索引擎是一种网络信息资源检索工具，是以各种网络信息资源为检索对象的查询系统。它像一本书的目录，Internet 各个站点的网址就像是页码，可以通过关键词或主题分类的方式来查找感兴趣的信息所在的 Web 页面。国内常用的搜索引擎有百度、搜狗、360好搜、一搜、中国搜索、搜狐搜索、新浪网搜索以及网易搜索等。国外的有 Google、微软必应 Bing、雅虎搜索 Yahoo！Search、美国在线旗下的 Aol Search 等。

6.2.4　百度搜索引擎

百度是世界上第一个中文搜索引擎，也是全球最大的中文搜索引擎、最大的中文网站。2000 年 1 月创立于北京中关村。百度搜索引擎具有高准确性、高查全率、更新快以及服务稳定的特点，深受网民的喜爱，如图 6 - 16 所示。

但搜索结果中广告、垃圾网站和死链比较多。如搜索网页链接打开后却标示着"该链接已被删除"的信息或"请尝试其他链接"等提示，网民不能第一时间获取自己想要的信息。

图 6 - 16　百度主界面

6.2.5　百度的常用搜索技巧

（1）检索词最好不用过于通俗简单的词语。检索词，也称为关键词，是搜索时写在搜索框中的词语。不要使用过于通俗简单的词语作为检索关键词。网上相关信息的数量是巨大的，如果使用过于通俗简单的词语，就会返回过多的搜索结果，因而就很难查到有用的信息。比如"电话"、"汽车"这样的词，最好与其他关键词一起使用。

（2）检索词最好不要用一些没有实际意义的词。比如连词、副词之类，一旦用来搜索的话，会返回大量无用的结果，甚至导致搜索错误。比如"的"、"是什么"、"和"等。

（3）避免使用多义词为检索词。使用多义词可能会得到与搜索意图不同的结果，遇到这样的词最好换一个它近义词或者附加别的词一同搜索。比如：检索关键词"东西"，到底你想要搜"方位"呢，还是某件东西呢？

（4）避免使用"白话文"为检索词。在搜索栏中输入"明天回沈阳的火车最早几点"这样的"白话"是十分错误的。把搜索引擎当成"人"了，其实搜索引擎是"机械人"，当你用关键词搜索的时候，它只会把含有这个关键词的网页找出来，根本不管网页上的内容是什么。因而你要输入的是关键"词"而不是完整的一句话。

（5）精确匹配。如果需要精确匹配，检索关键词应加引号（如："解落三秋叶，能开二月花"），这一方法在查找名言警句、古诗词、专有名词和确切资料时格外有用。

（6）正确地使用布尔检索。

1）布尔运算。布尔运算又称为逻辑运算，它是一种逻辑算数运算方法，有与、或、非三种基本运算。参与运算的量和运算结果只有真和假两种情况，对于参与运算的两个量 A 和 B 其运算规则见表 6-1。

表 6-1 布尔运算规则

A	B	A 与 B	A 或 B	非 A	非 B
真	真	真	真	假	假
真	假	假	真	假	真
假	真	假	真	真	假
假	假	假	假	真	真

2）百度搜索引擎的逻辑运算：

①以空格表示布尔运算的"与"。图 6-17 所示表示的是检索同时包含"学前"、"儿童"、"英语"、"学习"四个词汇的网页。

图 6-17 "与"运算检索

②以"｜"表示布尔运算的"或"。如果希望得到更丰富的检索结果，可以把关键词中进行同类词汇扩展。

学前儿童和幼儿有相同的含义，如图 6-18 所示，搜索"学前儿童｜幼儿英语学习"就能检索到更多的结果。

③以"－"表示布尔运算的"非"。如果要从检索结果中排出某一部分，则需要使用"非"运算。如图 6-19 所示，比如要从"学前儿童｜幼儿英语学习"的检索结果中排除"英语培训"的相关条目。这里要注意，"－"前一定要有个空格。

Baidu百度　学前 儿童幼儿 英语 学习　　　　　　　　　　　✕　百度一下

网页　新闻　贴吧　知道　音乐　图片　视频　地图　文库　更多»

百度为您找到相关结果约11,700,000个　　　　　　　　　▽搜索工具

励步少儿学习英语 2-15岁幼儿学英语的乐园沈阳　　　　　　　推广链接
少儿学习英语课程，让孩子爱上英语!十门精彩幼儿英语课程，培养孩子独立能力!纯外语环境，
让您发现孩子兴趣所在!立即注册，参加免费少儿学习英语试听课，领取精美礼品!
www.firstleap.net　2015-11 ▾　**V₂** - 评价

幼儿学英语适合3-8岁英语学习
美国知名幼儿英语教学网站! 网页互动式启蒙美式英语，有效帮助学习少儿英语。网站包括视
频，儿歌，图书及游戏等。
www.abcmouse.cn　2015-11 ▾　**V₁** - 评价

沈阳英语幼儿园 创意宝宝 沈阳英语幼儿园
沈阳英语幼儿园—沈阳创意宝宝幼儿园拥有高素质的教师团队，省内顶尖的双语幼儿园!是孩子
茁壮成长得绝佳双语幼儿园!沈阳英语幼儿园热线:024-23188383
www.creativekidschina.com　2015-11 ▾　**V₁** - 评价

图 6 - 18　"或"运算检索

Baidu百度　学前 儿童幼儿 英语 学习 -英语培训　　　　　　　✕　百度一下

网页　新闻　贴吧　知道　音乐　图片　视频　地图　文库　更多»

百度为您找到相关结果约1,800,000个　　　　　　　　　▽搜索工具

幼儿英语学习适合3-8岁英语学习　　　　　　　　　　　推广链接
美国知名幼儿英语教学网站! 网页互动式启蒙美式英语，有效帮助学习纯正美式英语。网站包括
视频，儿歌，图书及游戏等。
www.abcmouse.cn　2015-11 ▾　**V₁** - 评价

2015迪士尼英语动画DVD你适合学的200部高清英语动画片
高清画质儿童英语儿童英语 四种字幕可以切换儿童英语儿童英语中文/英文/中英/无字幕儿童英
语儿童英语送台词剧本和音频 送5000元大礼包 货到付款 进行中
dsn.aibaog.com　2015-11 ▾　**V₁** - 评价

📄 **学前儿童英语教育_百度文库**
★★★★★ 评分:4.5/5 31页
2011年4月25日 - 幼儿英语活动指导 Directions on Preschool English Educational Activities 第
四章 学前儿童英语教育的 目标与内容 第四章 学前儿童英语教育的 目标...
wenku.baidu.com/link?u... ▾　**V₃** - 85%好评

图 6 - 19　"非"运算检索

小赵完成的布尔运算网页检索
➤ 布尔"与"运算，运算符"空格"。检索词:"学前儿童英语学习"。
➤ 布尔"或"运算，运算符"｜"。表达式"儿童｜幼儿"，再同"与"运算结合，
　检索词:"学前儿童｜幼儿英语学习"。
➤ 布尔"非"运算，运算符"-"。表达式"-英语培训"，再同前面的运算结合，
　检索词:"学前儿童｜幼儿英语学习-英语培训"。

（7）使用搜索工具。点击搜索页面上的"搜索工具"，如图 6 – 20 所示，可以展开三个筛选列表，关于时间的筛选、关于文件格式的筛选以及对被搜索站点的指定。对于百度不同的产品，如百度贴吧、百度知道、百度图片等，其提供的搜索工具是不同的，比如对图片，可以进行尺寸、颜色和类型的筛选；如图 6 – 21 所示，对于百度贴吧可以进行高级搜索。十分地智能和方便。

学前 儿童 英语 学习　　　　　　　　　　　　　　　　×　百度一下

网页　新闻　贴吧　知道　音乐　图片　视频　地图　文库　更多»

时间不限▾　所有网页和文件▾　站点内检索▾　　　　　∧收起工具

图 6 – 20　百度"网页"搜索的工具

Baidu贴吧　高级搜索

吧名	只在此贴吧中搜索		贴吧搜索
关键词	包含以下全部的关键词		
用户名	只搜索该用户的发言		例如:贴吧开发团队

搜索结果排序方式　限定搜索结果的排序方式是　按时间倒序 ▾

搜索结果显示条数　选择搜索结果显示的条数　每页显示10条 ▾

图 6 – 21　百度贴吧的高级搜索

6.2.6　百度的特色搜索

（1）百度快照。如图 6 – 22 所示，如果无法打开某个搜索结果，或者打开速度特别慢，该怎么办？"百度快照"能帮您解决问题。每个被收录的网页，在百度上都存有一个纯文本的备份，称为"百度快照"。百度速度较快，您可以通过"快照"快速浏览页面内容。不过，百度只保留文本内容，所以，那些图片、音乐等非文本信息，快照页面还是直接从原网页调用。如果您无法连接原网页，那么快照上的图片等非文本内容，会无法显示。

（2）百度地图。如图 6 – 23 所示，百度地图是百度提供的一项网络地图搜索服务，覆盖了国内近 400 个城市、数千个区县。在百度地图里，用户可以查询街道、商场、楼盘的地理位置，也可以找到离您最近的所有餐馆、学校、银行、公园等。2010 年新增加了三维地图按钮。

（3）百度图片。百度图片是世界上最大的中文图片搜索引擎，百度从 8 亿中文网页中提取各类图片，建立了世界第一的中文图片库。用户根据关键字进行图片的搜索。

（4）百度文库。2009 年推出的百度文库是百度发布的供网友在线分享文档的平台。百度文库的文档由百度用户上传，需要经过百度的审核才能发布，百度自身不编辑或修改用户上传的文档内容。网友可以在线阅读和下载这些文档。百度用户上传文档可以得到一定的积分，下载有标价的文档则需要消耗积分。

图 6 - 22　百度快照

图 6 - 23　百度地图

小赵完成的百度文库文件检索

➢ 在浏览器地址栏输入 wenku. baidu. com 进入百度文库。

➢ 在搜索框中输入"学前儿童英语学习"并用英文的双引号引起来，表示"精确匹配"。

➢ 在百度文库的检索工具中，进行检索范围"全库"或"精品"，文件类别"doc"、"ppt"、"pdf"等的筛选。

➢ 设置好检索工具后点击"百度一下"按钮，可以看到检索结果。

➢ 直接点击结果列表中的文件，在百度文库中预览，如图 6 - 24 所示。

➢ 点击下方的"下载"按钮，可以进行文件的下载，前提是成为有积分的百度用户。如图 6 - 25 所示，小赵选择了免费的文件下载。

图 6 - 24 百度文库

（5）更多百度特色引擎。点击"更多"链接，进入到百度"产品大全"页面，在这里可以看到百度现有的所有搜索引擎产品列表。主要有新上线、搜索服务、导航服务、社区服务、游戏娱乐、移动服务、软件工具等分类，每种产品提供一种特色的搜索服务。

6.2.7 图书馆电子资源使用

大学的图书馆不但藏书丰富，还提供了海量的电子资源供学校的师生学习、参考、研究，以沈阳大学图书馆为例，沈阳大学图书馆网址首页如图 6 - 26 所示。在这里可以获取图书，报刊，博士、硕士论文，会议论文、考试相关资源以及一些免费资源和试用资源等。广大师生可以在线浏览或下载阅读。

图 6 – 25　下载免费文件资源

图 6 – 26　沈阳大学图书馆主页

在图书馆网站进行信息的检索和在搜索引擎上检索类似。如点击图 6 – 26 中的链接"报刊资源"列表中的"同方知网学术期刊"进入如图 6 – 27 所示的页面。在这里可以进行学术期刊的检索。

（1）简单的检索方式。在简单的检索方式下，首先要确定检索的关键词，这里最多可以使用两个关键词，它们之间的关系是"并含"、"或含"、"不含"三种逻辑运算。检索形式默认是"精确"，经过切换也可以进行"模糊"查询。还可以从发表时间和所属数据库对于检索的范围进行限定。

　　另外，虽然是简单的检索方式，通过点击"输入检索条件"下面的"⊞"和"⊟"按钮，也可以增加或删除查询条件，进行更多的逻辑运算。

　　（2）高级检索。如图 6-28 所示，高级检索可以方便地进行更多的逻辑运算，并且添加了对词语频度的限制。除此以外，还可以使用"专业检索"、"作者发文检索"、"科研基金检索"、"句子检索"以及"来源期刊检索"的形式完成检索过程，用户可以根据自己的情况而定。

> **小赵同学的检索**
>
> ➤ 在校园网环境下，打开浏览器，在浏览器的地址栏输入沈阳大学图书馆网址 lib. syu. edu. cn，登录到沈阳大学图书馆。
> ➤ 在左侧的网站首页导航目录上点击"报刊资源"列表中的"同方知网学术期刊"进入到学术期刊检索页面。
> ➤ 如图 6-27 所示，在检索选项卡的关键字文本框输入"学前儿童英语学习"的检索词，并将检索方式修改为"模糊"，发表时间为从"2014"年到"不限"年。
> ➤ 点击"检索"按钮后，完成的是在所有数据库中搜索 2014 年以后发表的"主题"关于"学前儿童英语学习"方面的论文，因检索形式为"模糊"，因而，关于"学前儿童英语教育"之类的论文也在检索结果中。
> ➤ 根据检索到的文献内容，进一步调整关键词，检索年限、来源类型、检索形式等，可尽快检索到符合要求的文献。

图 6-27　学术期刊检索页

　　（3）下载检索论文。检索到的论文以列表的形式展示出来，在列表中有"下载"列和"预览"列，点击"下载"列中的"下载"按钮可以完成论文的下载工作，"下载"按钮旁显示了该文献的下载次数。"预览"列帮助用户在下载前更进一步地了解该文献的内容，用户可根据预览后的效果来决定是否下载。

| 期刊 ∨ | | | | | | 期刊导航 |

检索　高级检索　专业检索　作者发文检索　科研基金检索　句子检索　来源期刊检索

输入检索条件：

⊞ ⊟ （ 主题 ∨ [　　　] 词频 ∨ 并含 ∨ [　　　] 词频 ∨ 精确 ∨ ）

并且 ∨ （ 篇名 ∨ [　　　] 词频 ∨ 并含 ∨ [　　　] 词频 ∨ 精确 ∨ ）

并且 ∨ （ 关键词 ∨ [　　　] 词频 ∨ 并含 ∨ [　　　] 词频 ∨ 精确 ∨ ）

并且 ∨ （ 摘要 ∨ [　　　] 词频 ∨ 并含 ∨ [　　　] 词频 ∨ 精确 ∨ ）

从 不限 ∨ 年 到 不限 ∨ 年　指定期：请输入　　更新时间：不限 ∨

来源期刊：输入期刊名称，ISSN, CN均可　模糊 ∨ […]

来源类别：☑ 全部期刊 ☑ SCI来源期刊 ☑ EI来源期刊 ☑ 核心期刊 ☑ CSSCI

支持基金：输入基金名称　模糊 ∨ […]

⊞ ⊟ 作者 ∨ 输入作者姓名　精确 ∨ 作者单位：输入作者单位, 全称、简称、曾用名 模糊 ∨

☐ 仅限优先出版论文　☐ 中英文扩展检索　　**检 索**

图 6-28　高级检索条件列表

下载后的论文一般为"pdf"格式或"caj"格式的文件，这两个格式的文件一般我们使用"Adobe Reader"及"CAJViewer"软件打开阅读，如图 6-29 和图 6-30 所示。用户需要安装这两个软件。图书馆的网站上一般都提供了这两个软件的免费下载，用户也可以到其他软件下载网站上下载更新的版本。

图 6-29　Adobe Reader 软件

图 6-30　CAJViewer 软件

举一反三

会计专业的小石同学毕业论文快开题了，开题报告和文献综述报告很让他头疼，他想做的课题是"会计信息透明度问题研究"方面的，你能帮助他进行学术资料和目前研究现状的资料搜集么？

（1）到网页搜集相关信息。

（2）到百度文库搜索。

（3）到图书馆进行期刊论文检索。

任务 6.3 计算机病毒的防御

- 了解计算机病毒的定义和分类。
- 了解计算机病毒的特点。
- 了解计算机中毒后的表现。
- 掌握计算机病毒防御的方法。
- 掌握一种杀毒软件的应用。

小刘因为要交课程设计报告，带着 U 盘到复印社去打印，结果回来后发现 U 盘的文件都不见了，但是查看 U 盘的容量后发现，U 盘的使用空间和可用空间基本没发生变化，说明原有文件还占据着存储空间，应该还在，可能是中了某种病毒，小刘该怎么办呢？

（1）计算机病毒定义。计算机病毒分为广义定义和狭义定义两种。人们常说的计算机病毒是广义上的定义。包括除了传统计算机病毒、木马程序、蠕虫等一切恶意程序。

（2）传统计算机病毒的分类。按照寄生方式、链接方式、算法及破坏程度进行划分。

（3）计算机病毒的特点。计算机病毒具有破坏性、潜伏性、传染性、可触发性的特点。

（4）计算机染毒的表现。可根据计算机的反常表现来判断所使用的计算机是否感染了计算机病毒。

（5）计算机病毒的命名规则。反病毒公司把所有的恶意程序都归结为计算机病毒，为了方便管理和识别，会将计算机病毒按其特性命名管理。

（6）病毒的防御。计算机中毒之后的杀毒处理是比较复杂的，即使能彻底清除病毒，也不一定挽回其所带来的危害。因而，对于计算机病毒，主要采取以"防"为主，以"治"为辅的方法。

（7）杀毒软件。杀毒软件是反病毒公司出品的，用于防御和消除传统计算机病毒、木马、恶意程序入侵计算机的软件。

（8）常用杀毒软件。常用的杀毒软件有 360 杀毒、瑞星、诺顿、卡巴斯基等。

6.3.1 计算机病毒的狭义定义

在 1994 年 2 月 18 日公布的《中华人民共和国计算机信息系统安全保护条例》中，计算机病毒被定义为："计算机病毒是指编制或在计算机程序中插入的破坏计算机功能或毁坏数据，影响计算机使用，并能自我复制的一组计算机指令或程序代码。"这一定义具有一定的法律性和权威性，但通常是计算机病毒的狭义定义。

6.3.2　计算机病毒的分类

目前计算机病毒的种类很多，其破坏性的表现方式也很多。一般有三种分类方法。

（1）按寄生方式和传染途径可分为引导型病毒、文件型病毒和混合病毒。

引导型病毒：在系统启动、引导或运行的过程中，病毒利用系统扇区及相关功能的疏漏，直接或间接地修改扇区，实现直接或间接地传染、侵害或驻留等功能。

文件型病毒：这种病毒感染应用程序文件使用户无法正常使用该文件，或直接破坏系统和数据。所有通过操作系统的文件系统进行感染的病毒都称作文件病毒，所以这是一类数目非常巨大的病毒。

混合型病毒：指具有引导型病毒和文件型病毒寄生方式的计算机病毒，所以它的破坏性更大，传染的机会也更多，杀灭也更困难。这种病毒扩大了病毒程序的传染途径，它既感染磁盘的引导记录，又感染可执行文件。当染有此种病毒的磁盘用于引导系统或调用执行染毒文件时，病毒都会被激活。

（2）文件型病毒根据算法可分为伴随型病毒、"蠕虫"型病毒和寄生型病毒。

伴随型病毒：这类病毒并不改变文件本身，它们根据算法产生 EXE 文件的伴随体，具有同样的名字和不同的扩展名（COM），例如：XCOPY.EXE 的伴随体是 XCOPY－COM。病毒把自身写入 COM 文件并不改变 EXE 文件，当 DOS 加载文件时，伴随体优先被执行到，再由伴随体加载执行原来的 EXE 文件。

"蠕虫"型病毒：通过计算机网络传播，不改变文件和资料信息，利用网络从一台机器的内存传播到其他机器的内存，计算机将自身的病毒通过网络发送。有时它们在系统存在，一般除了内存不占用其他资源。

寄生型病毒：除了伴随型和"蠕虫"型，其他病毒均可称为寄生型病毒，它们依附在系统的引导扇区或文件中，通过系统的功能进行传播。

（3）寄生型病毒按链接方式可分为操作系统型病毒、外壳型病毒、入侵型病毒和源码型病毒。

操作系统型病毒：这是最常见、危害最大的病毒。这类病毒把自身贴附到一个或多个操作系统模块、系统设备驱动程序以及一些高级的编译程序中，保持主动监视系统的运行。用户一旦调用这些系统软件时，即实施感染和破坏。

外壳型病毒：此病毒把自己隐藏在主程序的周围，一般情况下不对原程序进行修改。计算机中许多病毒都采取这种外围方式进行传播。

入侵型病毒：将自身插入到感染的目标程序中，使病毒程序和目标程序成为一体。这类病毒的数量不多，但破坏力极大，而且很难检测，有时即使查出病毒并将其杀除，但被感染的程序已被破坏，无法使用。

源码型病毒：该病毒在源程序被编译之前，隐藏在用高级语言编写的源程序中，随源程序一起被编译成目标代码。

（4）按破坏情况可分为良性病毒和恶性病毒。

良性病毒：该病毒的发作方式往往是显示信息、奏乐、发出声响。对计算机系统的影响不大，破坏较小，但干扰计算机正常工作。

恶性病毒：此类病毒干扰计算机运行，使系统变慢、死机、无法打印等。极恶性病毒会导致系统崩溃、无法启动，其采用的手段通常是删除系统文件、破坏系统配置等。毁灭性病毒对用户来说是最可怕的，它通过破坏硬盘分区表、FAT区、引导记录、删除数据文件等行为使用户的数据受损，如果没有做好备份则会造成较大的损失。

6.3.3　计算机病毒的特点

破坏性。计算机病毒的破坏性主要取决于计算机病毒的设计者，一般来说，凡是由软件手段触及到计算机资源的地方，都有可能受到计算机病毒的破坏。事实上，所有计算机病毒都存在着共同的危害，即占用CPU的时间和内存的空间，从而降低计算机系统的工作效率。严重时，病毒能够破坏数据或文件，使系统丧失正常运行功能。

潜伏性。计算机病毒的潜伏性是指其依附于其他媒体而寄生的能力。病毒程序大多混杂在正常程序中，有些病毒可以潜伏几周或几个月甚至更长时间而不被察觉和发现。计算机病毒的潜伏性越好，在系统中存在的时间就越长。

传染性。对于绝大多数计算机病毒来讲，传染是它的一个重要特征。在系统运行时，病毒通过病毒载体进入系统内存，在内存中监视系统的运行并寻找可攻击目标，一旦发现攻击目标并满足条件，便通过修改或对自身进行复制链接到被攻击目标的程序中，达到传染的目的。计算机病毒的传染是以带毒程序运行及读写磁盘为基础的，计算机病毒通常可通过U盘、硬盘、网络等渠道进行传播。

可触发性。计算机病毒程序一般包括两个部分，传染部和行动部。传染部的基本功能是传染，行动部则是计算机病毒的危害主体。计算机病毒侵入后，一般不立即活动，需要等待一段时间，在触发条件成熟时才作用。在满足一定的传染条件时，病毒的传染机制使之进行传染，或在一定条件下激活计算机病毒的行动部使之干扰计算机的正常运行。计算机病毒的触发条件是多样化的，可以是内部时钟、系统日期，也可是用户标识符等。

6.3.4　计算机中病毒的表现

（1）计算机变得迟钝，反应缓慢，出现蓝屏甚至死机。

（2）程序载入的时间变长。有些病毒能控制程序或系统的启动程序，当系统刚开始启动或是一个应用程序被载入时，这些病毒将执行它们的动作，因此要花更多的时间来载入程序。

（3）可执行程序文件的大小改变了。正常情况下，这些程序应该维持固定的大小，但有些病毒会增加程序文件的大小。

（4）对同样一个简单的工作，计算机却花了长得多的时间才能完成。例如，原本储存一页的文字只需1s，但感染病毒可能会花更多的时间来寻找未感染的文件。

（5）没有存取磁盘，但磁盘指示灯却一直在亮。硬盘的指示灯无缘无故一直在亮着，意味着电脑可能受到病毒感染了。

（6）开机后出现陌生的声音、画面或提示信息，以及不寻常的错误信息或乱码。尤其是当这种信息频繁出现时，表明你的系统可能已经中毒了。

（7）系统内存或硬盘的容量突然大幅减少。有些病毒会消耗可观的内存或硬盘容量，曾经执行过的程序，再次执行时，突然告诉你没有足够的内存可以利用，或者硬盘空间意外变小。

（8）文件名称、扩展名、日期、属性等被更改过。

（9）文件的内容改变或被加上一些奇怪的资料。

（10）文件离奇消失。

（11）磁盘驱动器以及其他设备无缘无故地变成无效设备等现象。

（12）磁盘标号被自动改写、出现异常文件、出现固定的坏扇区、可用磁盘空间变小、文件无故变大、失踪或被改乱、可执行文件（exe）变得无法运行等。

（13）打印异常、打印速度明显降低、不能打印、不能打印汉字与图形等或打印时出现乱码。

（14）收到来历不明的电子邮件、自动链接到陌生的网站、自动发送电子邮件等。

6.3.5　通过计算机病毒名了解病毒特性

世界上那么多的病毒，反病毒公司为了方便管理，他们会按照病毒的特性，将病毒进行分类命名。虽然每个反病毒公司的命名规则都不太一样，但大体都是采用一个统一的命名方法来命名的。一般格式为：＜病毒前缀＞.＜病毒名＞.＜病毒后缀＞。

病毒前缀是指一个病毒的种类，他是用来区别病毒的种族分类的。不同的种类的病毒，其前缀也是不同的。比如我们常见的木马病毒的前缀 Trojan，蠕虫病毒的前缀是 Worm 等。

病毒名是指一个病毒的家族特征，是用来区别和标识病毒家族的，如以前著名的 CIH 病毒的家族名都是统一的 “CIH”，还有近期出现的振荡波蠕虫病毒的家族名是 “Sasser”。

病毒后缀是指一个病毒的变种特征，是用来区别具体某个家族病毒的某个变种的。一般都采用英文中的 26 个字母来表示，如 Worm. Sasser. b 就是指振荡波蠕虫病毒的变种 B，因此一般称为 “振荡波 B 变种” 或者 “振荡波变种 B”。如果该病毒变种非常多，可以采用数字与字母混合表示变种标识。

（1）系统病毒。系统病毒的前缀为 Win32、PE、Win95、W32、W95 等。这些病毒的一般公有特性是可以感染 Windows 操作系统的 *. exe 和 *. dll 文件，并通过这些文件进行传播。如 CIH 病毒。

（2）蠕虫病毒。蠕虫病毒的前缀是 Worm。这种病毒的公有特性是通过网络或者系统漏洞进行传播，很大部分的蠕虫病毒都有向外发送带毒邮件，阻塞网络的特性。比如冲击波（阻塞网络），小邮差（发带毒邮件）等。

（3）木马病毒、黑客病毒。木马病毒其前缀是 Trojan，黑客病毒前缀名一般为 Hack。木马病毒的公有特性是通过网络或者系统漏洞进入用户的系统并隐藏，然后向外界泄露用户的信息，而黑客病毒则有一个可视的界面，能对用户的电脑进行远程控制。木马、黑客病毒往往是成对出现的，即木马病毒负责侵入用户的电脑，而黑客病毒则会通过该木马病毒来进行控制。现在这两种类型都越来越趋向于整合了。一般的木马如 QQ 消息尾巴木马 Trojan. QQ3344，还有大家可能遇见比较多的针对网络游戏的木马病毒，如 Trojan. LMir. PSW. 60。这里补充一点，病毒名中有 PSW 或者什么 PWD 之类的一般都表示这个病毒有盗取密码的功能（这些字母一般都为"密码"的英文"password"的缩写）。一些黑客程序如网络枭雄（Hack. Nether. Client）等。

（4）脚本病毒。脚本病毒的前缀是 Script。脚本病毒的公有特性是使用脚本语言编写，通过网页进行传播的病毒，如红色代码（Script. Redlof）。脚本病毒还会有如下前缀：VBS、JS（表明是何种脚本编写的），如欢乐时光（VBS. Happytime）、十四日（Js. Fortnight. c. s）等。

6.3.6　病毒的防御

对于计算机病毒，主要采取以"防"为主，以"治"为辅的方法。阻止病毒的侵入比病毒侵入后再去发现和排除它重要得多。预防堵塞病毒传播途径主要有以下措施：

（1）谨慎使用公共和共享的软件，因为这种软件使用的人多而杂，所以它们携带病毒的可能性大。

（2）谨慎使用办公室外来的 U 盘等移动存储设备，特别是在公用计算机上使用过的外存储介质。

（3）密切关注有关媒体发布的反病毒信息，特别是某些定期发作的病毒，在这个时间可以不启动计算机。

（4）写保护所有系统盘和文件。硬盘中的重要文件要备份，操作系统要用克隆软件（Ghost）制作映像文件，一旦操作系统有问题便于进行恢复。

（5）提高病毒防范意识，使用软件时，应使用正版软件，不使用盗版软件和来历不明的软件。

（6）除非是原始盘，绝不用 U 盘引导硬盘。

（7）不要随意复制、使用不明来源的 U 盘和光盘。对外来盘要查毒、杀毒，确认无毒后再使用。自己的 U 盘、移动硬盘不要随意拿到别的计算机上使用。

（8）对重要的数据、资料、CMOS 以及分区表要进行备份，创建一张无毒的启动 U 盘，用于重新启动或安装系统。

（9）在计算机系统中安装正版杀毒软件，定期用正版杀毒软件对引导系统进行查毒、杀毒，建议配多套杀毒软件，因为每种杀毒软件都有自己的特点和查、杀病毒的盲区，用杀毒软件进行交叉杀毒可以确保杀毒的效果，对杀毒软件要及时进行升级。

（10）使用病毒防火墙，病毒防火墙具有实时监控的功能，能抵抗大部分的病毒入侵。很多杀毒软件都带有防火墙功能。但是计算机的各种异常现象，即使安装了"防火墙"系统，也不要掉以轻心，因为杀毒软件对于病毒库中未知的病毒也是无可奈何的。

（11）对新搬到本办公室的计算机"消毒"后再使用。绝不把用户数据或程序写到系统盘上，绝不执行不知来源的程序。

（12）如果不能防止病毒侵入，至少应该尽早发现它的侵入。显然，发现病毒越早越好，如果能够在病毒产生危害之前发现和排除它，可以使系统免受危害；如果能在病毒广泛传播之前发现它，可以使系统中修复的任务较轻和较容易。总之，病毒在系统内存在的时间越长，产生的危害也就相对越大。

（13）对执行重要工作的计算机要专机专用，专盘专用。

6.3.7　杀毒软件

杀毒软件，也称反病毒软件或防毒软件，是用于消除电脑病毒、特洛伊木马和恶意软件等计算机威胁的一类软件。

杀毒软件通常集成监控识别、病毒扫描和清除以及自动升级等功能，有的杀毒软件还带有数据恢复等功能，是计算机防御系统（包含杀毒软件，防火墙，特洛伊木马和其他恶意软件的查杀程序，入侵检测系统等）的重要组成部分。

（1）360 安全卫士。奇虎 360 科技有限公司是中国领先的互联网和手机安全产品及服务供应商。按照用户数量计算，360 是中国第三大互联网公司。其图标如图 6-31 所示。

360 致力于通过提供高品质的免费安全服务，为中国互联网用户解决上网时遇到的各种安全问题。面对互联网时代木马、病毒、流氓软件、钓鱼欺诈网页等多元化的安全威胁，360 以互联网的思路解决网络安全问题。360 是免费安全的倡导者，认为互联网安全像搜索、电子邮箱、即时通讯一样，是互联网的基础服务，应该免费。为此，360 安全卫士、360 杀毒等系列安全产品免费提供给中国数亿互联网用户。同时，360 开发了全球规模最大的、技术领先的云安全体系，能够快速识别并清除新型木马病毒以及钓鱼、挂马恶意网页，全方位保护用户的上网安全。

（2）金山毒霸。金山毒霸（Kingsoft Antivirus）是中国著名的反病毒软件，从 1999 年发布最初版本至 2010 年时由金山软件开发及发行，之后在 2010 年 11 月金山软件旗下安全部门与可牛合并后由合并的新公司金山网络全权管理。金山毒霸融合了启发式搜索、代码分析、虚拟机查毒等经业界证明成熟可靠的反病毒技术，使其在查杀病毒种类、查杀病毒速度、未知病毒防治等多方面达到世界先进水平，同时金山毒霸具有病毒防火墙实时监控、压缩文件查毒、查杀电子邮件病毒等多项先进的功能。紧随世界反病毒技术的发展，为个人用户和企事业单位提供完善的反病毒解决方案。从 2010 年 11 月 10 日 15 点 30 分起，金山毒霸（个人简体中文版）的杀毒功能和升级服务永久免费。其开启界面如图 6-32 所示。

图 6-31　360 安全卫士

图 6-32　金山毒霸

（3）瑞星 RISING。瑞星公司致力于帮助个人、企业和政府机构有效应对网络安全威胁，使他们可以安全地获取各种信息。

自 1991 年瑞星品牌诞生起，一直专注于信息安全领域。在不断地发展中，瑞星公司建立了规模大、实力强的研究团队，拥有数百名最优秀的反病毒专家和软件工程师，开发了瑞星品牌的全系列安全产品。从面向个人的安全软件，到适用超大型企业网络的企业级软件、防毒墙，瑞星公司提供信息安全的整体解决方案。

瑞星公司拥有"电信级"呼叫服务中心，以及"在线专家门诊"服务系统。在这些系统的支撑下，瑞星的产品和服务以专业、易用、创新等显著特点，赢得了用户的赞誉。除了提供商业级产品和服务之外，瑞星公司还向全社会免费提供公益性安全信息，如恶性病毒预警、恶意网站监测等。其界面如图 6-33 所示。

图 6-33　瑞星

（4）卡巴斯基。卡巴斯基实验室是当今全球增长速度最快的 IT 安全公司之一。目前卡巴斯基实验室已稳居全球四大终端安全软件提供商之一，并不断提高其市场地位，在全球所有地区均呈现出显著增长。根据公司 2011 年的财务业绩，卡巴斯基实验室全球收入同去年相比增长了 14%，总体收入额超过 6 亿美元。其开启界面如图 6-34 所示。

（5）诺顿 Norton。诺顿杀毒软件是 Symantec 公司个人信息安全产品之一，也是一个广泛被应用的反病毒程序。该项产品发展至今，除了原有的防毒外，还有防间谍等网络安全风险的功能。其界面如图 6-35 所示。

（6）江民杀毒。北京江民新科技有限公司（简称江民科技）成立于 1996 年，注册资金 2000 万元人民币，是国家认定的高新技术企业，国内知名的计算机反病毒软件公司，国际反病毒协会理事单位，第 29 届奥运会网络安全指挥部技术保障单位。研发和经营范围涉及单机、网络反病毒软件；单机、网络黑客防火墙；邮件服务器防病毒软件等一系列信息安全产品。其界面如图 6-36 所示。

图 6-34　卡巴斯基

图 6-35　诺顿

图 6-36　江民杀毒

（7）腾讯电脑管家。作为中国拥有最多也最广泛网民的腾讯公司，自成立的 10 余年间，一直致力于与侵害网民安全的行为作斗争，积累了丰富的经验。腾讯电脑管家通过多年努力，研发反病毒引擎，并整合世界最先进的反病毒厂商资源，为我国网民提供可靠的反病毒服务，并在国际国内权威的反病毒测试中，连连过关，成为综合能力强、稳定的反病毒软件，图 6-37 所示为腾讯电脑管家的在线安装图。

（8）微软 MSE。2009 年 6 月 18 日，微软 Microsoft 旗下的新反病毒软件 Morro（code-name）正式命名为 MSE（Microsoft Security Essentials）。使用 Microsoft Security Essentials 防御病毒、间谍软件以及其他恶意软件，为家用电脑或小型企业电脑提供实时保护。Microsoft Security Essentials 属于免费软件，并且易于安装、使用简单。该软件安静而有效地于后台运行，不必担心会有中断或进行更新，如图 6-38 所示。

图 6-37 腾讯电脑管家

图 6-38 微软的 MSE

6.3.8 360 安全卫士和 360 杀毒软件

（1）360 安全卫士。360 安全卫士拥有查杀流行木马、清理恶评及系统插件，管理应用软件，系统实时保护，修复系统漏洞等数个强劲功能，同时还提供系统全面诊断，弹出插件免疫，清理使用痕迹以及系统还原等特定辅助功能。图 6-39 所示是其进行木马查杀的过程，图 6-40 是其进行开机优化的过程。

图 6-39 木马检测

（2）360 杀毒。360 杀毒是中国用户量最大的杀毒软件之一，360 杀毒是完全免费的杀毒软件，它创新性地整合了五大领先防杀引擎，包括国际知名的 BitDefender 病毒查杀引擎、小红伞病毒查杀引擎、360 云查杀引擎、360 主动防御引擎、360QVM 人工智能引擎。五个引擎智能调度，提供全面的病毒防护。图 6-41 所示是 360 杀毒进行全盘扫描的过程。

360 杀毒的优点是查杀能力强，而且能第一时间防御新出现的病毒木马。完全免费，

图 6-40　开机优化

图 6-41　360 杀毒软件

无需激活码，轻巧快速不卡机，误杀率较低。360 杀毒独有的技术体系对系统资源占用极少，对系统运行速度的影响微乎其微。

（3）两者结合使用。360 安全卫士充当实时防御，可以把一些临时文件进行清理。杀毒软件充当攻击手，可以把一些移动设备进行检测，这样可以起到更高的作用。推荐同时安装，但是要注意方法，杀毒软件不是万能的，重要资料一定定期做好备份。

找回消失的 U 盘文件

➤ 根据小刘的描述，小刘 U 盘的问题可能因为在复印社的公共计算机上使用 U 盘引起的，违背了前面所说的"计算机病毒防御"里的第 7 条。

➤ 小刘的 U 盘很可能是中了病毒，病毒修改了小刘 U 盘文件和文件夹的属性，这种病毒不并不破坏文件，所以不用担心。但要注意，在病毒清除之前最好不要再继续向 U 盘复制文件了，以免进一步感染或影响新文件的使用。

➤ 如果小刘的电脑安装了杀毒软件，特别是 U 盘防御、U 盘恢复方面的，可以使用其自带的恢复工具进行文件的恢复。如图 6 - 42 所示，使用 360U 盘小助手。

➤ 点击小助手下方的"恢复"命令，会加载 360 的恢复工具，如图 6 - 43 所示。在"选择驱动器"中选择 U 盘盘符，点击"开始扫描"命令按钮。

➤ U 盘扫描后可以看到如图 6 - 44 所示的扫描结果，选择需要恢复的文件后点击右下角的"恢复选中的文件"命令按钮，进行恢复即可。

➤ 如果没有安装这类的杀毒软件，可以通过文件夹属性来"显示隐藏的文件或文件夹"。也可能恢复病毒隐藏的文件，如果恢复不了还是需要安装前面所说的 U 盘恢复工具。

图 6 - 42　360U 盘小助手

图 6 - 43　360 文件恢复工具

图 6-44　找回的文件列表

1. 理论填空

（1）计算机病毒具有（　　　　）、（　　　　）、（　　　　）、可触发性的特点。

（2）广义上的计算机病毒是传统计算机病毒和（　　　　）、蠕虫等一切恶意程序的总称。

（3）对于计算机病毒，主要采取以（　　　　）为主，以（　　　　）为辅的方法。

（4）寄生型病毒按链接方式可分为：操作系统型病毒、（　　　　）病毒、入侵型病毒、（　　　　）病毒。

（5）根据病毒的命名规则，木马病毒的前缀为（　　　　），蠕虫病毒的前缀是（　　　　）。

2. 理论选择

（1）通常所说的"计算机病毒"是指（　　）。

  A. 细菌感染   B. 生物病毒感染

  C. 被损坏的程序   D. 特制的具有破坏性的程序

（2）下列 4 项中，不属于计算机病毒特征的是（　　）。

  A. 潜伏性   B. 传染性   C. 触发性   D. 免疫性

（3）计算机病毒造成的危害是（　　）。

A. 使磁盘发霉　　　　　　　　　B. 破坏计算机系统

C. 使计算机内存芯片损坏　　　　D. 使计算机系统突然掉电

（4）计算机病毒的危害性表现在（　　　）。

A. 能造成计算机器件永久性失效　　B. 影响程序的执行，破坏用户数据与程序

C. 不影响计算机的运行速度　　　　D. 不影响计算机的运算结果，不必采取措施

（5）确保学校局域网的信息安全，防止来自 Internet 的黑客入侵，采用（　　　）以实现一定的防范作用。

A. 网管软件　　　　B. 邮件列表　　　　C. 防火墙软件　　　　D. 杀毒软件

（6）以下措施不能防止计算机病毒的是（　　　）。

A. 保持计算机清洁

B. 先用杀病毒软件将从别人机器上拷来的文件清查病毒

C. 不用来历不明的 U 盘

D. 经常关注防病毒软件的版本升级情况，并尽量取得最高版本的防毒软件

3. 思考题

（1）扩展阅读特洛伊木马的故事，并了解特洛伊木马病毒的起源。

（2）个人电脑如何进行病毒防御？

4. 案例分析

小周的电脑时而蓝屏时而能够进入操作系统主界面，小周应该采取怎样的措施来挽救自己的电脑？以后他要怎么做，才能防止这种状况再次发生？

 综合训练

通过本项目的 4 个任务，你对目前寝室的或者家里的网络连接状态、计算机的安全防护方面有没有更深入的了解呢？你觉得还有哪些需要改进的地方呢？

附　录

附录1　综合习题训练

一、选择题

1. 世界第一台计算机产生的时间是（　　）。
   A. 1946 年　　　　　　B. 1947 年　　　　　　C. 1945 年　　　　　　D. 1950 年

2. ROM 的特点是（　　）。
   A. 存取速度快　　　　　　　　　　　B. 存储容量大
   C. 断电后信息仍然存在　　　　　　　D. 用户可以随机读写

3. CPU 处理的数据基本单位为字，一个字的字长是（　　）。
   A. 8 位二进制　　　B. 16 位二进制　　C. 32 位二进制　　D. 与 CPU 型号有关

4. 计算机内部采用的数据是（　　）。
   A. 十进制　　　　　　B. 八进制　　　　　　C. 二进制　　　　　　D. 十六进制

5. 下面的设备中不属于输出设备的是（　　）。
   A. 打印机　　　　　　B. 绘图仪　　　　　　C. 扫描仪　　　　　　D. 显示器

6. 2GB 等于（　　）。
   A. 1024MB　　　　　　B. 2048MB　　　　　　C. 2000MB　　　　　　D. 128MB

7. Windows 7 的整个屏幕称为（　　）。
   A. 窗口　　　　　　　B. 桌面　　　　　　　C. 工作台　　　　　　D. 操作台

8. 在资源管理器中，按（　　）键后，再用鼠标可以选定多个连续的文件。
   A. Shift　　　　　　　B. Ctrl　　　　　　　C. Alt　　　　　　　D. Esc

9. Windows 7 要移动窗口，可用鼠标（　　）。
   A. 双击菜单栏　　　B. 双击标题栏　　　C. 拖动菜单栏　　　D. 拖动标题栏

10. 一个应用程序窗口被最小化后，该应用程序窗口的状态是（　　）。
    A. 继续在前台运行　B. 被终止运行　　　C. 被转入后台运行　D. 暂停执行

11. 用快捷键切换中英文输入应按（　　）键。
    A. Ctrl + Space　　　B. Shift + Space　　　C. Ctrl + Shift　　　D. Alt + Shift

12. 文件的属性不包括（　　）。
    A. 系统　　　　　　　B. 运行　　　　　　　C. 隐藏　　　　　　　D. 只读

13. 在 Word 2010 中要选定整个文档，可以将鼠标指针移动到文本选定区中任意位置，然后按住（　　）键并单击。
    A. Shift　　　　　　　B. Ctrl　　　　　　　C. Alt　　　　　　　D. Esc

14. 选择 Word 2010 表格中一行或者一列以后，（　　）就能删除该行或该列中的文本内容。

A. 按空格键　　　　　B. 按 Ctrl + Tab　　　C. 单击剪切按钮　　D. 按 Del 键

15. 在 Word 2010（　　）选项卡中选择"打印"命令，屏幕中可以预览打印效果。

A. 文件　　　　　　　B. 页面布局　　　　　C. 视图　　　　　　　D. 加载项

16. 在 Word 2010 中，能实现查找文本的快捷键是（　　）。

A. Ctrl + F　　　　　B. Alt + F　　　　　　C. Ctrl + E　　　　　D. Alt + E

17. 在 Word 2010 中，图像可以以多种环绕方式与文本混排，以下（　　）不是它提供的环绕方式。

A. 四周型　　　　　　B. 穿越型　　　　　　C. 上下型　　　　　　D. 左右型

18. 在 Word 2010 中，"分栏"在（　　）选项卡中进行操作。

A. 开始　　　　　　　B. 插入　　　　　　　C. 页面布局　　　　　D. 视图

19. Excel 2010 的文件是（　　）。

A. 程序　　　　　　　B. 工作簿　　　　　　C. 工作表　　　　　　D. 单元格

20. 在 Excel 2010 工作表中，（　　）在单元格显示时居中对齐。

A. 日期型数据　　　　B. 数值型数据　　　　C. 文本型数据　　　　D. 逻辑型数据

21. 以下哪一个不是 Excel 2010 中合法的数值型数据（　　）。

A. ￥1200　　　　　　B. 78%　　　　　　　C. 1.2E + 03　　　　　D. lg3

22. 在 Excel 2010 中，对指定区域（C2：C4）求平局值的公式是（　　）。

A. Sum（C2：C4）　　B. Average（C2：C4）C. Max（C2：C4）　　D. Min（C2：C4）

23. 以下单元格引用中，属于绝对引用的有（　　）。

A. A2　　　　　　　B. A2　　　　　　　　C. A$2　　　　　　　D. $A2

24. 在画矩形时按住（　　）键能画出正方形。

A. Ctrl　　　　　　　B. Alt　　　　　　　　C. Shift　　　　　　　D. ESC

25. PowerPoint 2010 幻灯片浏览视图下，按住 Ctrl 键并拖拽某幻灯片，可以完成（　　）操作。

A. 移动幻灯片　　　　B. 复制幻灯片　　　　C. 删除幻灯片　　　　D. 选定幻灯片

26. 演示文稿的默认扩展名是（　　）。

A. docx　　　　　　　B. xlsx　　　　　　　C. pptx　　　　　　　D. potx

27. 在 PowerPoint 2010 中，要在各张幻灯片的相同位置插入相同的小图片，比较方便的方法是在（　　）设置。

A. 普通视图　　　　　B. 幻灯片浏览视图　　C. 幻灯片放映视图　　D. 幻灯片母版视图

28. PowerPoint 2010 中，对象动画主要包括（　　）等动画效果。

A. "进入"和"强调"　　　　　　　　　B. "退出"和"强调"

C. "进入"和"退出"　　　　　　　　　D. "进入""强调""退出"和"动作路径"

29. 中国的顶级域名为（　　）。

A. CH　　　　　　　　B. CN　　　　　　　　C. CHI　　　　　　　D. CHINA

30. 某用户的 Email 地址是 lu123@163.com，那么他发送电子邮件的服务器是（　　）。

A. Internet　　　　　B. 163.com　　　　　　C. lu123　　　　　　　D. lu123@163

31. 以下关于进入 Web 站点的正确说法是（　　）。

A. 只能输入 IP　　　　　　　　　　　B. 需同时输入 IP 地址和域名

C. 只需输入域名　　　　　　　　　　　D. 可以通过输入 IP 地址或域名

32. 计算机病毒是（　　　）。
    A. 带细菌的磁盘　　　　　　　　　　B. 已损坏的磁盘
    C. 具有破坏性的特制程序　　　　　　D. 被破坏了的程序

33. 关于 WinRAR 和 WinZip 软件的说法中，正确的是（　　　）。
    A. WinRAR 压缩文件时产生的压缩文件的扩展名不能是 . zip
    B. WinRAR 可给压缩文件加密码和注释
    C. WinRAR 不能修复受损的压缩文件
    D. WinZip 产生的压缩文件不能用 WinRAR 打开

34. 下列不是网页浏览工具的是（　　　）。
    A. IE9. 0　　　　　　B. 火狐　　　　　　C. 傲游　　　　　　D. 百度

35. 不是搜索引擎的网站（　　　）。
    A. 百度　　　　　　　B. 搜狐　　　　　　C. 网易　　　　　　D. Google

36. 下列媒体播放器可以自由截取单个画面或整段电影的是（　　　）。
    A. Winamp　　　　　B. 暴风影音　　　　C. KMPlayer　　　　D. 千千静听

37. ACDSee 不能对图片进行下列哪种操作（　　　）。
    A. 浏览和编辑图像　　　　　　　　　　B. 图片格式转换
    C. 抓取图片　　　　　　　　　　　　　D. 设置墙纸和幻灯片放映

38. 下列关于"木马"的说法中，错误的是（　　　）。
    A. 是一种远程控制程序　　　　　　　　B. 可以用于窃取用户密码
    C. 一般包括服务器程序和控制器程序两部分　D. 不能应用于无线网络用户

39. 下列情况中，最可能无法恢复数据的是（　　　）。
    A. 删除了文件，并清空了"回收站"
    B. 误操作格式化了一个分区
    C. 整个硬盘重新分区后发现有重要文件没有备份
    D. 彻底删除了文件，该分区上又覆盖了新数据

40. 有压缩密码的文件类型后加（　　　）号显示。
    A. *　　　　　　　　B. /　　　　　　　　C. &　　　　　　　　D. #

二、填空题

1. 汉字的机内码需要＿＿＿＿字节来表示。

2. 计算机能直接识别的语言是＿＿＿＿语言。

3. 信息的最小单位是＿＿＿＿。

4. 800 个 24＊24 点阵汉字字形库所需要的存储空间是＿＿＿＿字节。

5. 在窗口标题栏的右侧，一般有三个按钮，分别是最小化、最大化（还原）和＿＿＿＿
   按钮。

6. Windows 7 中剪切的快捷键是＿＿＿＿。

7. 当任务栏被隐藏时，用户可按 Ctrl +＿＿＿＿键的快捷方式打开"开始"菜单。

8. 在 Windows 7 中，回收站是指＿＿＿＿上的一块区域。

9. 在 Windows 7 中，剪贴板是指_____上的一块区域。

10. Windows 7 中，_____可以帮助用户调整操作环境、安装字体、添加删除各种软件等。

11. 在 Word 2010 环境下，文件中用于删除功能的按键是_____。

12. 在 Word 2010 环境下，实现粘贴功能的快捷键是_____。

13. 要自定义 Word 2010 文件的保存方式，应在_____对话框中"保存"项进行设置。

14. 在 Word 2010 中，"撤销"和"恢复"按钮在_____工具栏中。

15. 在 Word 2010 中，后台视图实际上是_____选项卡。

16. 在 Excel 2010 中，表示 B3 到 F7 的连续单元格区域的表达式为_____。

17. 在 Excel 2010 中，若要在一个单元格输入两行内容，可以使用复合键_____。

18. 在 Excel 2010 中，图表可以分成两种类型：独立图表和_____。

19. 快速查找数据清单中符合条件的记录，可使用 Excel 2010 中提供的_____功能。

20. 在 PowerPoint 2010 中，插入新幻灯片的快捷键是_____。

21. 在放映幻灯片时，其中途要退出播放状态，应按的功能键是_____。

22. 演示文稿中每张幻灯片占位符的布局都是基于某种_____创建的。

23. PowerPoint 2010 演示文稿扩展名是_____。

24. IPv4 地址由一组_____位的二进制数构成。

25. Web 上的每一个页都有一个独立的地址，这些地址称为统一资源定位符，英文简写_____。

26. 域名地址中若有后缀 .gov，说明该网站是由_____创办的。

27. 域名地址中若有后缀 .edu，说明该网站是由_____创办的。

28. WWW 使用的应用协议是_____。

29. 网络连接的有线介质包括双绞线、_____和_____。

30. 网络连接的无线传输介质包括无线电波、微波、_____、_____和激光等。

31. 病毒一般具备_____、传染性、_____和破坏性等主要特点。

32. 计算机病毒是人为编制的，能自身_____并利用信息通道进行传播，造成危害为目的的程序。

33. 列举三个常用的图形处理软件：AI、Photoshop、_____。

34. 列举三个常用的视频播放软件：RealPlayer、Windows Media Play、_____。

35. 使用 WinRAR 对文件进行压缩后，其扩展名为_____。

36. _____协议，即传输控制协议/互联网络协议，是 Internet 最基本的协议。

37. 搜索引擎包括_____、_____、元搜索引擎等。

38. _____是世界上第一个中文搜索引擎，也是全球最大的中文搜索引擎。

39. 布尔检索的三种运算是：_____、_____和"非"。

40. Adobe Reader 软件通常用来打开_____格式的文件。

三、简答题

1. 计算机系统由哪几部分构成？

2. 计算机发展经历了哪几个阶段？

3. 什么是操作系统，操作系统的功能和作用是什么？

4. 在 Windows 7 中程序窗口和对话框窗口有哪些区别？

5. 在 Excel 2010 中，单元格地址的引用方式有哪几种？各有什么特点？

6. PowerPoint 2010 中，允许向幻灯片中插入哪些内容？

7. 计算机病毒有哪些特点？

8. 简述 Internet 的功能。

9. 在网络工具软件中，下载工具软件有什么？为什么有了另存为还需要下载工具？

10. 什么是搜索引擎，国内常用的搜索引擎有哪些？

四、识图题

1. 请回答附图 1 中标号部分的名称。

附图 1

2. 附图 2 是 Word 2010 的页面布局选项卡，页面设置选项组中的四个功能按钮，它们的用途是什么？

附图 2

3. 附图 3 是 PowerPoint 2010 的哪个选项卡？请结合下图说明当前幻灯片的切换方式是什么样的？

附图 3

4. 在 Word 2007 中，如何打开附图 4 中段落对话框？请填写下图对话框中的空白，将当前段落设置为：
   （1）对齐方式为默认值两端对齐。
   （2）首行缩进 2 字符。
   （3）行间距：单倍行间距。
   （4）段间距为 0.5。

附图 4

5. 附图 5 为 ADSL 方式接入 Internet 的硬件示意图，请完成各部分的接线。

五、操作题

1. 说说附图 6 中的 Word 文档的设计过程。

附图 5

中国传统节日——春节

春节是我国一个古老的节日，也是全年最重要的一个节日，如何庆贺这个节日，在千百年的历史发展中，形成了一些较为固定的风俗习惯，有许多还相传至今。以下介绍几种春节中的传统习俗。

1、扫尘：我国在尧舜时代就有春节扫尘的风俗。这一习俗寄托着人们破旧立新的愿望和辞旧迎新的祈求。

2、贴春联：春联也叫门对、联、对子、桃符等，它以工整、洁、精巧的文字描绘时代背景、愿望，是我国特有的文学形式。

3、贴窗花：窗花不仅烘托节日气氛，也集装饰性、欣赏性于一体。

春贴、对对偶、简抒发美好了喜庆的和实用性

4、年画：春节挂贴年画在城乡也很普遍，浓墨重彩的年画给千家万户平添了许多兴旺欢乐的喜庆气氛，反映了人民朴素的风俗和信仰，寄托着他们对未来的希望。

附图 6

2. 在 Word 2007 中创建如附图 7 所示的表格。

照片	姓名		性别		出生日期	
	民族		学历		专业	
教育学历						
爱好						
个人评价						

附图 7

3. 如附图 8 所示的电子表格，记录了某人一个季度的收支情况，现在要计算如下内容。

（1）利用简单的 SUM 函数计算出各项季度总和。

F6 单元格公式：

（2）编辑简单公式计算各月的总支出。

C19 单元格公式：

（3）编辑简单公式填写各月节余。

C20 单元格公式：

	A	B	C	D	E	F	G
1			一季度个人收支统计表				
2							
3			月收入	⟶	¥3,475.0		
4							
5			一月	二月	三月	季度总和	
6		房租	1000.0	1000.0	1000.0		
7		电话费	48.3	89.5	130.8		
8		上网费	30.0	30.0	30.0		
9		水电费	67.3	132.5	76.0		
10		煤气费	32.0	25.0	43.0		
11		有线电视费	27.0	27.0	27.0		
12							
13		伙食费	800.0	850.0	900.0		
14		汽车燃油	500.0	400.0	300.0		
15		服装	350.0	888.0	0.0		
16							
17		其它花费	503.0	820.0	480.0		
18							
19		每月支出					
20		节余					
21							

附图 8

4. 如附图 9 所示的电子表格，记录了某公司的销售信息，现在要计算如下内容。

（1）利用函数计算出第一季度的人均销售额。

B14 单元格公式：

（2）利用函数计算出第一季度的销售总计。

B15 单元格公式：

（3）利用函数计算出第一季度的最高销售额。

B16 单元格公式：

（4）利用函数计算出第一季度的最低销售额。

B17 单元格公式：

（5）说说其他三个季度的统计数据（C14：E17 区域）如何填充。

	A	B	C	D	E	F
1			虚构药公司员工销售表			
2						
3	基本销售额（全年）：	80			单位：	（万元）
4						
5	姓名	一季度	二季度	三季度	四季度	全年销售总额
6	王一民	28	30	23	49	130
7	韩巧丽	20	12	20	40	92
8	杨栩		10	18	25	53
9	翟金	15	22	25	35	97
10	李云	16		25	38	79
11	冯俊	18	10	21	31	80
12	张明明	15	20	9	28	72
13						
14	人均销售额					
15	总计					
16	最高销售额					
17	最低销售额					

附图 9

六、综合分析题

信息技术正以惊人的速度飞速前进，各领域信息化已经成为信息发展的必然趋势，请结合你所学习的专业，从以下几个方面谈谈计算机技术在你未来工作中的应用。

（1）计算机办公软件。

（2）计算机网络应用。

（3）计算机多媒体技术。

附录2 综合习题训练答案

一、选择题

1	2	3	4	5	6	7	8	9	10
A	C	A	C	C	B	B	A	D	C
11	12	13	14	15	16	17	18	19	20
A	B	B	D	A	A	D	C	B	D
21	22	23	24	25	26	27	28	29	30
D	B	A	C	B	C	D	D	B	B
31	32	33	34	35	36	37	38	39	40
D	C	B	D	C	B	C	D	D	A

二、填空题

1. 2 字节
2. 机器
3. bit
4. 57600 字节
5. 关闭
6. Ctrl + X
7. ESC
8. 硬盘
9. 内存
10. 控制面板
11. Del
12. Ctrl + V
13. 另存为
14. 快速访问
15. 文件
16. B3：F7
17. Alt + Enter
18. 嵌入式图表
19. 筛选
20. Ctrl + M
21. ESC
22. 版式
23. . pptx
24. 32
25. URL
26. 政府
27. 教育机构
28. http
29. 同轴电缆，光纤
30. 蓝牙，红外线
31. 潜伏性，可触发性
32. 复制
33. ACDSee
34. 暴风影音
35. RAR
36. TCP/IP
37. 全文索引，目录索引
38. 百度
39. 与，或
40. pdf

三、简答题

1.

2. 计算机发展主要经历了电子管、晶体管、集成电路、大规模集成电路 4 个发展阶段。

第一代计算机：电子管计算机（1946～1957 年）；

第二代计算机：晶体管计算机（1958～1964 年）；

第三代计算机：中、小规模集成电路计算机（1965～1971 年）；

第四代计算机：大规模和超大规模集成电路计算机（1971 年～）。

3. 操作系统（Operating System，OS）是控制和管理计算机中的硬件资源和软件资源，合理地组织计算机的工作流程，控制程序运行并为用户提供交互操作界面的程序集合。

操作系统的作用可以归结为：控制管理计算机的全部软、硬件资源，合理组织计算机内部各部分协调工作。

4. Windows 7 中程序窗口和对话框都是其与用户交互的界面，它们的区别主要有两点：一是窗口有菜单、最大化（还原）最小化和关闭按钮，而对话框没有。二是对话框上有选项卡和标签、单选按钮、复选框、数值框、下拉列表框、文本框和命令按钮等控件。而窗口没有。

5. 在 Excel 2010 中，单元格地址的引用包括相对引用、绝对引用和混合引用 3 种。

（1）相对引用。相对引用是指当公式复制时，公式中单元格地址引用随公式所在单元格位置的变化而改变。相对引用的格式是"列标行号"，如 A1、B2 等。

（2）绝对引用。绝对引用是指当公式复制或移动时，被绝对引用的单元格将不随公式位置的变化而改变。绝对引用的格式是"$列标$行号"，

（3）混合引用。混合引用是指单元格引用中，一个地址是绝对引用，一个地址是相对引用，如$A1、B$2 等。

6. 在 PowerPoint 2010 中，可向幻灯片插入图片、剪贴画、形状、文本框、艺术字、SmartArt 图形、图表、公式、符号、音频、视频。

7. 计算机病毒具有寄生性、传染性、潜伏性、隐蔽性、破坏性、可触发性和不可预见性等特点。

8. Internet 具有以下功能：

（1）信息和资源的获取与发布。书库、图书馆、杂志期刊、报纸，政府、公司、学校信息和各种不同的社会信息。

（2）通讯。即时通讯、电邮、微信。

（3）网上交际。聊天、交友、玩网络游戏、facebook、微博、空间、博客、论坛。

（4）电子商务。网上购物、网上商品销售、网上拍卖、网上货币支付等。

（5）网络电话。IP 电话服务、视频电话。

（6）网上事务处理。办公自动化、视频会议。

（7）Internet 的其他应用。远程教育、远程医疗、远程主机登录、远程文件传输。

（8）云端化服务。网盘、笔记、资源、计算。

9. 在网络工具软件中，下载工具软件有网际快车、迅雷、网络蚂蚁等。因为下载软件过程中，可能会出现网络中断的现象。所以下载工具的主要作用是断点续传。

10. 搜索引擎是一种网络信息资源检索工具，是以各种网络信息资源为检索对象的查询系统。它像一本书的目录，Internet 各个站点的网址就像是页码，可以通过关键词或主题分类的方式来查找感兴趣的信息所在的 Web 页面。国内常用的搜索引擎有百度、搜狗、360 好搜、一搜、中国搜索、搜狐搜索、新浪网搜索引擎等。

四、识图题

1. 图中 8 个标记分别为：

(1) 名称框；(2) 活动单元格；(3) 行标；(4) 工作表标签；(5) 功能区最小化按钮；(6) 列标；(7) 视图切换按钮组；(8) 显示比例调节。

2. Word 2010 的页面布局选项卡。

(1) 页边距：用来调整整个文档或者当前节的上下左右边距大小。

(2) 纸张方向：切换页面的纵向布局和横向布局。

(3) 纸张大小：调整当前节的页面大小。

(4) 分栏：将文字拆分成两栏或更多栏。

3. 这是"切换"选项卡的设置。图中所示的设置是：

(1) 切换效果为溶解效果。

(2) 切换声音为系统自带的风声。

(3) 该切换过程持续的时间为 1 秒。

(4) 切换方式为 15 秒后自动切换。

4. 点击"开始"选项卡"段落"组右下角的对话框展开器，或者在要设置的段落上右键单击，在快捷菜单上选择"段落"命令，打开段落对话框，进行如附图 10 所示的设置。

附图 10

5. ADSL 方式接入 Internet 的硬件接线如附图 11 所示。

附图 11

五、操作题

答案不唯一，参考如下。

1. 首先新建一个空白文档，按快捷键 Ctrl + N。然后输入图中所示的文字。

进行简单的排版，如题目居中对齐和加粗，各段都设置首行缩进两字符。

对要说明的项目进行项目编号。

最后插入图片并选择"图片样式"，调整其大小，设置文字环绕方式为"四周型"，并将其拖动到合适位置。

2. 单击插入选项卡中的表格按钮插入 4 行 7 列的表格。

在相应单元格输入文字，并进行加粗，居中的单元格格式处理。

将第一列的前两个单元格鼠标拖动选中，并单击鼠标右键，执行快捷菜单的"合并单元格"命令，将后两行的 2 ~ 7 列鼠标拖动选中，再次执行"合并单元格"命令。

适当调整单元格的宽度和高度。

3.

（1）F6 单元格公式：= SUM(C6：E6)

（2）C19 单元格公式：= SUM(C6：C11，C13：C15，C17)

（3）C20 单元格公式：= $ E $ 3 – C19

4.

（1）B14 单元格公式：= AVERAGE(B6：B12)

（2）B15 单元格公式：= SUM(B6：B12)

（3）B16 单元格公式：= MAX(B6：B12)

（4）B17 单元格公式：= MIN(B6：B12)

（5）鼠标停留在 B 列相应单元格的右下角，当光标变成黑色十字的时候向右侧拖动。

六、综合分析题

参考答案以学前专业为例。

（1）计算机办公软件

幼儿园资料电子化方面，如：电子档案创建。

（2）计算机网络应用

幼儿园文化建设方面，如：可从宣传海报设计，幼儿园博客使用，幼儿园广播站，校园网等方面阐述。幼儿园与外界（家长，同行）的信息交互方面，如：可从网上交流平台（QQ 群，微信，微博，公共短信等）等方面阐述。

（3）计算机多媒体技术

计算机多媒体教学方面，如：PPT 演示文稿的制作、音频视频教学素材的制作。

附录3　计算机应用技术课程学生调查问卷

调查对象：年级_____专业_____班级_____姓名_____

调查内容：（请保证以下内容填写的真实性，填写认真程度将计入该门课程平时考核）

1. （　　）你喜欢学习计算机吗？
   A. 喜欢　　　　　　　B. 一般　　　　　　　C. 不喜欢

2. （　　）你在家里有电脑吗？
   A. 有　　　　　　　　B. 没有

3. （　　）如果有，是什么电脑？
   A. 台式机　　　　　　B. 笔记本　　　　　　C. 一体机

4. （　　）你在学校有电脑吗？
   A. 有　　　　　　　　B. 没有

5. （　　）如果有，是什么电脑？
   A. 台式机　　　　　　B. 笔记本　　　　　　C. 一体机

6. （　　）你平时用电脑都做什么？请按下列各项占用你时间的长短对选项排序。
   A. 上网看视频　　　　B. 打游戏　　　　　　C. 上网发帖子　　　　D. 上网发邮件
   E. 上网聊天　　　　　F. 上网查资料　　　　G. 处理图片　　　　　H. 文档编辑
   I. 炒股

7. （　　　　　）你用过下列哪些版本的操作系统？
   A. Windows XP　　　　B. Windows 7　　　　C. Windows 8
   D. UNIX　　　　　　　E. Linux　　　　　　F. Doc

8. （　　　　　）你用过下列哪些电脑软件？
   A. WinRAR 等类似的压缩解压软件　　　　B. Word 字处理软件
   C. Excel 电子表格软件　　　　　　　　　D. PowerPoint 演示文稿软件
   E. Photoshop 等图像处理软件　　　　　　F. 暴风影音等类似的播放器软件
   G. IE 等浏览器软件　　　　　　　　　　H. QQ 等即时通讯软件
   I. 360 等杀毒软件

9. （　　）你对键盘的掌握程度
   A. 熟练　　　　　　　B. 一般　　　　　　　C. 不熟练　　　　　　D. 较差

10. （　　）你一分钟大概可以输入多少个英文字母？
    A. 150 以上　　　　　B. 100～150　　　　　C. 50～100　　　　　　D. 50 以下

11. （　　）你在上大学之前学过计算机方面的课程吗？
    A. 是　　　　　　　　B. 否

12. 你学过的计算机相关课程都有什么？（回答课程名称或者内容都可以）

13. 你学过的这些课程，你对哪部分内容最感兴趣？

14. 你学过的这些课程，你认为哪部分内容最有用？

15. （　　）你觉得这门课程开设的有必要吗？
　　　A. 有　　　　　　　　B. 没有（原因）

16. （　　）结合考核标准，你认为这门课程好"过"吗？
　　　A. 好过　　　　　　　B. 必挂　　　　　　　C. 悬，得努力

17. 你最想从这门课程中学到什么（教材目录的某一章节或者书上没有的内容）？

18. 你将来的职业理想是什么？

19. 你觉得你现在去找工作能应聘什么职位？

20. （　　）你认为会些计算机操作对你将来的就业有好处吗？
　　　A. 是　　　　　　　　B. 否

21. （　　）你认为你在将来的工作中会不会用到计算机？
　　　A. 是　　　　　　　　B. 否　　　　　　　　C. 不知道

22. （　　　　）你觉得未来的工作中会在哪些方面用到计算机？
　　　A. 工作资源共享　　B. 数据统计　　　　C. 资料整理存档
　　　D. 办公管理　　　　E. 会议演示　　　　F. 其他（　　　　　　）

23. （　　）你认为将来你的家庭会不会购置计算机？
　　　A. 是　　　　　　　　B. 否　　　　　　　　C. 不知道

24. （　　　　）你认为家庭哪些方面会用到计算机？
　　　A. 家庭娱乐　　　　B. 子女教育　　　　C. 图像处理
　　　D. 资料存档　　　　E. 家庭自动化管理　F. 其他（　　　　　　）

附录 4　国内外慕课网站

1. 慕课网——http：//www. imooc. com/
2. 百度传课——http：//www. chuanke. com/
3. 中国大学 MOOC——http：//www. icourse163. org/
4. MOOC 中国——http：//www. mooc. cn/
5. MOOC 学院——http：//mooc. guokr. com/
6. 超星慕课——http：//mooc. chaoxing. com/
7. 学堂在线——http：//www. xuetangx. com/
8. CGMoocs——http：//www. cgmoocs. com/
9. 育网开放教育平台——http：//www. ewant. org
10. EDX——https：//www. edx. org/
11. COURSERA——https：//www. coursera. org/
12. UDACITY——https：//www. udacity. com/

参 考 文 献

［1］李亮辉．Excel 应用技巧入门与实战［M］．北京：清华大学出版社，2015.

［2］刘小伟，王萍，刘晓萍．Office2007 办公套件使用教程［M］．北京：电子工业出版社，2007.

［3］神龙工作室．Office 2010 中文版从入门到精通［M］．北京：人民邮电出版社，2012.

［4］谢忠新．学前教育信息技术基础教程［M］．上海：复旦大学出版社，2012.

［5］白永祥，汪忠印．计算机应用基础项目化教程［M］．北京：北京理工大学出版社，2013.

［6］谢江宜，蔡勇．大学计算机基础［M］．北京：北京航空航天大学出版社，2013.

冶金工业出版社部分图书推荐

书　名	作　者	定价(元)
现代企业管理（第2版）（高职高专教材）	李　鹰	42.00
Pro/Engineer Wildfire 4.0（中文版）　　　钣金设计与焊接设计教程（高职高专教材）	王新江	40.00
Pro/Engineer Wildfire 4.0（中文版）　　　钣金设计与焊接设计教程实训指导（高职高专教材）	王新江	25.00
应用心理学基础（高职高专教材）	许丽遐	40.00
建筑力学（高职高专教材）	王　铁	38.00
建筑 CAD（高职高专教材）	田春德	28.00
冶金生产计算机控制（高职高专教材）	郭爱民	30.00
冶金过程检测与控制（第3版）（高职高专教材）	郭爱民	48.00
天车工培训教程（高职高专教材）	时彦林	33.00
机械制图（高职高专教材）	阎　霞	30.00
机械制图习题集（高职高专教材）	阎　霞	28.00
冶金通用机械与冶炼设备（第2版）（高职高专教材）	王庆春	56.00
矿山提升与运输（第2版）（高职高专教材）	陈国山	39.00
高职院校学生职业安全教育（高职高专教材）	邹红艳	22.00
煤矿安全监测监控技术实训指导（高职高专教材）	姚向荣	22.00
冶金企业安全生产与环境保护（高职高专教材）	贾继华	29.00
液压气动技术与实践（高职高专教材）	胡运林	39.00
数控技术与应用（高职高专教材）	胡运林	32.00
洁净煤技术（高职高专教材）	李桂芬	30.00
单片机及其控制技术（高职高专教材）	吴　南	35.00
焊接技能实训（高职高专教材）	任晓光	39.00
心理健康教育（中职教材）	郭兴民	22.00
起重与运输机械（高等学校教材）	纪　宏	35.00
控制工程基础（高等学校教材）	王晓梅	24.00
固体废物处置与处理（本科教材）	王　黎	34.00
环境工程学（本科教材）	罗　琳	39.00
机械优化设计方法（第4版）	陈立周	42.00
自动检测和过程控制（第4版）（本科国规教材）	刘玉长	50.00
金属材料工程认识实习指导书（本科教材）	张景进	15.00
电工与电子技术（第2版）（本科教材）	荣西林	49.00
计算机网络实验教程（本科教材）	白　淳	26.00
FORGE 塑性成型有限元模拟教程（本科教材）	黄东男	32.00